꿈의 소재
상온 초전도를 위한 물리 소설

대한민국 전력산업의 싱크탱크 전력연구원이 이야기하는

새로운 양자물리와 초전도

꿈의 소재
상온 초전도를 위한 물리 소설

대한민국 전력산업의 싱크탱크 전력연구원이 이야기하는

새로운 양자물리와 초전도

行憲 김민태 저

도서출판 홍릉

새로운 양자물리와 초전도

인 쇄 : 2020년 1월 20일 초판
발 행 : 2020년 1월 30일 초판

저자와의
협의하에
인지생략

저 자 : 김민태
발행인 : 송 준
발행처 : 도서출판 홍릉
주 소 : 01093 서울시 강북구 인수봉로 50길 10
등 록 : 1976년 10월 21일 제5-66호

전 화 : 02-999-2274~5
팩 스 : 02-905-6729
e-mail : hongpub@hongpub.co.kr
http://www.hongpub.co.kr
ISBN : 979-11-5600-728-9(93420)

정 가 : 25,000원

책머리에

어느 날 갑자기 인공지능이 출현하여 이세돌과 바둑을 두어 압도적으로 이겨버렸다. 이세돌이 한판은 이겼지만 인간이 아닌 그 어떤 지능이 인간을 능가해버린 충격적인 사건이었다. 인간이 먼 훗날, 아니 그리 멀지도 않을 미래에 지구상에서 가장 영민한 존재가 아닌 이등의 존재로 살아가야할 것이라는 생각은 아무래도 꺼림칙하다. 하지만 잘 생각해보면 인공지능은 아직 인간이 만든 존재에 지나지 않는다. 물론 한 인간의 작품이 아니고 수많은 과학기술자들이 참여한 결과이다. 여기서 과학기술자라 함은 단지 지금 현업에 있거나 얼마 전까지 일을 하였던 과학기술자만이 아니다. 인공지능이라는 것이 먼 과거로부터 발견되고 개발되어온 과학과 기술의 총합인 까닭이다.

가만히 생각해보면, 아직 인공지능은 그냥 우리가 사는 세상에 존재하지 않는다. 인간이 만들어 놓은 소위 네트워크상에서만 존재한다. 마치 우리가 TV를 켜야지만 만날 수 있는 예능인과 같은 것이다. 물론 그 예능인들은 우리가 맘먹고 찾아가 만날 수 있을 것이다. 하지만 대개는 TV나 네트워크상에서만 존재한다. 그런데 이런 지능이 인간의 모습으로 우리 곁으로 다가고 있다. 로봇이다. 아직 이 로봇은 걸음마 수준의 어린애와 같이 귀엽고 우리가 경계할 필요가 없다. 그런데 이 로봇이 성인이 된다면… 우리보다 힘도 세고 지능이 높다면… 우리가 제어할 수 없을 것이다. 인간의 삶에서 불확실성이 매우 높아질 것이다. 끔찍하다.

서두가 길었다. 이제 책을 쓰게 된 이유를 말하고자 한다. 인공지능은 먼 과거로부터 축적되어온 과학기술의 구현이다. 과학으로만 한정해서 본

책머리에

다면, 인공지능은 전기신호와 자기신호의 세계이다. 대개는 고체형태의 물질에서 돌아다니는 신호이다. 고체물리학의 세계인 것이다. 현대 고체물리학은 빛이 가지는 파동과 입자(양자)의 이중성으로부터 출발하였다고 해도 과언은 아닐 것이다. 빛의 이중성으로부터 양자역학이 태동하였고 현대 물리학의 중심이 양자역학이기 때문이다. 상대성 이론으로 유명한 아인슈타인은 "신은 주사위 놀음을 하지 않는다."라고 하였지만 그 자신은 양자역학의 태동에 크게 기여한 광전효과에 대한 이론으로 1921년 노벨물리학상을 수상하였다. 이후 많은 양자역학적 발견이 이루어졌고 더불어 고체물리학이 눈부시게 발전하였다. 원자핵 이하의 입자의 거동으로부터 전기의 흐름, 자기현상 등 양자역학으로 설명하지 못하는 현상이 없다. 그렇게 보인다. 물론 고전역학이 거시적인 현상들을 잘 설명하였지만 미시세계는 양자역학 없이 정확한 설명이 불가능하였다. 하지만 세상에 완벽한 이론이 없듯이 양자역학이 아직 풀지 못하는 수수께끼는 있다. 그중 하나가 초전도 현상이다. 양자역학이 풀지 못하는 이 초전도 현상을 밝히고자 하는 것이 이 책을 쓴 가장 큰 이유이다.

고체의 초전도 현상은 도체의 전기저항이 우리가 일상에서 경험하지 못하는 매우 낮은 온도에서 0이 되는 현상이다. 또한 이 도체가 자기장을 완전히 배척하는 자기 현상도 포함된다. 1957년 미국의 바딘(John Bardeen), 쿠퍼(Leon Cooper), 슈리퍼(John Robert Schrieffer) 세 사람은 이들 성의 첫 문자를 차용한 BCS 이론으로 초전도 현상을 미시적으로 해석하였고 이 공로로 1972년 공동으로 노벨물리학상을 수상하였다. 이 이론은 금속의

책머리에

극저온(30K, −243℃ 이하)에서 나타나는 초전도 현상을 잘 설명하였으나 산화물 중심의 고온초전도체에 대해서는 잘 맞지 않아 머쓱해졌다. BCS 이론은 쿠퍼쌍이라는 전자쌍이 초전도체내에서 전하를 이송하는 주체로 설정한 이론으로 상온에서의 전기전도와는 다른 메카니즘으로 초전도 현상을 묘사하고 있다. 고온초전도 현상을 설명할 수도 없고 상온의 전기전도 이론과는 다른 BCS 이론을 고집할 필요가 없는 것 같다. 하지만 아직이 이론을 대체할 고온초전도 현상과 상온에서의 전기전도 현상을 아우르는 쌈박한 이론은 나타나지 않고 있다.

초전도나 상온에서의 전기전도는 모두 전기의 흐름이다. 전기라 불리는 "氣", 즉 기운(에너지)의 흐름이다. 기운의 흐름이라면 굳이 전자라는 알갱이가 직접 전달할 필요가 없다. 도체 내를 흐른다는 전자라는 알갱이를 본 사람은 없다. 볼 방법이 없다. 고체의 탄성에너지를 전달하는 입자는 없다. 고체를 구성하는 원자 또는 분자의 상대적 위치가 파동의 형태로 전파되는 것이다. 전기도 그 에너지를 전달하는 입자가 없다. 이런 관점에서 전기를 이해하였고 초전도를 추적하였다. 이를 위해서 새로운 원자모델이 필요하였고 전기와 자기장을 새롭게 규정하였다. 고체 내 전자기 현상을 설명하는 새로운 패러다임을 만들고자 하였다. 새로운 고체물리학을 위한 상상실험을 하였고 그 기록을 책으로 엮었다. 일반 독자가 쉽게 이해할 수 있는 내용은 아닐 것이다. 새로운 물리를 위한 황당하지만 유쾌한 도전이라 받아주면 좋겠다. 이 책이 나오기 까지 많은 도움을 준 출판사 여러분에게 감사드린다.

서문

현대 문명사회에서 전기 없이 살수는 없다. 2001년 초 캘리포니아 정전사태 때 전기가 없는 세상이 어떠할 것이라는 단면을 보았다. 전기가 당장 없어진다면 미국 인구의 3분의 2는 소멸할 것이라는 예측도 있었다. 고체 내에서의 전기란 무엇인가 하는 것이 이 책의 최대 화두이다. 전기가 어떻게 만들어지고 어떻게 흐르는가? 이것을 다루는 것이 고체물리학의 주된 내용이기도 하다. 우리는 상상하였다. 전자가 없는 전기의 흐름을. 물질 속을 흐르는 전자는 과연 존재할까? 구리선을 흐르는 전자를 본 사람이 있을까? 사실 구리선을 포함한 도체 속을 흐른다는 "자유" 전자를 볼 방법이 없다. 자유전자가 흐른다는 가정 하에 나타날 현상을 예측하고 그 예측에 합당한 현상이 나타나면 자유전자가 있다고 생각한다. 대표적인 것이 전기장에 동반하는 자기장이다. 자유전자의 흐름은 전기장을 만들고 자기장을 유도한다는 것이다. 그런데 빛으로 대표되는 전자기파를 보라. 전자가 없어도 전기장이 만들어지고 자기장이 형성된다. 자유전자가 없어도 전기가 흐를 수 있는 것이다.

자유전자가 없다함은 도체를 포함한 모든 물질의 전자는 어디엔가 귀속되어있다는 뜻이다. 전자는 당연히 양성자에 귀속되어야 할 것이다. 원자를 구성하는 전자 수와 양성자 수는 동일하다. 현대 물리학에서는 원자 내의 전자와 양성자의 수는 동일하지만 한 쌍으로 원자 구성에 관여하지 않는다. 모든 양성자는 원자핵이라는 중심에 모여 있고 그 양성자 수만큼의 전자가 주위를 배회하고 있다. 왜 전자와 양성자는 같이 모이지 못하는 것일까? 양성자와 전자가 쌍으로 원자를 구성하면 조화롭지 않을까? 이런

서문

생각으로 새로운 원자모델을 만들어 보았다. 이 모델에서는 전자와 양성자는 항상 쌍으로 존재하며 중성자는 이들을 묶어 원자를 만든다. 전자–양성자–중성자의 삼중체(중수소와 같다)가 수소원자를 제외한 최소의 원자 구성요소라 생각하였다. 양성자가 포도 씨라면 전자는 과육이며 중성자는 건포도와 같은 것이라고 상상해보았다. 그리고 전자와 양성자는 항상 전자와 양성자로만 존재하는 것이 아니고 합쳐져 중성자가 되고 중성자는 다시 전자와 양성자로 변하는 동적인 평형상태를 구상하였다.

이 삼중체가 원자의 빌딩블록이라면 원자는 어떻게 이 빌딩 블록을 쌓을 것인가? 외부로부터의 편향된 힘이 없다면 완벽한 구의 형태로 쌓아나갈 것이다. 하나의 중심에서 한 겹 한 겹 삼중체가 쌓여 작은 구에서 큰 구로 성장해 갈 것이다. 한 겹의 층이 완성되면 그 위에 두 번째 층을 쌓기 위해 삼중체가 순차적으로 빈자리를 채워나갈 것이다. 한 겹, 두 겹… 이것은 원소주기율표의 주기를 의미한다. 한 주기가 마감되면 원자는 나름 완벽한 구가 되지만 다음 주기가 시작할 때에는 구의 표면은 불완전할 것이고 안정적이지 않을 것이다. 불안정한 원자는 다른 불안정한 원자와 공존하여 안정한 상태를 만들고자 할 것이다. 이것이 화학결합이다.

온도가 낮아지면 원자 사이의 거리가 줄어들고 인접하는 원자들의 최외곽 삼중체 사이의 거리도 줄어든다. 임계거리에서 인력이 충분하여 그 어떤 결합을 형성한다. 고체를 형성하기 위한 화학결합은 공유결합, 이온결합, 금속결합 등이 있다. 금속과 같은 도체는 금속결합이 주를 이루지만 산화물 초전도체와 같이 공유결합인 경우도 있다. 이들이 제1결합을 이루어 고체의 골격을 형성한다면 결합을 이루지 못한 최외곽 삼중체는 인접 원자의 삼중체와 제2결합을 형성하여 고체의 전자기적인 물성을 좌우한다. 제2결합으로 수소결합과 판데르발스 결합을 떠올린다. 아니면 자기정렬과 같은 자기적 결합을 생각할 수 있다. 이러한 제2결합은 열진동으로 끊임없이 생성과 소멸을 반복할 것이다. 상온에서는 열진동에 의해 제2결합이 와해되기 쉽고 따라서 그 밀도가 낮아 전자기적으로 규칙적인 배열을 형성하지 않는다. 제2결합의 밀도와 결합력은 외부 온도와 압력에 따라 변하며 도체의 전자기 특성 또한 이에 상응하여 변한다. 온도가 낮아져 초전도의 임계온도에 도달하면 제2결합의 밀도가 높아져 도체 내부에서의 전자기적인 변형이 불가능한 상태로의 변화, 즉 전자기적 상변태(응고)가 이루어진다. 전기는 도체 내부를 흐르지 못해 완벽한 부도체가 되며 표면에서만 진공매질과의 상호작용으로 저항 없는 전기가 흐른다. 이것이 바로 초전도이다.

이 책은 새로이 구상된 원자모델을 바탕으로 원자간 제1, 2결합의 의미를 다시 생각해보았고 이 결합의 외부 환경에 대한 반응과 그 결과로 나타나는 고체의 전자기적 특성과 연계하여 초전도, 특히 고온초전도 현상을 추적하였다. 언젠가 발견될 꿈의 소재인 상온 초전도체를 위하여…

차례

I 진공매질과 에너지 / 3

II 물질의 탄생과 새로운 원자모델 / 19

Ⅲ 더 낮은 곳으로 – 화학결합 / 57

Ⅳ 고체의 전자기적 특성 / 99

차례

I
진공매질과 에너지

I

진공매질과 에너지

기 출간된 “중력의 기원과 새로운 우주, 2019(홍릉과학출판사)” 에서 저자는 중력이라는 불가사의한 힘의 근원을 진공(우주배경)에서 찾고자 하였다. 진공은 “無”가 아니라 우리가 알고 있는 그 어느 물질보다 높은 밀도를 가진 그 어떤 매질로 구성되어 있으며 0에 가까운 에너지(영점에너지)를 갖고 있다는 기본 전제하에 빛의 전달과 중력 및 (천체)물리적 현상을 새롭게 해석하였다. 물질은 진공 속에 떠도는 독립된 것이 아니고 진공매질에 에너지가 가해진 상태인 것으로 가해진 에너지만큼 진공매질의 변형을 야기한다. 물질은 진공매질의 변형이며 이 변형은 또한 에너지이기도 하다.

이 장에서는 진공매질이 에너지가 없거나 최소에너지를 가지는 고체라고 한다면 그 구조는 어떠할 것이며 이 진공매질의 구조에 어떻게 에너지가 입혀져 물질이 되는지에 대해 기본적인 가설을 세워보았고 이 가설로부터 출발하여 이 책의 목적인 새로운 초전도 기반을 제공하고자 하였다.

1.1 진공매질의 구조

우리는 "중력의 기원과 새로운 우주"이라는 책에서 진공은 매우 높은 밀도의 매질로 구성되어 있고 그 매질은 에너지로 바뀌지 않으며 이 매질에 (진동)에너지가 입혀지면 물질이 된다고 하였다. 진공매질에 에너지가 더해지면 전자와 양성자(또는 중성자)가 생겨나며 전자와 양성자/중성자의 조합으로부터 다양한 원자가 구성되고, 원자의 조합으로 분자가 구성된다고 하였다.[1)]

에너지가 없는(또는 영점에너지라 칭하는 미미한 에너지만 있는) 진공매질(진공매질을 구성하는 입자들)은 어떠한 결정구조를 가지고 있을 것일까? 물질은 구성(단)원자가 어떤 방향성이 없으면 그림 1과 같이 저온에서(고체상태) 면심입방(Face Centered Cubic) 또는 조밀육방(Hexagonal Close Packed)의 결정구조를 하고 있다. 이러한 구조의 물질은 에너지가 가장 낮아 안정한 것이기 때문이다. 여기서 우리는 진공매질을 구성하는 최소의 단위를 생각해본다. 이것은 입자일 수도 있고 부피가 없는 단수 격자점일 수도 있다. 이것은 에너지를 가진 중성자나 중성미자와는 다른 것이다. 진공매질은 이러한 격자로 이루어진 에너지가 없는 매질이라 가정하면 그림 1과 같은 규칙격자를 이룰 것이라 생각할 수 있다. 그런데 진공매질이 규칙격자를 이루고 있는 것을 어떻게 추론할 수 있을 것인가?

---

1) 이 논의는 쿼크라는 기본입자를 기준으로 개시할 수 있다. 쿼크의 조합으로 중입자가 생기며 양성자와 중성자는 3개의 쿼크가 조합된 중입자라는 것이 현대 입자물리학의 설명이다. 하지만 양성자나 중성자를 구성하는 쿼크는 독립적으로 관찰되지 않는다. 힘을 매개하는 글루온으로부터 간접적으로 확인된다. 따라서 쿼크라는 것은 실존하는 입자가 아니고 진공매질의 기본 격자점간의 상호작용이며 이를 매개하는 것이 용수철과 같은 글루온이라 할 수 있다. 상세한 것은 후속으로 준비 중인 "미립자들"에서 다룰 것이다.

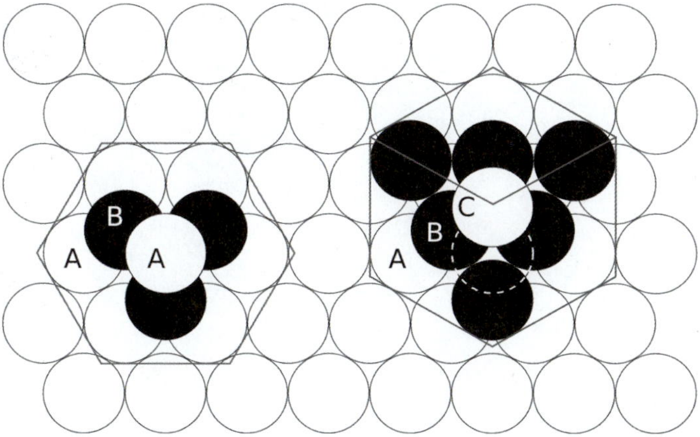

[그림 1] 조밀육방구조(좌) 및 면심입방구조를 형성하는 기본입자(구)의 적층. 흰색의 기저층으로부터 적층되는 배열에 따라 구분(wikipedia.org).

빛은 진공매질의 구조를 따라 이동한다?

빛은 진공매질을 통해 이동한다. 빛의 이동 패턴으로부터 진공매질의 구조를 약간이나마 알 수 있다. 도플러 효과나 물질 주위에서 빛의 거동을 보면, 진공매질이 압축 또는 팽창되는 것을 알 수 있다. 압축된 진공매질을 따라 빛의 파장이 바뀌거나(도플러효과) 휜다는 것은 진공의 규칙구조를 어느 정도 암시하고 있다고 할 수 있다.

우리가 태양을 맨눈으로 보기 힘들지만 잠시라도 눈길을 주면, 태양빛이 모든 방향으로 고르게 방사하는 것이 아님을 알 수 있다. 별에 대한 이미지도 이와 동일하다. 별은 예로부터 별모양(☆)으로 각인된 이미지를 가지고 있다. 이러한 이미지는 거대 망원경으로 관찰한 것이 아니고 맨눈으로 관찰한 것이다. 그림 2와 같이 실제 관찰되는 밝은 별들은 특정 방향에

[그림 2] 우리에게 관찰되는 밝은 별들. (좌상) 310광년의 카노푸스(Canopus 남극노인성, 南極老人星); (우상) 8.6광년의 시리우스(Sirius, 천랑성 天狼星); (좌하) 25광년의 거문고자리 알파, 베가(Vega); (우하) 37광년의 아크트루스(Arctrus, 목동자리의 알파별) (wikipedia.org)

서 빠르게 또는 집중적으로 전파하는 것처럼 보인다. 빛이 우선적으로 전파하는 방향이 있다고 할 수 있다. 진공의 규칙적인 격자구조와 관련지어 생각할 수밖에 없다. 진공의 격자는 규칙성을 가지고 있으며 에너지 측면에서 안정한 구조를 형성 할 것이라는 가정 하에 우리 물질을 구성하는 원자에 대한 새로운 모델을 제시하고자 한다.

1.2 에너지의 근원

물질이 에너지라는 것은 우리는 이미 아인슈타인의 질량-에너지 등가($E = mc^2$, E는 에너지, m은 질량, c는 빛의 속도)로부터 잘 알고 있다. 진공매질은 에너지로 바뀔 수 없는 것이라 한다면, 진공매질에 더해져 물질을 만드는 에너지는 어디서 오는 것인가? 질량이 없이 에너지로만 존재하는 것이 있다. 그것은 바로 빛으로 대표되는 전자기파이다. 빛은 질량이 없지만 에너지를 가진 것이며 물질과 반응하여 흡수되기도 하고 방출되기도 한다. 빛이 전자기기파의 일종이라는 것은 그것이 파동이라는 뜻이다. 그 에너지는 진동수와 플랑크2) 상수의 곱으로 주어진다. 기 출간된 "중력의 기원과 새로운 우주"에서 전단파인 빛이 진공매질에서의 전파는 고체에서 전파되는 음파 또는 탄성파 중에서 전단파의 이동 속도와 동일한 방식으로 이해할 수 있었다. 고체 내에서의 전단파의 속도는 다음과 같다.

$$v_s = \sqrt{\frac{G}{\rho}} \qquad (1.1)$$

여기서 G는 전단(층밀리기)탄성계수, ρ는 질량밀도이다. 한편 아인슈타인의 질량-에너지 등가로부터 빛의 속도 c는 다음과 같다.

---

2) Max Karl Ernst Ludwig Planck (1858.4 – 1947.10) 독일 이론물리학자. 에너지 양자의 발견으로 1918년 노벨물리학상을 수상하였다. 양자론의 창시자로 원자와 그 이하의 물리세계에 대한 이해를 혁명적으로 바꾸어 놓았다. 독일은 그를 기리기 위해 1948년 그가 두 번이나 소장을 역임한 빌헬름 왕립연구소를 막스 플랑크 연구소로 그 이름을 바꾸었다.

$$c = \sqrt{\frac{E}{m}} = \sqrt{\frac{G_V}{\rho_V}} \tag{1.2}$$

여기서 V는 부피이다. ρ_V는 m/V로 진공매질의 밀도라 한다면 $G_V = E/V$는 진공매질의 전단탄성계수라고 할 수 있다. 진공매질의 밀도는 알려지지 않았지만 이론값인 플랑크 밀도 5.16×10^{94} g/cm^3을 대입하면 4.64×10^{100} GPa로 계산된다. 가장 단단하다고 알려진 다이아몬드의 전단탄성계수 440–470 GPa에 비해 상상할 수 없을 정도로 크다.[1]

빛과 중성미자는 물질과 에너지의 근원이다

진공매질 속을 빛의 속도로 전파하는 빛은 어디서 오는 것인가? 일상생활에서 빛은 전등이나 연소과정에서 나오는 것을 알 수 있다. 하지만 대부분의 빛에너지는 태양에서 오는 것이다. 태양의 빛에너지는 핵융합의 결과물로서 수소의 양성자와 전자가 합쳐 중성자가 되는 기본 과정을 통해 발생하는 에너지이다. 우주에 있는 다른 별들도 동일한 과정을 거치면서 발광한다. 태양 내부에서 일어나는 핵융합 반응은 양성자–양성자 연쇄반응(p–p chain)으로 알려져 있다.[2] 그런데 이러한 과정으로 발생하는 에너지는 빛뿐만 아니라 중성미자의 형태로도 발산된다. 태양 내부의 핵융합으로 생성되는 중성미자는 매초 cm^2당 무려 650억 개가 지구에 도달한다. 태양과 같은 항성내부에서 진행되는 핵융합반응을 간단히 요약하면, 양성자에 포함된 양전자와 전자의 융합반응이다. 양성자에서 양전자가 이탈하면서 (양성자는 중성자가 되고) 중성미자를 발산하고 양전자와 전자가 합쳐 소멸하면서 빛을 발산한다. 반대로 생각하면 빛과 중성미자가 있으면 전자, 양성자가 생성될 수 있고 원자, 분자 등의 물질이 생겨난다고 상상할 수 있다.

1.3 전자와 양전자의 탄생

우주에 대한 표준모델에 의하면 우주는 대폭발 10^{-37}초 후에 급속히 팽창하면서 거의 모든 불규칙성이 없어졌다.[3] 남은 불규칙성이 양자요동(quantum fluctuation, 또는 진공요동, vacuum fluctuation)으로 팽창을 야기하였다고 한다.[4] 양자요동은 하이젠베르크3)의 불확정성 원리에 의거 공간의 한 점에서의 순간적인 에너지 변화이다. 양자론에 의하면 두 상호작용하는 입자 사이의 진공에서 수명이 짧은 "가상의" 입자–반입자 쌍

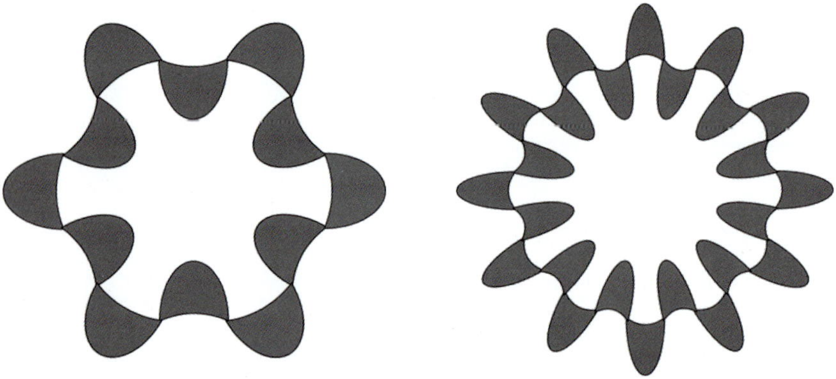

[그림 3] 전자 또는 양전자의 모델. 빛이라는 전자기파가 원형의 정상파를 이룰 때, 이것이 전자가 되고 양전자가 된다. 전자에너지는 정상파의 진동수가 높을수록 높다. 정상파의 진동수는 양자화되어 있기 때문에 전자에너지도 양자화되었다.

---

3) Werner Heisenberg (1901.12~1976.02) 독일 물리학자. 양자역학의 선구자 중의 한사람이다. 1927년 불확정성의 원리에 관한 역사적인 논문을 발표하였고 양자역학의 태동에 기여한 공로로 1932년 노벨물리학상을 수상하였다. 또한 난류의 유체역학, 원자핵, 강자성, 우주선 이론 분야에 업적을 남겼다. 독일 최초의 원자로를 계획한 일원이었으며 2차 세계대전 당시 나치의 핵무기 프로젝트의 수석 과학자였다.

이 하이젠베르크의 불확정성 원리4)에 의거한 시간-에너지 관계에서 시간에 해당하는 에너지만큼 생성되고 그 시간이 지나면 소멸한다. 가상의 전자-양전자 쌍은 전극으로 작용하여 전기장 내에서 (전자 주위의 전자기장 내에서) 재배치한다. 이런 재배치로 인하여 외부에 가해진 전자기장은 진공에 아무것도 없다고 할 때에 비해 그 세기가 약해진다. 이것이 진공분극이다.[5] 빛은 전기장의 +와 -가 교대로 나타났다 사라지면서 진공 속을 전파한다. 이러한 과정에서 빛의 에너지가 진공분극에 흡수된다면 (- 전기장이 전자에, + 전기장이 양전자에) 가상의 전자-양전자 쌍은 실존하게 될 것이다. 이것은 전자와 양전자가 빛으로부터 형성된다는 뜻이다.

빛에서 나오는 전자와 양전자

전자가 양전자를 만나면 감마선이라는 전자기파를 발생하고 소멸한다. 전자와 양전자는 빛의 특수한 형태라 할 수 있지 않을까? 그림 3과 같이 빛이 꼬여 원형의 정상파를 이루면 이 원의 안쪽과 바깥쪽의 전기장의 형태가 왜곡되고 원의 바깥에 나타나는 전기장은 전하를 띠는 것처럼 보일 것이다. 전기장의 -부분이 바깥쪽으로 향하면 전자가 될 것이고 +부분이 바깥쪽으로 향하면 양전자가 될 것이다. 전자나 양전자의 스핀은 원형의 전자기파의 회전이동으로 이해할 수 있다.

우주 대폭발 이후 양자요동으로 전자가 생성되었다면 같은 수의 양전자는 어디로 간 것인가? 양의 베타붕괴라는 것이 있다. 방사성 붕괴의 일

---

4) 하이젠베르크가 발견한 원리로 서로 연관된 두 물리량을 동시에 측정할 때, 둘 사이의 정확도에는 물리적 한계가 있다. 이 원리에 의하면 입자의 위치와 운동량을 동시에 측정할 수 없으며 위치의 정확도가 높아질수록 운동량의 정확도는 낮아진다.

종으로 방사능 물질의 핵 안에서 양성자가 중성자로 바뀌면서 양전자와 전자 중성미자를 방출하는 과정이다.[6] ^{23}Mg가 ^{23}Na로 붕괴하는 과정이 대표적인 예이다. 양성자가 중성자와 양전자로 구성되었다고 하면 원자 내 중성자는 양성자의 에너지가 소멸되어 생성되는 물질일 것이다. 실제 초신성의 잔해인 중성자별은 에너지를 잃고 블랙홀이 되며 이 블랙홀 또한 결국 소멸한다고 알려져 있다. 핵융합으로 생기는 중성자는 에너지가 없는 진공매질로 돌아가는 과정이라 할 수 있다. 양전자는 진공매질의 격자점에 포획되어 양성자가 된다고 한다면 우주에서 자연 상태의 양전자를 발견하기 쉽지 않을 것이다.

우리는 진공분극이라는 현상을 통하여 빛이 전자–양전자 쌍을 형성하고 이중에 양전자가 진공매질(격자)에 포획되어 양성자를 생성한다는 시나리오를 생각한다. 양전자가 진공매질의 격자에 포획된다면 이 격자점이 음의 값을 가져야 양의 값을 가진 양전자가 자연적으로 포획될 것이다. 2007년에 발표된 한 논문에 의하면,[7] 중성자의 외부는 음의 부하가 중앙은 양의 부하가 핵은 음의 부하로 되어있다고 한다. 이것은 진공매질의 격자점이 음이고 이 음의 격자점에 양전자가 포획되어 양성자를 구성하고 다시 전자와 융합하여 중성자가 되는 과정을 의미한다고 할 수 있다. 그럼 전자와 양전자는 어떻게 발견되고 현대물리학에서는 어떤 모습인지 알아보자.

전자의 발견과 특성

전자(e^-로 표기)는 직경이 0인 입자이며 질량이 있으나 부피가 없는 입자로 알려져 있다. 이런 입자를 광학적인 방법으로 관찰할 수 없으며 간접적으로 그 실체를 예측하고 관찰하였다. 1870년대 크룩스[5]는 고진공 음극관에서 나오는 발광체가 음극으로 이동하고 자기장에서 방향이 바뀌는 것을 확인하였고 이것을 음의 전하를 띤 물질이라고 하였다.[8] 1890년 슈스터[6]는 이 빔과 평행으로 금속판을 설치하고 이 평행 금속판에 전압을 가하여 빔이 휘는 정도로 부터 전하/질량비를 계산하였다. 하지만 이 값은 예상치보다 1,000배 이상이라 주목을 받지 못했다.[9] 1892년 로렌츠[7]는

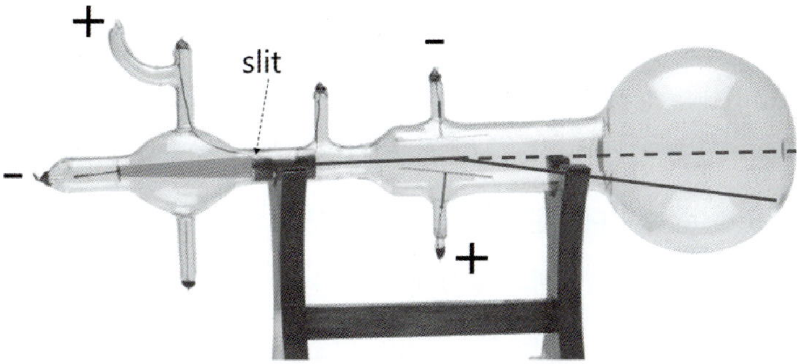

[그림 4] 유리용기 한쪽 끝에 있는 음극에서 나온 빔이 슬릿을 통과한 후 가운데 두 전극판 사이를 지나면서 휘어진다(J.J. Thomson).

---

5) William Crookes (1832.6 – 1919.4) 영국의 화학 물리학자. 1861년 탈륨을 발견.

6) Arthur Schuster (1851.9 – 1934.10) 독일계 영국 물리학자.

7) Hendrik Antoon Lorentz (1853.7 - 1928.2) 네덜란드 물리학자. 외부자기장에 의해 원자나 분자의 방출 스펙트럼의 일부가 여러 선으로 갈라지는 제이만 효과를 발견하였고 이를 이론화한 공로로 1902년 제이만(Pieter Zeeman, 1865.5–1943.10)과 함께 노벨물리학상을 수상하였다. 또한 아인슈타인의 특수상대성 이론에 중요한 변환방정식을 유도하였다.

이 입자의 질량이 전기부하 때문이라는 것을 제안하였고[10] 1896년 J.J. 톰슨8) 등은 그림 4와 같은 장치를 이용한 실험을 통하여 음극관 빔은 전하/질량비가 음극소재와 무관한 입자임을 밝혔다.[11] 1900년 라듐에서 발생된 베타선이 전기장에서 휘고 전하/질량비가 음극관 빔과 동일한 것이 밝혀져 전자는 원자의 구성물이 되었다.[12] 전자는 발견된 후 입자로 인식되었지만, 1924년 프랑스 물리학자 드브로이9)는 전자를 포함하여 물질도 빛과 같이 파동으로 해석할 수 있다는 가설을 발표하였다. 1927년 G.P. 톰슨10)은 전자빔이 금속박막을 통과할 때 간섭현상이 나타나는 것을 발견하여 드브로이 가설을 입증하였다.

지금까지의 연구되고 관찰된, 특히 양자역학에서 다루는 전자는 경입자군의 제1세대이며 기본입자이다. 질량은 9.109×10^{-31} kg 또는 0.511 MeV/c^2로 양성자의 1/1836이다. 전하량은 -1.602×10^{-19} 쿨롬이고 부피는 0이다.[13] 양자역학적으로 전자는 $\frac{1}{2}$의 자체 스핀을 가진다. 페르미11) 입자이므로 동일한 양자상태를 가질 수 없다. 전자는 가속될 때 광자를 방출 또는 흡수한다. 전자는 방사능 동위원소의 음의 베타붕괴(중성자가 전자와 중성미자를 방출하고 양성자가 되는) 과정이나 우주선(cosmic ray)

---

8) Joseph John Thomson (1856.12 - 1940.8). 영국 물리학자. 전자를 발견함으로써 최초로 원자를 구성하는 입자를 확인하였다. 기체의 전기전도에 대한 업적으로 1906년 노벨물리학상을 수상하였다.

9) Louis Victor Pierre Raymond de Broglie (1892.5 – 1987.3) 1924년 박사학위 논문에서 물질파라는 가설을 도입하였고 1927년 실험으로 증명됨에 따라 1929년 노벨물리학상을 수상하였다.

10) George Paget Thomson (1892.5 – 1975.9) 영국 물리학자로 전자의 결정 내 간섭현상을 발견하여 1937년 노벨상 수상하였다.

11) Enrico Fermi (1901.9 – 1954.11) 이탈리아계 미국 물리학자. 세계 최초의 핵반응로인 시카고파일 1호를 개발하였고 원자핵과 관련한 연구업적으로 1938년 노벨물리학상을 수상하였다.

이 대기로 진입할 때와 같은 고에너지 충돌로 생성될 수 있다. 전자와 양전자가 충돌하면, 감마선[12]을 발생하면서 소멸한다. 에너지 불확정성 원리에서 직경은 최대 10^{-18} m이며 고전적인 직경은 2.8179×10^{-15} m이다. 또한 수명은 6.6×10^{28} 년으로 추정된다.[14]

양전자의 발견과 특성

1928년 디랙[13]은 전자기장의 양자역학에 상대론과 대칭성을 부여한 전자모델인 디랙 방정식을 만들었다. 이 방정식으로부터 비정상적인 음의 에너지를 가진 양자상태가 예측되었고[15] 이 문제를 해결하기 위해 디랙은 1930년 음의 에너지를 가진 무한한 입자 바다(Dirac sea)로 구성된 진공모델을 제안하였다.[16] 이 모델에서는 전자가 음의 에너지를 가질 수 없었으며 새로운 입자인 양전자의 존재가 예측되었다. 양전자는 여러 연구자들에 의해 관찰되었지만 그 존재가 확실하게 각인되지 않았고 1932년 앤더슨[14]이 그 존재에 대해 정리하여 발표하면서 양전자가 되었다.[17]

양전자는 +e의 전하를 가지며 스핀은 전자와 같은 $\frac{1}{2}$이다. 전자와 동일한 질량을 가진다. 전자와 충돌하면 소멸하면서 다수의 감마선을 방출

---

12) (gamma ray) 에너지가 매우 높은 전자기파로서 핵폭탄과 같은 급격한 핵분열 과정에서 나온다. 에너지는 10 keV 정도.

13) Paul Dirac (1902.9 – 1984.10) 영국 이론물리학자. 1933년 슈뢰딩거와 함께 노벨물리학상을 수상하였다. 20세기 가장 위대한 물리학자 중의 한 사람으로 여겨진다. 초기의 양자역학과 양자전자기학의 발전에 지대한 공헌을 하였다. 디랙 방정식을 통하여 페르미 입자의 거동을 기술하고 반물질의 존재를 예측했다.

14) Carl Davis Anderson (1905.9 – 1991.1) 미국 물리학자. 양전자를 발견한 공로로 1936년 노벨물리학상을 수상하였다.

한다. 방사능 동위원소의 양의 베타 붕괴와 같은 방사성 붕괴 시 발생하거나 충분히 높은 에너지를 가진 빛(광자)이 물질 내 원자와 반응하여 전자–양전자 쌍으로 생성된다.[18] 구름의 강한 전기장에서 가속된 전자가 감마선의 섬광을 만들며 이 섬광 속에 양전자가 존재하는 것이 발견되기도 하였다.[19] 칼륨(K) 동위원소 ^{40}K는 반감기가 길며 우리 몸에도 존재하기 때문에 70 kg의 성인 몸에서 베타 붕괴를 통하여 초당 4,000개의 양전자가 생성되며 전자와의 충돌로 감마선을 발생하고 곧바로 소멸한다.[20]

전자와 양전자는 완벽하게 대칭을 이루고 있는 입자–반입자 쌍으로 이들이 합쳐 빛이 된다는 것은 빛으로부터 전자와 양전자가 형성된다는 가설을 설정할 수 있다. 진공 속에서의 전자의 거동은 그림 4와 같은 음극관 실험으로 확인이 가능하지만 도체내의 자유전자는 어떤 상태인 것인지 전혀 알 수 없다. 빛을 도체 표면에 조사하면 전자가 방출되는 광전효과가[15)] 실제 도체 내의 전자가 나오는 것인지 빛으로부터 전자와 양전자가 생성되어 양전자는 도체 내에 잔류하고 전자만 방출되는 것인지도 모를 일이다. 전류는 자유전자 흐름이라는 개념은 모호하다.

15) 광전효과는 특정한 파장 이하(특정한 진동수 이상)에서의 빛을 금속표면에 조사하면, 전자가 방출하는 현상으로 아인슈타인은 이를 빛의 입자성에 의거 설명하였고 이는 양자역학을 태동시키는 계기가 되었다. 아인슈타인은 광전효과에 대한 공로로 1921년 노벨물리학상을 수상하였다.

Ⅱ
물질의 탄생과 새로운 원자모델

Ⅱ

물질의 탄생과 새로운 원자모델

"물질=에너지"라는 등식이 성립한다면, 그 에너지는 빛이나 중성미자와 같은 질량이 거의 없는 존재로부터 온 것이라 할 수 있다. 전자와 양전자가 합쳐 빛이 되듯이 빛은 전자와 양전자로 나누어지고 양전자는 진공매질의 격자에 포획되어 양성자를 구성한다. 양성자는 전자와 합쳐 수소원자를 구성하고 수소원자는 항성 내부에서 핵융합으로 중성자를 생성하고 질량이 큰 원자로 진화한다. 이때 양성자에 포획된 양전자가 다시 전자와 합쳐 빛 에너지로 방출된다. 질량이 가장 작은 수소원자의 에너지 밀도가 가장 높으며 이 에너지가 방출하면서 새로운 원자들이 탄생하는 것이다. 원자는 양성자와 전자 그리고 중성자로 구성된다. 중성자가 존재한다는 것은 그 만큼 에너지가 없어진 상태이다. 이 장에서는 원자를 구성하는 양성자와 중성자에 대해 기존 물리학에서 알려주는 것을 정리하고 전자와 양성자(+ 중성자)가 이루는 원자는 어떤 구조를 하고 있는지를 기존 이론을 살펴보며 이런 기존에 알려진 것과는 다른 원자모델을 제시하고 그 타당성에 대해 논의한다.

2.1 양성자와 중성자

양성자의 발견과 특성

1886년 골드슈타인[16]은 그림 5와 같은 가스 방전관(discharge tube)에서 나오는 양극빔이 양의 부하를 띤 입자임을 발견하였지만 양성자와 같은 단일 입자임을 밝히지는 못했다. 1911년 러더퍼드[17]가 원자핵을 발견한 이후, 1917년에 수소원자핵이 다른 핵에도 존재함을 밝혔다. 이것이 양성자의 발견이다. 양성자는 원자핵을 구성하지만 중성자와는 달리 자유양성자가 되더라도 다른 입자로 바뀌지 않는 안정한 입자이다. 큰 에너지와 속도를 가진 양성자는 우주선의 90%를 차지한다. 일본의 SK[18] 관측소는 양성자의 최소수명이 6.6×10^{33}년이며 반뮤온[19]과 중성 파이온[20]으

16) Eugen Goldstein (1850.9 – 1930.12) 독일 물리학자.

17) Ernest Rutherford (1871.8 – 1937.10) 영국 핵물리학의 아버지. 방사능 물질의 반감기 개념을 도입하였고 방사능 원소 라돈을 발견하였으며 알파와 베타선의 차이를 밝혔다. 이러한 공로로 1908년 노벨화학상을 수상하였다. 1911년 원자에 대한 러더퍼드 모델을 제시하였고 1917년 질소와 알파 입자 사이의 핵반응으로부터 양성자를 분리하고 명명하였다.

18) Super-Kamiokande. 일본 히다시 이케노산에 있는 중성미자 관측 연구소. 히다의 모주미 광산 1,000 m 지하에 있다. 이 관측소는 양성자 붕괴 시 나타나는 중성미자, 태양 중성미자 등을 관측할 목적으로 설립되었다.

19) 뮤온은 전자와 동일한 전하 −e와 스핀 $\frac{1}{2}$인 가진 기본입자이지만, 질량은 매우 크다(전자의 ~207배). 뮤온은 불안정한 입자로서 (수명 2.2 μs) 약력에 의해서만 느리게 붕괴한다. 붕괴 시 전자와 두 종류의 중성미자가 생성된다. 반뮤온은 양의 전하를 가진 반입자이다.

20) 파이온(파이 중간자)은 π^0, π^+, π^- 세 가지가 있다. 쿼크와 반쿼크로 구성되며 중간자의 일종이다. 전하를 띤 파이온, π^+, π^-는 수명이 2.6×10^{-8}초이고 중성 파이온 π^0은 8.4×10^{-17}초이다. 전하를 띤 파이온은 붕괴 후 뮤온과 뮤온 중성미자로, 중성 파이온은 감마선으로 바뀐다. 파이온은 입자간 충돌이나 우주선이 지구의 대기와 충돌할 때 생성된다.

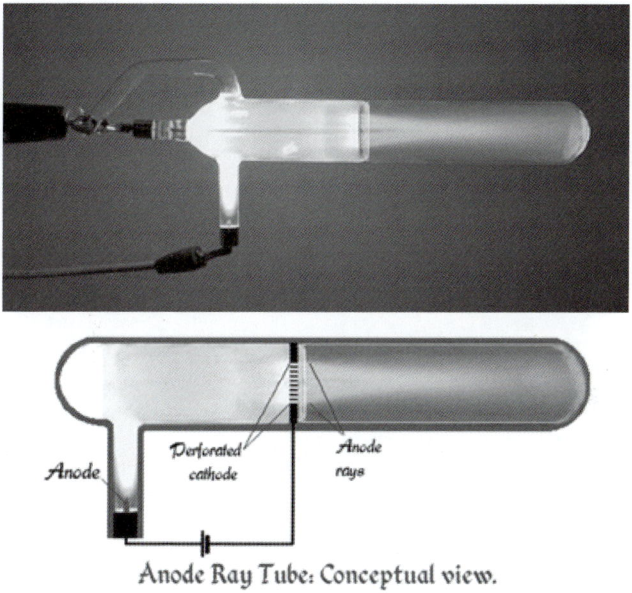

[그림 5] 양극에서 나오는 빔이 구멍 난 음극을 통과하면서 핑크빛의 빔이 된다(wikipedia.org)

로 분해되고 8.2×10^{33}년 후에는 양전자와 중성 파이온으로 분해된다는 것을 확인하였다.[21]

양성자는 현대 표준모델에서 그림 6과 같이 3개의 쿼크로 구성되어있다. 쿼크의 정지질량은 양성자 질량의 1% 정도이다. 나머지는 양자색역학21) 결합 에너지로 쿼크의 운동에너지와 쿼크를 결합하는 글루온 에너지이다. 양성자 질량은 쿼크의 총질량보다 80-100배 크다. 대부분의 질량은 쿼크를 결합하는 글루온으로부터 온다. 글루온은 질량은 없지만 양자색역학적인 에너지를 가지고 있다.

---

21) (quantum chromodynamics) 강력을 설명하는 게이지 이론으로 쿼크와 글루온으로 이루어진 강입자의 종류와 특성을 설명한다.

양성자 = 2 "위 ⓤ" 쿼크 + 1 "아래 ⓓ" 쿼크(wikipedia.org)

중성자 = 2 "아래 ⓓ" 쿼크 + 1 "위 ⓤ" 쿼크(wikipedia.org)

[그림 6] 3개의 쿼크로 구성된 양성자(좌) 및 중성자(우) 모델.

양성자 질량은 938 MeV/c^2이고 이중에 쿼크에 의한 것은 9.4 MeV/c^2이다.[22] 전자산란 시험과 수소/중수소의 원자에너지 준위에 대한 연구로부터 양성자의 전하 반경은 0.8768 fm(=0.8768 × 10^{-15} m)이 국제적으로 인정되고 있다.[23] 하지만 최근의 측정값이 이 값과 약간의 차이를 보여 양성자 직경은 현재 수수께끼로 남아있으며 양자전자기학이 재검토되고 있다.

다양한 형태의 중성자

1928년 보테22)는 베릴륨(원자번호 4) 원자가 알파입자와 충돌하면 침투력이 강하고 전기적으로 중성인 입자를 방출하는 것을 관찰하였다. 처

---

22) Walther Bothe (1891.1 - 1957.2) 독일 물리학자. 핵반응, 콤프턴 효과, 우주선(cosmic ray), 방사선의 파동-입자 이중성에 대해 많은 연구를 하였고 이 공로로 1954년 막스 본(Max Born, 1882.12-1970.1, 독일계 영국 물리학자)과 함께 노벨물리학상을 수상하였다.

음에 이것이 에너지가 높은 감마선이라 생각되었으나[24] 채드윅[23]은 감마선과 같은 전자기파로 보기에는 이온화 효과가 너무 강한 것을 확인하였다. 1932년 그는 미지의 빔을 수소나 질소 등의 원소에 노출하여 되튀는 전하를 띤 입자의 에너지를 측정한 후 이것의 질량이 양성자와 유사한 중성 입자라는 결론을 내렸다.[25] 중성자가 발견된 것이다.

중성자는 표준모델에서 쿼크로 구성된 강입자(하드론, hadron)이고 그림 6과 같이 3개의 쿼크(2 아래 쿼크와 1 위 쿼크)로 구성된 중입자(baryon)의 일종이다. 3개의 쿼크 질량은 12 MeV/c^2이다. 양성자와 마찬가지로 강력에 의해 글루온으로 묶여있다. 자유중성자는 질량이 1.675×10^{-27} kg(939.6 MeV/c^2),[26] 평균 직경이 0.8×10^{-15} m(0.8 fm),[27] 스핀은 $\frac{1}{2}$인 페르미 입자이다.[28] 중성자는 전하가 없기 때문에 질량은 질량분석기(mass spectrometry)로 측정할 수 없다. 간접적으로 중수소핵(양성자 하나와 중성자 하나로 구성)의 질량에서 양성자 질량을 뺀 것이다. 여기에는 결

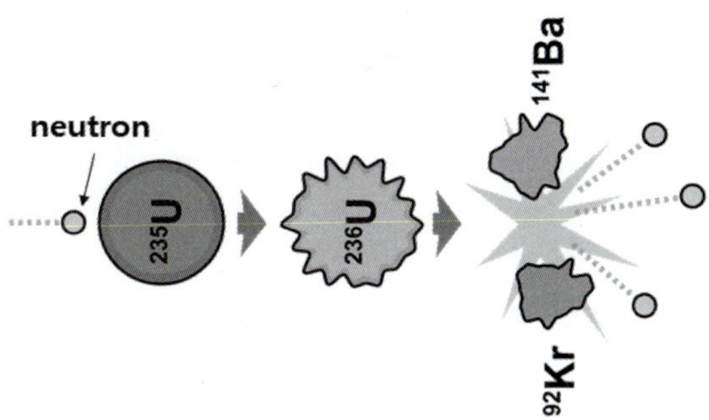

[그림 7] 중성자에 의한 우라늄 핵분열(wikipedia.org)

23) James Chadwick (1891.10 – 1974.7) 영국물리학자. 1932년 중성자 발견으로 1935년 노벨물리학상을 수상하였다. 미국의 지원으로 핵무기개발의 핵심인물로 참가하였다.

합에너지가 포함되어 있다. 이 에너지는 중성자가 양성자에 의해 포획될 때 (중성자 에너지가 0일 때 가능) 방출되는 감마선 에너지(0.7822 MeV)와 중수소핵의 반동에너지(전체 에너지의 0.06% 정도)의 합이다. 감마선 에너지는 x-선 회절 기법으로 측정할 수 있으며 1986년에 측정된 가장 정확한 중성자 질량은 1.008644904$^{(14)}$ u[24]이다.[29]

양성자와 중성자는 원자핵 내에서 거의 동일한 거동을 보인다. 핵분열 시 중성자를 흡수하여 불안정하게 된 원자(예, ^{235}U)는 그림 7과 같이 가벼운 원자로 분해되고 다른 중성자를 배출한다. 자유중성자는 불안정하여 15분(881.5±1.5초) 이내에 양성자, 전자, 반중성미자로 바뀐다. 이 과정을 베타붕괴라 하며 약력에 따라 거동한다. 자유중성자가 붕괴할 때 그 에너지는 0.782343 MeV이다. 이중 전자에너지가 0.782 MeV이고 나머지는 중성미자 에너지이다.[30]

중성자는 전하가 없지만 자기모멘트가 있는데 하부조직으로 쿼크가 있고 내부전하 분포가 균일하지 않기 때문이다.[31] 자기모멘트는 일종의 자기공명방법을 이용하여 1940년에 최초로 측정되었다.[32] 쿼크가 부피 없는 디랙입자[25]이고 각 입자의 자기모멘트의 벡터 합과 중성자내에서의 궤도 자기모멘트의 합이 중성자의 자기모멘트라 할 수 있다.

2007년에 발표된 한 논문에 의하면,[33] 중성자의 외부는 음의 부하, 중앙은 양의 부하, 핵은 음의 부하로 되어있다고 한다.[26] 이러한 부하분

---

24) unified atomic mass unit, 1.660539040 10^{-27} kg

25) 디랙방정식으로 다루어지는 입자. 스핀이 $\frac{1}{2}$인 페르미 입자로서 반입자를 가진다.

26) 이것은 진공격자점이 음이고 이 음의 격자점에 양전자가 포획되어 양성자를 구성하고 다시 전자와 융합하여 중성자로 되는 과정을 의미한다고 할 수 있다. 고전적인 관점에서 보면, 외부가 음이면 양성자와 친화력이 있다. 하지만 양성자와 중성자의 인력은 핵력으로 전하를 동반하지 않는다고 한다.

포를 통하여 중성자의 자기분극 위치가 스핀 각운동량 벡터와 반대방향에 있음을 설명한다. 양성자와 달리 중성자는 음의 부하를 가진 입자의 자기모멘트와 유사하며 음의 부하가 분포하는 반경이 넓어 자기장이 나타낸다고 할 수 있다. 입자의 표준모델에 의하면, 중성자 내에서 음과 양의 부하가 균일하게 분포하지 않으며 항구적인 전기분극모멘트가 있지만 이 값은 너무 작아 측정하기 어렵다고 한다.[34]

[그림 8] 최초의 핵반응기 시카고파일-1(M.A. Miller)

원자핵의 구성

양성자는 중성자와 함께 핵을 구성한다. 원자핵 내의 양성자는 서로 척력이 강하기 때문에 중성자가 이 척력을 억제하여 원자핵을 안정화한다.27) 구체적인 핵의 구조는 아직 완전하지 않다. 원자 내 양성자수는 원자수(Z)와 동일하다. 중성자수는 N이며 따라서 원자질량은 Z+N = A이다.28) 원자핵 내에서 양성자와 중성자는 핵력으로 결합되어 있고 중성자는 원자핵의 안정을 위해 필요하다. 중성자는 핵분열이나 융합으로 생성된다. 1938년 핵분열 현상이 발견된 후 핵분열로 자유중성자가 생성되고 이 중성자는 또 다른 핵분열을 야기하는 것이 밝혀졌다. 이 핵분열 반응을 최초로 이용한 것이 그림 8의 핵반응기 시카고파일-129)과 핵무기 트리니티30)이다.

1920년 러더퍼드는 원자핵은 양성자와 전하가 중성인 입사로 구성되었다고 제안한 바, 전자는 어떤 식으로 양성자에 결합되었다고 하였는데 이것은 베타 붕괴 시 양성자와 전자가 동시에 나오기 때문에 전자가 원자핵 내에 존재할 것이라는 생각 때문이었다.[35] 1920년대에 물리학자들은

---

27) 새로운 진공 패러다임의 중성자는 항성 내부의 초고압으로 인한 핵융합과정의 일환으로 양성자에 전자가 압착된 상태라고 상정한다. 양성자와 전자 간의 거리가 줄어들면서 생긴 위치에너지가 중성미자로 나타난다. 항성에서 중성미자가 빛과 함께 다량으로 발산하는 것은 이러한 위치에너지의 발산으로 생각된다.

28) 우리는 B=N-Z를 잉여중성자라 부른다. 잉여중성자는 에너지가 거의 없는 진공매질 격자와 가장 가까운 것이라 상정한다.

29) Chicago Pile-1 (CP-1), 1942년에 개발된 세계 최초의 인공 핵반응기이다. 제2차 세계대전 중에 원자탄을 만들기 위한 Manhattan Project의 일환으로 시카고 대학의 금속공학 실험실에 건설되었다. 1942년 12월 2일 핵 연쇄반응이 페르미 감독으로 시작되었다.

30) Trinity는 최초의 핵무기 폭발 암호명이었다. Manhattan Project 일환으로 미군에 의해 1945년 6월 16일 5:29에 뉴멕시코의 Socorro에서 남동쪽으로 56km 떨어진 Jornada del Muerto에서 폭발하였다.

원자핵은 양성자와 “핵 전자”로 구성되었다고 믿었다. 이것은 양자역학적으로 하이젠베르크의 불확정성 원리에 배치되고, 1929년에 원자핵 내에서 전자가 양자역학적으로 존재할 수 없다는 것이 밝혀졌다.[36] 이것이 클라인 모순이다.31)

자유중성자는 불안정하지만, 대부분의 원자 내 중성자는 안정하다. 핵의 양자역학 모델에 따르면, 원자핵 내에서 양성자와 중성자는 양자수를 가진 특정 에너지 준위에 따라 배치되어 있다. 원자 내 중성자가 붕괴하려면 양성자는 그 중성자 에너지보다 낮은 상태이어야 한다. 안정한 핵에서는 모든 에너지 준위가 채워져 있어 그 보다 낮은 에너지 상태가 존재하지 않기 때문에 이것은 양자역학적으로 불가능하다. 원자내의 불안정한 중성자는 베타 붕괴로 없어진다. 이 경우 양성자는 가능한 에너지 상태가 있다. ^{14}C(양성자 6, 중성자 8)가 ^{14}N(양성자 7, 중성자 7)로 붕괴하는 경우이다(반감기 5,730년). 원자핵 내에서 양성자는 양자역학적으로 가능한 에너지 상태가 존재하면 중성자로 바뀔 수 있다. 이 경우 양전자와 중성미자를 방출하며 생성된 양전자는 즉시 전자와 결합하여 소멸한다.[37]

31) 1929년 클라인(Oskar Klein, 1894.9 - 1977.2, 스웨덴 이론물리학자)은 위치에너지 벽에 의한 전자 산란이라는 문제에 디랙 방정식을 적용한 결과 놀라운 사실을 발견하였다. 비상대적인 양자역학에서는 전자가 이 벽을 통과하면서 기하급수적으로 감쇠한다. 하지만 클라인의 결과에 의하면 위치에너지가 전자질량 정도이면, 벽은 거의 투명하다. 더욱이 위치에너지가 무한대로 가면, 반사가 줄어들고 전자는 항상 통과한다. 이 모순은 아직 중성자가 발견되기 전에 원자핵 내에서의 중성입자에 대한 러더퍼드의 양성자–전자 모델에 적용되었다. 이 모순에 의해 원자핵 내에 전자가 내재하고 있다는 개념은 양자역학적으로 배제되었다. 이 명백한 모순에 의해 전자는 그 어떤 위치에너지로도 원자핵 내에 가둘 수 없다는 것이다.

2.2 원자모델의 역사

주지하듯이 우리의 물질은 원자로 이루어져 있다. 원자는 우리 물질을 이루는 가장 기본입자는 아니지만 고체의 대부분의 물성을 결정하는 기본 요소라 할 수 있다. 이러한 원자는 다시 양성자, 중성자, 전자 등의 하부 입자로 이루어졌다고 알려져 있다. 입자물리에서 전자는 더 작은 입자로 나누어질 수 없는 기본입자이며 양성자와 중성자는 쿼크라는 기본입자의 조합으로 구성되어있다고 한다. 쿼크라는 기본입자는 매우 특수한 환경에서만 간접적으로 관찰할 수 있는 입자로 고체물리에서 거론할 필요는 없는 것이다. 고체의 전자기 특성에 관한한 쿼크라는 기본입자의 역할을 없다. 고체물리학에서 그 물성은 그 구성입자인 전자, 양성자, 중성자가 어떻게 배열되어있고 이렇게 생성된 원자가 어떻게 다른 원자와 결합하거나 상호 작용하느냐에 따라 결정된다. 이것은 물론 외부의 온도와 압력에 의존한다. 고체를 구성하는 원자는 어떻게 구성되었으며 이러한 기존의 원자모델에 허점은 없는지, 다른 원자모델의 가능성은 없는지 고찰해보고자 한다.

톰슨 원자모델

원자라고 번역되는 영어 단어 “atom”은 어원이 “나누어 질수 없는” 뜻을 가진 고대 그리스어의 형용사 “atomos”라고 한다.[38] 20세기에 들어서면서 다양한 물리실험을 통하여 더 이상 나눌 수 없는 원자는 실제로 전자, 양성자, 중성자로 구성되어 있음을 알게 되었다. 전자는 1897년 J.J. 톰슨이 그림 4와 같은 장치를 이용한 음극관 실험에서 그 존재를 확인하였

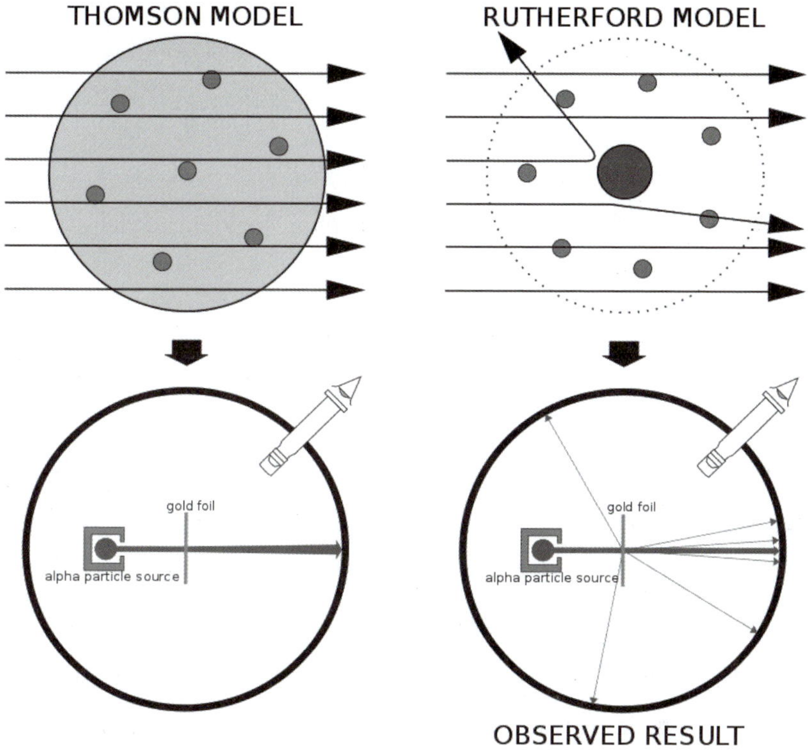

[그림 9] 가이거-마스덴 실험(wikipedia.org)
왼쪽: 예측, 톰슨모델에 의한 예측, 알파입자가 건포도 푸딩 원자를 통과하면 회절이 없다. 오른쪽: 실험결과, (원자핵에 집중한 양전하에 의해) 일부 알파입자의 회절이 발생하였다.

다.[39] 진공으로 유지되는 밀봉된 유리용기의 왼쪽 두 전극 사이에 전압을 가하면 음극에서 빔이 발생하고 이 빔이 유리관의 반대편 유리면에 부딪힌다. 이때 유리용기 가운데에 있는 전극에 전압을 걸어주면 전기장이 발생하고 이 전기장에 의해 빔이 회절하였다. 이 빔은 빛이 아니고 매우 가벼운 음의 입자들의 흐름이며 질량 대비 전하를 측정한 결과 질량이 수소의

1,800분의 1정도인 것으로 확인되었다. 따라서 원자는 더 이상 나누어질 수 없는 입자가 아니며 원자보다 작은 빌딩블록이 존재한다는 추정을 가능하게 하였다.[40] 양성자나 중성자와 같은 원자핵의 존재가 알려지지 않았던 그 시절 톰슨은 이 입자가 양의 전하의 푸딩에 박혀있는 음의 건포도로 생각하였고 소위 원자의 건포도 푸딩모델(plum pudding model, 그림 9의 왼쪽 위)을 제안하였다.[41]

원자핵의 발견과 새로운 원자모델

하지만 이 톰슨의 원자모델은 1909년 러더퍼드에 의해 부정되었다. 러더퍼드는 1909년 가이거,32) 마스덴33)과 함께 얇은 금속판에 알파입자(헬륨 핵)를 쏘아 형광 스크린에 회절을 측정하는 가이거-마스덴 실험을 수행하였다.[42] 톰슨 모델에서 양의 전하는 푸딩처럼 퍼져있어 그 밀도가 낮고 알파입자에 비해 전자의 질량이 매우 낮기 때문에 모든 알파입자는 회절 없이 금속 막을 통과할 것으로 예상되었다. 하지만 매우 드물게 그림 9의 오른쪽 그림과 같이 알파입자가 큰 각도로 회절하였다. 러더퍼드는 원자의 양의 전하는 매우 작은 부피에 한정되어있어 충분히 강하게 알파입자의 회절을 유도했다고 추론하였다. 대부분의 원자질량과 양의 전하는 매우 좁은 영역에 집중해있는 것을 발견한 것이었다.

러더퍼드는 새로운 원자모델을 제안하였는데 전자들이 중심의 핵 주위로 위성처럼 궤도를 따라 회전하는 것이었다.[43] 이러한 원자모델은 2가

---

32) Johannes Wilhelm "Hans"Geiger (1882.9 - 1945.9). 독일 물리학자. 가이거 계수기의 공동발명자로 알려졌다.

33) Sir Ernest Marsden (1889.2 - 1970.12). 영국-뉴질랜드 물리학자.

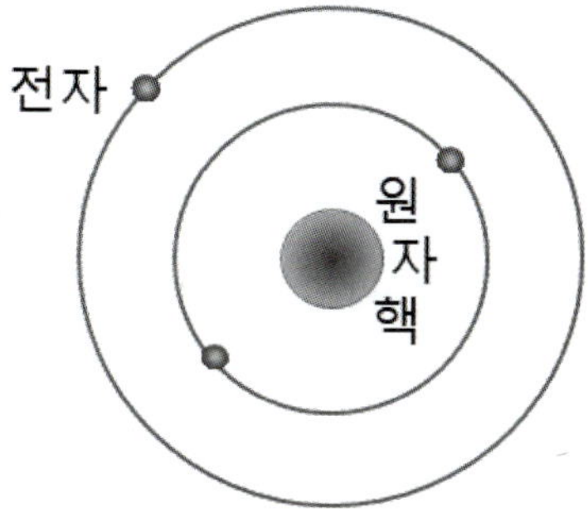

[그림 10] 보어모델에 의한 원자구조

지 심각한 문제가 있었다. 태양 주위를 궤도운동(공전)하는 행성과 달리 전자는 전하를 띤 입자이다. 궤도운동으로 회전하면 전자기파를 방출하고 에너지를 잃게 되면 원자핵으로 빨려 들어가 순식간에 핵과 충돌할 것이다. 이것이 첫 번째 문제이고, 두 번째 문제는 이 원자모델이 원자에 의한 전자기파의 흡수와 방출이 매우 좁은 파장범위에서 일어나는 것을 설명하지 못한다는 것이다.

20세기 초 양자역학의 태동기에 전자에 의해 흡수되고 방출되는 에너지는 양자화되었다는 가설이 제기된 바, 1913년 보어[34]는 이를 도입한 보어모델(그림 10)을 제안하였다. 전자는 정해진 각운동량과 에너지로 궤도운동을 한다. 원자핵과의 거리는 에너지에 비례한다. 이 모델에서는 전자가 연속적으로 에너지를 잃어 원자핵에 흡수되지 않는다. 에너지를 잃을 경우 순간적인 "양자도약(quantum leap)"을 한다. 이때 이 에너지의

34) Niels Henrik David Bohr (1885.10 - 1962.11) 덴마크 물리학자. 양자이론과 원자구조를 이해하는 초석을 다져 이 공로로 1922년 노벨 물리학상을 수상하였다. 보어는 그 어떤 시스템을 파동으로도 입자로도 해석할 수 있다는 상보성 원리(相補性原理, complementarity principle)를 도입하였다. 이것은 양자 역학적인 대상이 경우에 따라 입자 혹은 파동으로 거동할 수 있는 것을 의미한다. 그러나 동시에 입자이며 파동일수는 없다는 점에서 상호보완성이라고 부른다.

차이만큼의 진동수를 가진 빛이 흡수되거나 방출된다.[44] 이 모델은 수소의 단순 스펙트럼을 설명할 수 있지만 전자가 다수인 원자에 적용되지 않는다. 분광사진기술이 발달함에 따라 보어모델로는 설명되지 않는 추가 흡수선(그림 17 참조)이 수소에서 발견되었다. 1916년 좀머펠트[35]는 타원궤도를 추가하며 보어모델을 개선하였지만 아직 복잡한 원자는 설명되지 않는다.

1924년 슈뢰딩거[36]는 드브로이 물질파에서 영감을 얻어 전자는 입자보다는 파동의 함수로 더 잘 설명되지 않을까 하는 생각을 가졌다. 1926년 발표된 슈뢰딩거 방정식[37]은 전자를 점 입자보다는 파동함수로 설명한다.[45] 이것은 원자의 분광현상을 잘 설명하였다. 수학적으로 편리하지만 이해하기 쉽지 않았다. 이 파동방정식은 전자를 설명하는 것이 아니고 전

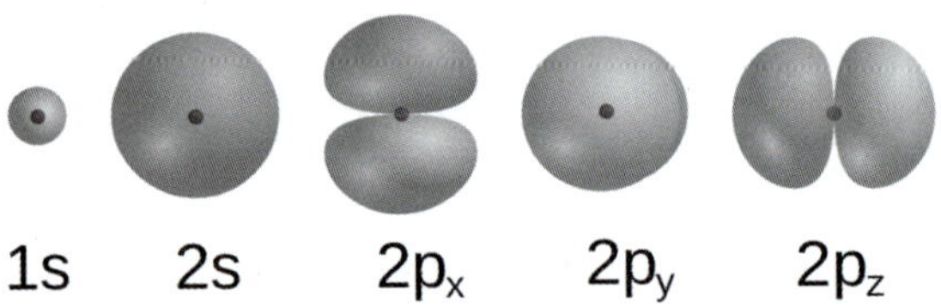

[그림 11] 네온 원자의 5가지 에너지 준위(wikipedia.org). 각각의 에너지 준위는 2개의 전자를 가질 수 있다.

---

35) Arnold Johannes Wilhelm Sommerfeld (1868.12 – 1951.4) 독일 이론물리학자. 원자 및 양자물리학의 선구자로서 노벨상 후보로 지명되었지만 수상하지는 못했다. 제2, 제3의 양자수를 도입하였고 x-선 파동이론의 선구자이다.

36) Erwin Schrödinger (1887.8 - 1961.1) 오스트리아 물리학자로 1933년 슈뢰딩거 파동방정식으로 노벨 물리학상을 수상하였다, 슈뢰딩거 방정식 이외에 통계역학, 열역학, 전자기학, 일반상대성 이론 등에 많은 업적을 남겼다.

37) Schrödinger equation. 비상대론적 양자역학적 계의 시간에 따른 진화를 나타내는 선형 편미분 방정식이다. 슈뢰딩거가 발명한 파동역학의 기본 방정식이다.

자의 가능한 상태를 설명하는 것이며 원자핵 주변의 특정 위치에서 전자를 발견할 확률을 계산하는데 사용할 수 있다고 하였다.[46] 전자를 파동함수로 나타내면서 전자의 위치와 운동량을 동시에 수학적으로 유도할 수 없게 되었다. 이것은 하이젠베르크의 불확정성 원리이며 1927년에 발표되었다.[47] 이로서 보어모델이 폐기되었다. 원자를 구성하는 전자는 특정위치에서 발견될 확률로 나타낸다. 이 확률은 에너지 준위에 따라 다르며 이것을 원자궤도라 한다. 그림 11은 네온원자의 에너지 준위를 나타내었다.

2.3 수소 및 헬륨

수소는 단 원자 형태로 우주에서 75%를 차지하는 물질이다. 대부분 중성자가 없는 경수소(프로티움, protium, ^{1}H)이다. 우주표준이론에서 빅뱅 후 서로 분리되어 있던 전자와 양성자가 결합하는 재결합시대에 맨 먼저 생성되었다고 한다.[48] 비금속 원소와 공유결합을 쉽게 형성한다. 수소의 기저상태의 에너지준위는 −13.6 eV로 자외선 영역의 파장으로는 ~91nm이다. 기저상태의 수소가 이 파장의 빛을 흡수하면 수소가 전자와 양성자로 분해된다.

수소 – 양성자와 전자 쌍

이전의 수소원자 모델은 양성자를 중심으로 전자가 일정 궤도로 공전하는 것이었다. 대표적인 것이 그림 10과 같은 보어모델이다. 이 모델에서는 양성자가 중심에 있고 전자가 그 주위를 태양계의 행성처럼 궤도운동을 하며 상호작용하는 힘은 중력이 아니고 전자기력이다. 양자역학의 발전

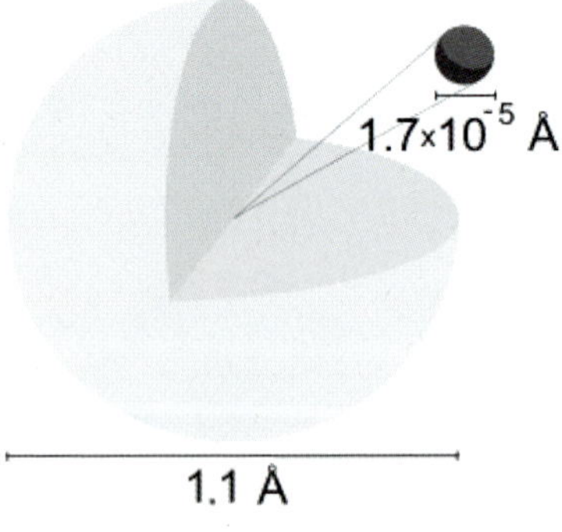

[그림 12] 수소원자 모델 (wikipedia.org).

으로 여러 이론이 나왔으며(슈뢰딩거 방정식, 디랙 방정식[38] 또는 파인만의 경로적분[39]) 이 이론들을 이용하여 양성자 주위의 전자 확률밀도를 산출하면 각운동량이 전혀 없는 것으로 나타나는데 이것은 전자가 양성자 주위를 공전하지 않는 것을 의미한다.[49] 이러한 결과는 그림 12와 같은 수소원자 모델로 표현할 수 있으며 수소원자가 가진 에너지로 인해 주변 진공매질을 왜곡하는 상태로 해석되는 새로운 진공패러다임과 유사하다.

수소분자는 핵의 스핀상태에 따라 구분된다.[50] 두 원자의 양성자 스핀이 평행이고 따라서 분자 총 스핀수가 $1(=\frac{1}{2}+\frac{1}{2})$인 삼상(triplet state)의 오소수소(ortho-hydrogen)와 스핀이 서로반대이고 총 스핀수가 $0(=\frac{1}{2}-\frac{1}{2})$인 단상(singlet state)의 파라수소(para-hydrogen)이다. 표준상태에서 25%가 파라수소이고 75%는 오소수소이다.[51] 오소수소가 들뜬(에너지가 높은) 상태이며 극저온에서에서는 거의 파라수소이다. 액상과 기상의 열특성은 회전 열용량(rotational heat capacity) 차이 때문에 서로 매우 다르다.[52] 오소에서 파라수소로의 변화는 발열반응이고 일부 액상수소를

---

38) Dirac 方程式. 1928년에 폴 디랙이 발표한 이론으로 스핀이 $\frac{1}{2}$인 페르미 입자를 나타내는 상대론적 양자 파동방정식이다. 디랙 방정식은 거울대칭 및 시공 반전성을 따르고, 스핀 $\frac{1}{2}$인 페르미 입자를 기술한다. 이 때문에 거울대칭을 지키는 이론(양자전기역학 등)에서 전자를 기술할 때 이 방정식을 사용한다.

39) Feynman path integral. 양자역학에서 경로적분(經路積分, path integral)은 해밀턴의 원리를 일반화하여 양자론을 기술하는 방법이다. 한 상태에서 다른 상태로 전이할 확률은 두 상태 사이의 모든 가능한 경로에 대한 함수적분이다. 폴 디랙이 최초로 도입하였고 1948년에 파인만이 이를 개량하여 구체적인 방법론을 개발하였다. 이 방식은 시간과 공간에 대한 대칭적인 기술이 가능해졌기 때문에 이론물리학에서 엄청난 파급효과를 가져왔다. 고전역학에서는, 어느 점 입자 혹은 질량 점의 운동은 초기 상태가 주어지면 이후의 운동 경로가 운동방정식의 해로써 모두 결정될 수 있다. 양자역학에서는 불확정성이 존재하기 때문에 고전역학에서와 같은 하나의 경로만을 생각할 수 없다. 경로적분에서는 시공간에서의 시작점과 끝점을 연결하는 무한히 많은 경로를 모두 다 포함하여 양자역학적인 확률을 얻는다. 슈뢰딩거의 파동역학이나 하이젠베르크의 행렬역학은 운동방정식으로 문제를 다루지만, 경로적분은 운동경로에 주목하여 전체경로에 대하여 양자역학 문제를 다룬다.

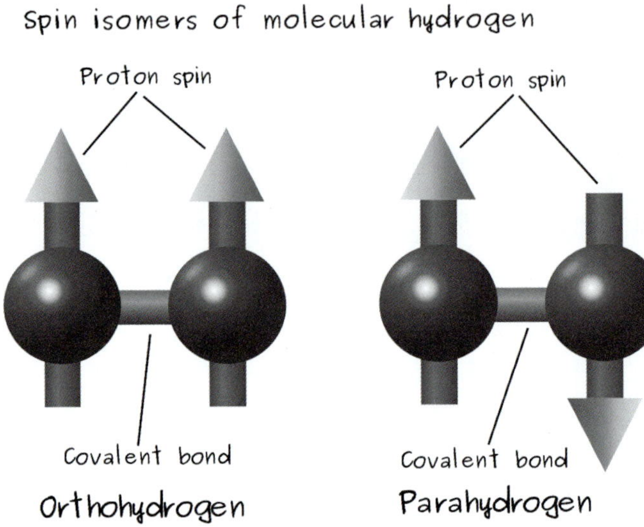

[그림 13] 수소분자의 스핀방향에 따른 구분(wikipedia.org).

증발시킬 충분한 열을 발생한다.

수소는 대부분(99.98%) 그림 12와 같이 양성자가 하나인 ^{1}H이지만 동위원소로 핵이 양성자와 중성자 각각 1개로 구성된 중수소(^{2}H)와 양성자가 하나, 중성자가 둘인 삼중수소(^{3}H)가 있다. 중수소는 안정한 원소이지만 삼중수소는 반감기가 12.32년인 방사능 원소로서 베타붕괴(전자 또는 양전자 방출)로 에너지가 높은 중성자가 양성자로 변하여 헬륨-3(^{3}He, 1 중성자 + 2 양성자)이 된다.[53]

헬륨 - 중성자로 묶여진 가장 안정한 원자

원자번호 2인 헬륨은 우주에서 수소 다음으로 많은 원소이다. 전체 물질의 약 24%로 태양의 성분과 비슷하다. 대부분의 우주의 헬륨은 헬륨

−4(^{4}He, 2 중성자 + 2 양성자)로 빅뱅이론은 빅뱅 시 형성된 것으로 추정하고 있다. 상당량의 헬륨은 수소의 핵융합으로 생성된다. 수소의 핵융합과정에서 삼중수소가 생성되고 이것이 베타 붕괴로 ^{3}He가 된 후 보다 안정한 ^{4}He가 될 것으로 추론할 수 있다. 수소의 핵융합은 엄청난 압력과 섭씨 1억도 이상의 온도가 필요하다. 태양과 같은 항성의 내부는 진공매질에 의

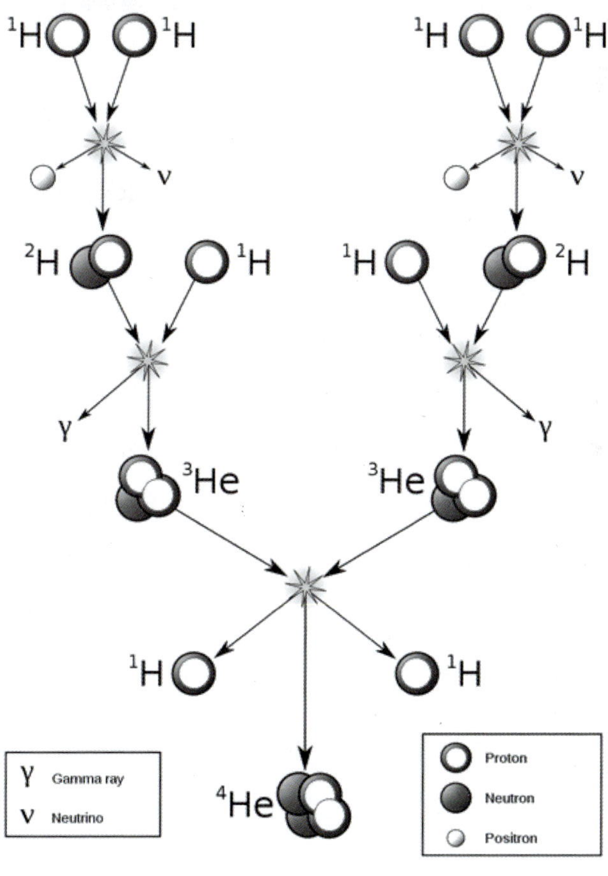

[그림 14] 태양에서의 수소 핵융합에 의한 헬륨 생성: 양성자-양성자 연쇄반응(wikepedia.org)

한 응력으로 압력이 매우 높고 에너지가 집적되어 있으며 핵융합으로 지속적으로 에너지를 생산한다. 가장 기본적인 과정이 수소핵융합으로 그림 14와 같은 양성자-양성자 연쇄반응이다. 이 과정에서 에너지가 감마선 및 중성미자로 방출된다. 이 반응은 태양이나 이 보다 작은 항성에서 주로 일어난다. 반면, CNO 사이클40)이라 불리는 핵융합반응인 촉매 사이클은 태양 질량보다 1.3배 이상인 항성에서 일어난다.[54] 일반적으로 양성자-양성자 융합은 서로간의 쿨롱 반발력을 초과하는 에너지를 가질 때 일어난다고 한다.[55] 태양에서 중수소 생성은 드물다. 양성자-양성자 융합으로 생성된 양성자 쌍은 즉시 두 양성자로 분리되기 때문이다. 수소의 헬륨에로의 변화가 느리기 때문에 태양 핵에서 헬륨으로 완전히 바뀌는데 걸리는 시간은 100억년 이상이라는 예측도 있다.[56]

고전적으로 헬륨은 2개의 양성자와 2개의 중성자 주위에 2개의 전자가 회전하는 상태로 상정할 수 있다. 양자역학적으로 수소원자의 예에서와 같이 핵자 주위의 전자는 회전하는 것이 아니라 핵자 주위의 전자 확률밀도로 대체되며 순수 각운동량이 전혀 없을 것이다. 수소에 비해 핵자가 많으므로 에너지가 보다 집중되었고 (일부 에너지는 감마선이나 중성미자로 방출됨) 따라서 진공매질에 대해 더 큰 압력을 주고받을 것이다.

그림 15의 ^{4}He 원자핵은 알파입자와 같다. 고 에너지 전자산란(high-energy electron scattering) 시험결과 헬륨의 전하는 최대인 중심에서 기하급수적으로 감소한다. 이런 대칭성은 한 쌍의 양성자와 한 쌍의 중성자

40) 탄소(Carbon)-질소(Nitrogen)-산소(Oxygen)가 관여하는 핵융합반응으로 수소로부터 헬륨이 생성된다. CNO 사이클에서는 탄소, 질소, 산소 동이원소를 촉매로 4개의 양성자가 융합하여 하나의 알파입자를 생성하고 두 개의 양전자와 두 개의 전자 중성미자를 생성한다.

가 헬륨 핵에서 전자의 양자역학과 동일한 역학 법칙을 따른다는 것을 의미한다. 즉, 원자핵은 주 궤도가 1s인 한 쌍의 전자를 구성하고 각운동량을 갖지 않으며 서로의 스핀을 상쇄시킨다. 이러한 구성이 에너지측면에서 매우 안정한 것이며 특이한 것이다. 헬륨이 자연계에서 매우 안정한 물질인 것은 이 때문이라 한다.

한편 ^{3}He는 두 개의 양성자와 하나의 중성자로 구성되어 있으며 양성자보다 중성자 수가 작은 물질 중에 유일하게 안정한 물질이다. ^{4}He의 0.02%밖에 되지 않는다. 중성자 하나가 적어 ^{4}He에 비해 가볍고 기저에너지가 상대적으로 높기 때문에 물리적으로 약간 다른 특성을 나타낸다. ^{4}He보다 낮은 열에너지로 쌍극자-쌍극자 상호작용에 의한 결합이 와해된다. ^{4}He는 전체 스핀이 0이라 보손으로 분류되지만 ^{3}He의 스핀은 $\frac{1}{2}$이며 따라서 페르미 입자이다. ^{3}He는 3.19 K에서 끓고 ^{4}He는 4.23 K에서 끓는

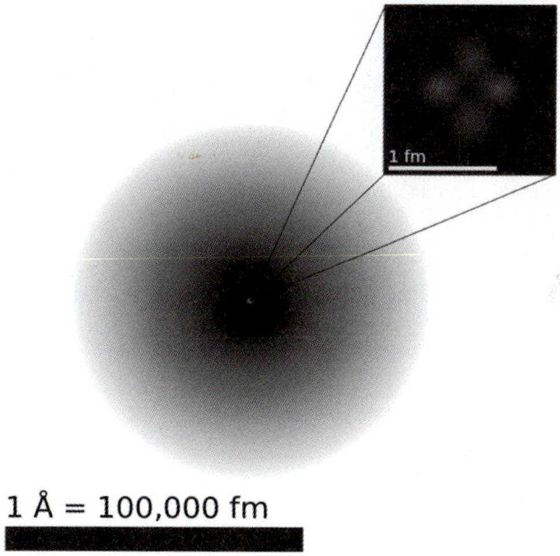

[그림 15] 헬륨원자. 핵자들은 실제로 구형의 대칭성을 갖는다(wikipedia.org).

다. 기화 시 잠열은 26 J/mol인 반면 ^{4}He는 82.9 J/mol이다.[57] 따라서 ^{3}He는 안정한 물질이지만 ^{4}He에 비해 에너지가 높은 상대적으로 덜 안정한 물질임을 알 수 있다.

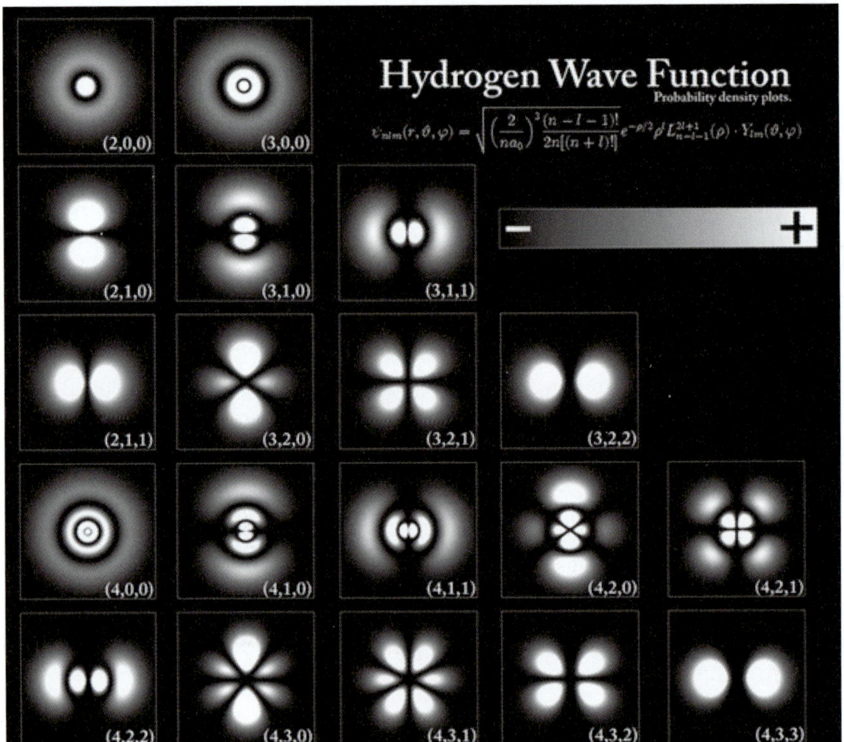

[그림 16] 수소원자의 전자궤도 단면(wikipedia.org).

2.4 새로운 전자와 수소원자 모델

진공을 구성하는 기본격자점에 에너지가 더해지면, 그 기본격자점의 진동으로 주변의 진공매질을 왜곡한다(이것이 물질파이다). 수소원자의 예를 들면, 기존의 원자모델은 양성자 주위에 전자가 진동하면서 원자크기 만큼의 공간을 확보하고 있는 것이다. 그림 3과 같은 원형의 전자기파가 양성자를 에워싸고 있다고 할 수 있다. 최근의 연구에서는 전자의 각운동량이 없는 것으로 확인된다. 새로운 패러다임에서의 원자모델은 전자의 존재를 무시하고 진공의 기본입자가 팽창하여 일정 부피를 확보함으로써 에너지가 집중된 중심점에서 거리의 제곱에 반비례하여 응력장이 구성된다. 따라서 그림 15의 수소원자내의 양성자와 전자는 따로 구분되는 것이 아니고 이 부피팽창에 따른 진공매질 내 발달하는 응력장의 표시인 것으로 상정한다. 에너지가 더해지면, 주변 진공격자를 더 밀어내어 부피가 더 늘어날 것이다 (또는 동일한 부피이지만 주변 진공매질을 왜곡하는 정도가 커질 것이다). 이러한 과정은 에너지 측면에서 연속적으로 늘어나는 것이 아니고 방향성을 가지고 늘어나는 것이다. 이러한 이유는 진공매질이 규칙을 가진 격자를 형성하고 있기 때문이고 부피가 늘어나기 위해서는 격자를 구성하는 입자와 상호작용으로 맞춰져야하기 때문이다. 이러한 과정은 그림 16의 수소 전자궤도 단면 및 그림 17의 수소의 흡수스펙트럼으로부터 유추할 수 있다.

빛의 원형 정상파 – 전자와 양전자

새로운 패러다임에서는 전자는 빛이 그림 3과 같이 원형의 정상파로 형성된 것으로 상정한다. 이런 정상파의 경우 전기장(또는 자기장)의 주기적 변화(진동)가 점대칭으로 진공매질 속으로 전파되며 이러한 전파모드로 인하여 거리에 제곱에 반비례하는 힘, 즉 전자기력이 발생하는 것이다. 직선의 빛이 원형이 되면 원의 안쪽 전기장과 바깥쪽 전기장의 왜곡이 달라지

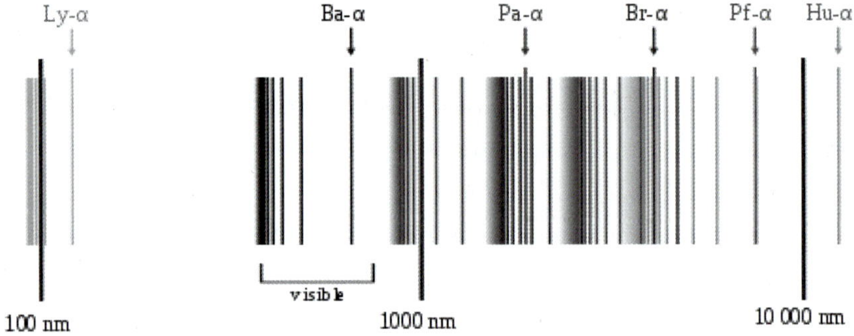

[그림 17] 수소 흡수 스펙트럼(wikipedia.org).

고 이 원형의 전지기파 외부에 놓인 입자는 이 정상파의 배열에 따라 음이나 양의 전기장을 느낀다. 음의 전기장을 느낄 때 그 대상 입자는 전자이며 양의 전기장을 느낄 때 양전자가 되는 것이다. 이 원형의 전자기파는 주위 진공매질에 대해 응력을 미치며 이 정상파의 파면에 수직한 방향으로 반대응력이 작용한다. 이것이 자기장이다. 하나의 전자기파에서 전자–양전자 쌍이 생기고 양전자는 진공격자에 포획되어 양성자가 된다. 양성자와 전자가 융합하면 중성자가 된다. 빛을 흡수할 경우 전자의 정상파 진동

수가 커지며, 중성미자를 흡수할 경우 중심으로부터의 거리가 늘어나는 것도 상상할 할 수 있다.

새로운 수소원자 모델

새로운 수소원자 모델은 진공매질의 격자점에 에너지가 흡수되어 (양전자의 포획으로 양성자가 되며 이 양성자 주위에 전자가 포획되면서) 하나의 진공매질 격자점 주위의 부피가 늘어나 일정공간을 차지하고 있는 것이다. 늘어난 부피만큼 진공격자에 압축응력을 가하며 이 압축응력장이 전자의 확률분포라 불리는 것이다. 즉, 양성자(헬륨의 경우 양성자 및 중성자로 구성된 알파입자)는 진공격자를 밀어낸 공간이고 원자를 구성하는 전자는 주변에 형성된 응력장과 유사하게 생각할 수 있다. 저자의 전작 “중력의 기원과 새로운 우주”에서 중력의 근원은 물질이라 불리는 진동이며 이 물질파에 의한 힘은 중심에서 거리의 제곱에 반비례한다. 따라서 전자 분포에 의한 이 응력장의 힘은 당연히 중심에서 거리의 제곱에 반비례한다. 이것이 양성자와 전자간의 힘으로 알려진 전자기력이다.

개개의 수소원자는 분자보다 에너지가 높기 때문에 분자를 이루면 보다 안정적이다. 앞서 언급했듯이 수소분자는 두 종류가 있다. 단상과 삼상 수소가 그것이다. 수소원자는 태양의 중심과 같은 환경에서 외부의 압력을 받아 분자를 형성하고 그 중 하나의 원자가 에너지를 방출하면서 양성자-전자(수소원자)가 압착되어 중성자가 되면 중수소를 형성할 것이다. 중수소 원자에서 중성자에 귀속된 전자와 양성자와 분리되어 있는 전자가 한 곳에 고착되지 않고 상호교환되면 주변 응력장을 좀 완화시킬 수 있을 것이다. 태양과 같은 별의 중심핵은 압력이 매우 높기 때문에 양성자와 중성자 수가 큰, 즉 원자량이 큰 원소가 생성한다고 하면 수소원자–수소분자–중수소–삼중수소(헬륨동이원소)–헬륨 등으로 핵자의 수가 증가할 것이다(그림 14는 이 과정의 다른 표현이다). 이렇게 핵자의 수가 증가하다가 별이 어느 순간 폭발(핵융합으로 인한 내부에너지의 급격한 증가로 인하여)하면 초신성이 탄생하고 핵자의 수가 높은 원소들이 우주에 퍼져나가 이들이 다시 결합하여 지구와 같은 행성을 이룬다. 지구의 다양한 원소는 초신성으로 온 것이며 지구도 내부의 압력이 높기 때문에 무거운 원자들이 중심을 이루고 있다.[41]

41) 김민태 "중력의 기원과 새로운 우주" 3.5절 초신성 참조

2.5 새로운 모델에 의한 원자구조

우리가 알고 있는 원소의 종류는 표 1과 같이 원소 주기율표(periodic table)로 정리할 수 있다. 왜 원소는 100개 이상의 종류가 있을까? 이러한 원소는 어디에서 온 것일까? 우주의 물질은 75% 이상이 수소이고 나머지는 거의 헬륨이다. 수소는 태양을 비롯한 항성을 구성하는 주성분이다. 즉 별(항성)은 수소 덩어리인 셈이다. 진공매질에 에너지가 더해져 양성자와 전자가 쌍을 이룬 상태로 진공매질을 밀어내는 물질구조가 새로운 패러다임이라 한다면, 수소원자는 진공매질에 의한 압축응력을 받을 것이다. 이러한 압축응력과 물질파의 특성으로 수소를 비롯한 모든 물질은 서로 뭉치게 된다.[42] 뭉쳐진 물질은 최소의 에너지를 갖기 위해 구형의 별이 된다. 구형의 별은 내부로 들어갈수록 응력이 높아지고 중심점에서는 무한대의

[표 1] 원소 주기율표(wikipedia.org)

Group→ ↓Period	1	2	3		4	5	6	7	8	9	10	11	12	13	14	15	16	17	18
1	1 H																		2 He
2	3 Li	4 Be												5 B	6 C	7 N	8 O	9 F	10 Ne
3	11 Na	12 Mg												13 Al	14 Si	15 P	16 S	17 Cl	18 Ar
4	19 K	20 Ca	21 Sc		22 Ti	23 V	24 Cr	25 Mn	26 Fe	27 Co	28 Ni	29 Cu	30 Zn	31 Ga	32 Ge	33 As	34 Se	35 Br	36 Kr
5	37 Rb	38 Sr	39 Y		40 Zr	41 Nb	42 Mo	43 Tc	44 Ru	45 Rh	46 Pd	47 Ag	48 Cd	49 In	50 Sn	51 Sb	52 Te	53 I	54 Xe
6	55 Cs	56 Ba	57 La	*	72 Hf	73 Ta	74 W	75 Re	76 Os	77 Ir	78 Pt	79 Au	80 Hg	81 Tl	82 Pb	83 Bi	84 Po	85 At	86 Rn
7	87 Fr	88 Ra	89 Ac	**	104 Rf	105 Db	106 Sg	107 Bh	108 Hs	109 Mt	110 Ds	111 Rg	112 Cn	113 Nh	114 Fl	115 Mc	116 Lv	117 Ts	118 Og
				*	58 Ce	59 Pr	60 Nd	61 Pm	62 Sm	63 Eu	64 Gd	65 Tb	66 Dy	67 Ho	68 Er	69 Tm	70 Yb	71 Lu	
				**	90 Th	91 Pa	92 U	93 Np	94 Pu	95 Am	96 Cm	97 Bk	98 Cf	99 Es	100 Fm	101 Md	102 No	103 Lr	

42) 기존 이론은 중력에 의한 것이라고 한다.

응력이 집중된 특이점(singularity)을 형성한다. 이러한 초고응력 하에서 수소(분자 또는 원자)는 압착되어 분리되었던 전자와 양성자가 융합되어 중성자가 되고 에너지를 외부로 방출한다. 이러한 과정이 반복되면서 생성된 중성자를 매개로 수소보다 원자량이 높은 원소들이 생성된다. 태양을 포함하는 항성에는 수소 이외에 헬륨과 같은 원소가 주종을 이루고 원자량이 더 높은 원소는 미미하다. 반면, 지구에는 철과 같은 무거운 원소가 수소나 헬륨에 비해 매우 많은 양을 차지하고 있다. 지구의 구성 성분이 항성의 핵에서 오랫동안 융합을 거친 것으로 태양보다 수명주기에서 아주 늙은 별에서 온 것으로 추정된다. 초신성이 폭발하면 내부의 물질들이 우주로 퍼져 나오게 되는데 이중에서 원자량이 높은 물질들이 뭉쳐지면, 지구와 같은 행성을 형성한다.

원자의 주기적 변화 – 주기율표

우리에게 알려진 원소들이 표 1과 같은 주기율표로 정리되는 것은 (기존의 물리학 이론에 의하면) 원자핵과 원자핵 주위의 전자분포에 의한 것이다. 기존의 원자모델은 양성자와 중성자가 원자의 중심에 모여 있고 전자는 전자상태(에너지준위)를 나타내는 4가지 지수에 따라 외곽에 배치된다. 파울리[43] 배타원리[44]에 의거 원자내의 두 개의 전자는 전자상태를 나타

---

43) Wolfgang Ernst Pauli (1900.4 – 1958.12) 오스트리아 태생의 스위스와 미국 이론물리학자. 양자역학 선구자의 한사람이다. 1945년 파울리 배타원리라 불리는 새로운 자연의 법칙을 발견한 공로로 노벨물리학상을 수상하였다. 이 원리는 물질 구조의 기초이론인 스핀이론을 포함한다.

44) 파울리 배타원리(Pauli exclusion principle) 1924년 파울리가 제창한 것으로 하나의 양자상태에 두 개의 동일한 페르미 입자(전자와 같이 스핀이 $\frac{1}{2}$인 입자)는 공존할 수 없다는 양자역학의 원리이다. 이 원리에 의거 원자 안의 두 전자가 같은 양자수를 가질 수 없다.

내는 4가지 지수의 동일한 값을 가질 수 없다.[45] 이러한 원자모델은 수소나 헬륨과 같은 원자량이 적은 원소에는 충분히 가능할 것이나, 원자량이 큰(원자번호가 높은) 원소의 경우, 예를 들면, 92번의 우라늄은 238개의 원자핵을 중심으로 92개의 전자가 외곽에 배치하는 모양새이니 좀 상상하기 어렵다. 새로운 패러다임은 전자는 원자 내에서 양성자를 떠날 수 없다고 상정한다.[46] 하나의 양성자는 하나의 전자를 보유하고 있으며(수소원자와 동일하지만 우리는 이를 "전양자"라 칭한다), 에너지를 받으면, 전양자의 원자 내 위치에너지나 전양자의 자체 에너지가 높아진다. 이 에너지는 진공매질의 왜곡에너지로 저장된다. 진공매질에서 원자가 생성되는 것은 어떤 균일한 (결정)구조에 크기가 다른 이물질을 주입하는 것과 유사하게 생각할 수 있다. 이물질이 존재하면 진공매질이 응력을 받아 변형할 것이며 그 변형은 진공매질의 구조에 영향을 받을 것이다. 이런 의미에서 원자 내에서 전자의 에너지 준위는 진공매질의 구조와 연관된다고 할 수 있다.

포도송이 원자모델

새로운 패러다임에서 원자구조는 어떤 것일까? 두 개의 수소원자로 구성된 수소분자가 핵융합으로 한 수소원자의 에너지가 방출된다면, 중수소(1 전양자 + 1 중성자)가 될 것이다. 이것을 원자의 기본 구성요소라 상정한다. 이러한 구조에서 전자의 이동은 용이할 것으로 생각된다. 즉,

---

45) n, 주 양자수(principal quantum number), l, 각운동량 양자수(angular momentum quantum number), ml, 자기양자수 (magnetic quantum number), ms, 스핀 양자수(spin quantum number.)

46) 이러한 상정은 파울리 배타원리와 매우 유사하다. 하나의 양성자에 둘 이상의 전자가 배치될 수 없기 때문이다.

$$p^{+} + e^{-} \Leftrightarrow n^{0} \quad (2.1)$$

중수소의 양성자(p^{+})와 전자(e^{-})가 합쳐 중성자(n^{0})가 되거나 그 반대인 과정들은 태양과 같은 항성의 내부에서는 끊임없이 반복해서 일어날 것이다. 중수소는 (2.1)식과 같은 과정이 하나의 원자에서 일어날 수 있기 때문에 (전양자가 중성자로 바뀔 때, 또 다른 중성자는 전양자로 바뀌면 중수소는 계속 존재한다) 안정적이라 할 수 있다. 실제로 중수소는 매우 안정한 원소이지만 항성 내부에서는 생성 속도보다 소멸속도가 빠르다고 한다.[47] 우주에 존재하는 중수소는 수소 대비 0.02%인 것으로 미루어 생성된 중수소는 곧바로 헬륨으로 변환되기 때문일 것으로 추정된다. 헬륨이 우주 물질의 24%나 차지한다는 사실은 이 가설을 뒷받침한다. 2개의 중수소로 구

[표 2] 구형의 원자구성에 따르는 원자 배치(r = 반경)

r	r^2	최대 양성자수	원소	원자구조	주기
1	1	1×2=2	He	2p+2n	1
2	4	4×2=8	Ne	[He]+8p+8n	2
2	4	4×2=8	Ar	[Ne]+8p+8n	3
3	9	9×2=18	Kr	[Ar]+18p+18n	4
3	9	9×2=18	Xe	[Kr]+18p+18n	5
4	16	16×2=32	Rn	[Xe]+32p+32n	6
4	16	16×2=32	Og	[Rn+32p+32n	7
5	25	25×2=50	–	[Og]+50p+50n	8
5	25	25×2=50	–	[?]+50p+50n	9

47) 위키피디어의 "Deuterium"에 언급된 사항이지만 참고문헌이 없어 그 확실한 근거를 알 수 없다.

성되어 있어 하나의 중수소에 비해 대칭성이 높다. (2.1)식과 같은 반응이 하나의 헬륨 원자 내에서 교대로 일어나면 외부와의 에너지 교환이 거의 없을 것이다. 이것이 헬륨이 매우 안정한 이유라고 생각할 수 있다. 따라서 헬륨 구조가 좀 더 무거운 원소의 기본 블록이 되는 것은 자연스러우며 이 블록들이 적층하여 구형(최소의 체적)으로 무거운 원소들이 만들어지는 새로운 원자모델을 상정한다.

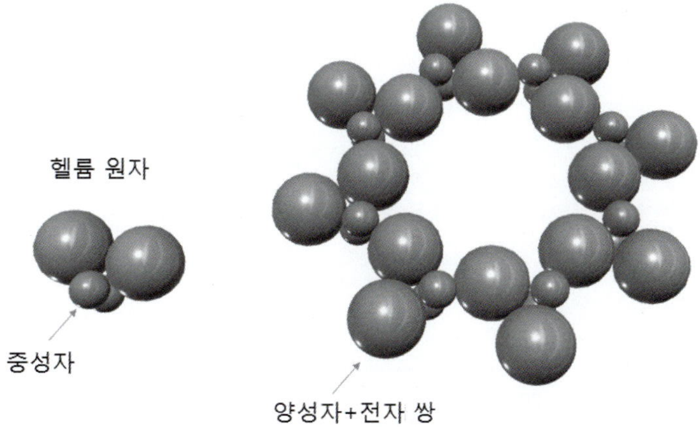

[그림 18] 헬륨이 기본블록으로 구성된 2차원 원자의 상상도

구형으로 원자반경이 커질 경우 양성자 수를 기준으로 그 개수는 표면적에 비례해서 늘어난다. 표면적은 반경의 제곱에 비례함으로 표 2와 같은 배열을 한다고 할 수 있다. 이 표에서 r은 단위가 없는 반경이다. 현재 $r=4$ 그룹에 해당하는 오가네손48)까지만 알려져 있고[58] $r \geq 5$의

48) 원자번호 118인 Og는 러시아의 공동 핵 연구소(Joint Institute for Nuclear Research)에서 2002년 처음으로 러시아-미국 과학자들의 공동연구로 인공적으로 합성되었고 러시아 핵물리학자 Yuri Tsolakovich Oganessian (1933.4-)의 이름을 따서 2016년에 명명되었다.

그룹에 해당하는 원소는 아직 발견 또는 합성되지 않았다. 이 표에서 보면 동일한 r값에서 두 개의 껍질(주기)이 존재한다. 그 이유는 무엇일까?

방사성 붕괴 중에 알파붕괴가 있다. 헬륨 원자핵, 즉 알파입자를 방출한다. 2.3절에서 소개한 바와 같이 헬륨은 매우 안정한 원소이고 헬륨구조가 적층되면서 원자수가 증가한다고 할 수 있다. 동일한 r값에서 첫 번째

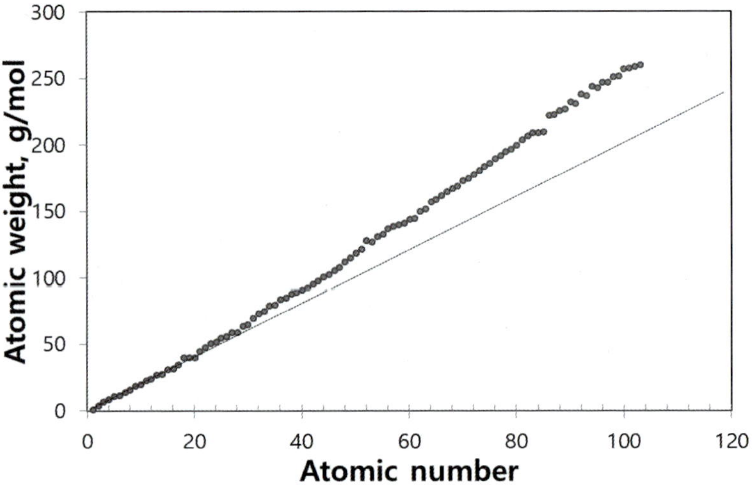

[그림 19] 원자수(atomic number) 대비 원자량(atomic weight). 점선은 원자수×2.

껍질에 기저층($1p1e+1n$=1PeN[49]))이 형성되면 두 번째 껍질은 또 다른 PeN이 이미 형성된 기저층에 안착하여 헬륨구조를 완성할 것이다. 즉, 동일한 r값에 두 개의 껍질이 존재하는 것은 첫 번째 껍질에 PeN 기저층이

49) PeN은 양성자(proton), 전자(electron), 중성자(neutron)의 첫 알파벳을 이용한 합성어로 새로운 패러다임에서 원자를 구성하는 기본 빌딩블록이며 독립적으로는 중수소와 같다. 서문에서 언급된 삼중체와 같다.

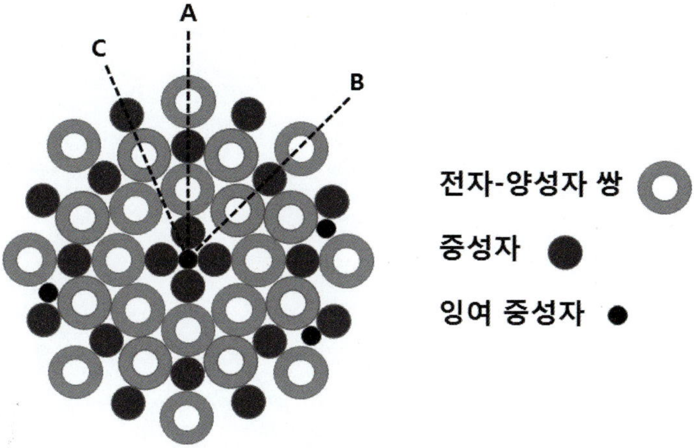

[그림 20] 새로운 원자모델에 의한 거대 원자(2차원 상상도)

형성되고 두 번째 껍질에 동일한 수의 PeN층이 더해져 최외곽 헬륨 층이 완성되기 때문이다. 그림 18에 최외곽층이 모두 헬륨구조로 이루어진 원자의 2차원 상상도를 도시하였다.

PeN이 원소를 구성하는 기본 빌딩블록이라고 한다면, 원자번호의 정확히 두 배가 원자량일 것이다. 그러나 그림 19와 같이 원자번호의 두 배와 실제 원자량은 차이가 있다. 이 차이는 원자번호가 클수록 증가한다. 원자번호의 두 배와 실제원자량의 차이를 잉여질량이라고 한다면, 왜 원자는 무거운 원소일수록 잉여질량이 증가하는 것일까? 원자의 크기가 커지면(원자량이 많아지면), 진공매질에 의한 중심부의 응력도 커질 것이다. 중심부는 응력이 기하급수로 증가할 것이기 때문에 에너지를 가진 전양자가 존재하기 힘들다. 따라서 안정한 원자를 구성하기 위하여 중심부는 에너지가 낮은 (그래서 더 단단한 잉여) 중성자로 채워져야 할 것이다. 그림 20과 같이 에너지가 낮은 잉여중성자가 중심에 모인 원자구조를 상상해

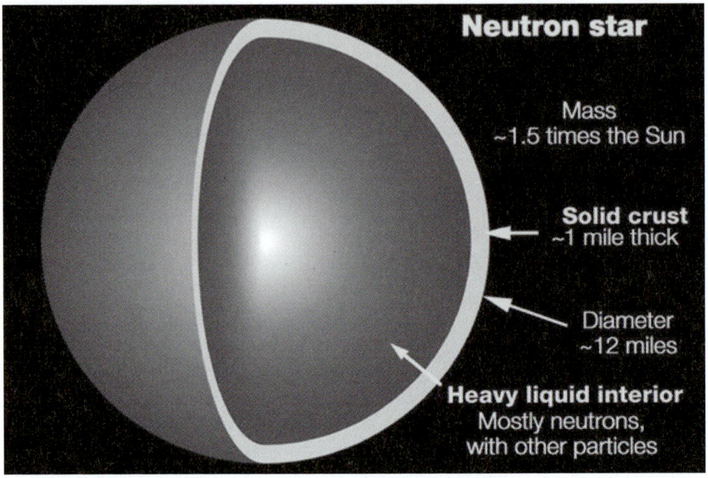

[그림 21] 중성자별의 구조(wikipedia.org). 중성자별은 중심에 잉여중성자의 밀도가 높은 거대 원자라고 할 수 있다.

본다.[50] 무거운 원소일수록 잉여중성자가 많으며 이것이 원자의 중심부에 모여 있고 에너지가 소진된 상태이기 때문에 왜곡되지 않은 진공매질과 유사하다. 이러한 구조를 통해 중성자별은 내부에 잉여중성자가 상상할 수 없을 정도로 많고 따라서 원자번호가 대단히 큰 하나의 원자라고 상상할 수 있다.[51]

지구나 태양의 중심부와 같이 매우 높은 응력 하에 생성되는 원자들은 구성 전양자(수소원자 ^{1}H와 동일)가 지속적으로 압착되어 중성자로 변하고 더 무거운 원소로 진화하는 과정에 놓여 있다. 이러한 원소들이 초신성 생성으로 우주공간에 (또는 지구 내부의 물질이 대기에) 노출되어 외부응력이

50) 그림에서는 하나의 잉여중성자만 표기하였다. 잉여중성자는 그림과 같이 전체 원자구조에 분산되어 있는 것도 상상할 수 있다.

51) 전 우주에는 우리가 발견하지 못한 원자번호가 119 이상의 원소가 존재할 것이라고 추정한다.

제거되었을 때, (갓 생성되어) 에너지가 큰 중성자가 역반응으로 양성자와 전자로 분해되거나(베타 붕괴) 자유중성자로 방출하는 것은 필연적이라 할 수 있다. 이것이 핵분열이며 이 과정에서 질량이 큰 원소가 질량이 작은 원소로 바뀌고 막대한 양의 에너지가 방출된다. 항성의 중심부에서는 이러한 반응이 억제되기 때문에 불안정한 무거운 원소는 중성자가 탈출하지 않고 에너지만 방출하여 방사선 동위원소가 안정한 원소로 변한다.

진공매질이 물질과 비교할 수 없을 정도로 단단하다고 한다면[52] 진공매질을 구성하는 격자점이 진동으로 부피가 약간만 증가하더라도 주변에 미치는 응력장의 크기는 매우 클 수 있다. 이런 의미에서 전자는 부피가 증가한 기본입자의 주변에 형성된 응력장이라 할 수 있다(전자 자체는 부피가 0로 알려져 있다). 수소원자 모델에서 전자의 확률 분포그림은 이 응력장의 크기라 상정해보자. 원소는 이러한 응력장으로 구성된 덩어리이며 원자 내 전자의 에너지 준위는 진공매질의 구조와 연관된 응력장의 표현이라 할 수 있다. 이것은 마치 금속 격자의 불순원소, 공공(vacancy), 전위(dislocation) 등의 주변에 생성되는 응력장과 유사할 것이다. 이것에 대해서는 다음 장에서 논의한다.

52) 빛이라는 전단파의 전파속도로 미루어 탄성계수가 매우 높을 것으로 짐작할 수 있다.

Ⅲ 더 낮은 곳으로 - 화학결합

III

더 낮은 곳으로 - 화학결합

모든 물질은 진공격자에 입혀진 진동에너지이다. 그 에너지의 크기만큼 진동수를 가지고 있으며 물질파의 형태로 진공매질을 왜곡한다. 이 왜곡의 세기가 중심점에서 멀어질수록 거리의 제곱에 반비례한다. 주변의 물질은 물질파에 의한 진공매질의 왜곡이 강한 쪽으로 이동한다. 우주의 물질은 스스로 뭉치게 되는 것이다. 개개의 물체가 뭉치면서 에너지는 줄어든다. 원소 주기율표에 놓인 원소들은 진공매질의 왜곡, 즉 에너지를 줄이기 위해 최적의 위치를 찾아 결합을 형성한다. 이것이 화학결합이다. 화학결합에는 동일한 원자끼리 형성하는 결합이 있으며 서로 완전히 다른 원소끼리 형성하는 결합이 있다. 또한 이미 결합한 분자 끼리 힘을 미쳐 제2 결합을 하기도 한다. 이러한 결합의 차이는 한 원자를 구성하는 양성자, 전자, 중성자의 삼중체(즉, PeN)가 어떻게 배열되었느냐에 달렸다. 주로 최외곽에 배치된 PeN의 수와 위치에 달린 것이다. 이를 현대물리학은 전자의 에너지 준위라 한다. 이 장에서는 전자에너지 준위를 새로운 원자모델에 의거 해석하고 이를 통하여 다양한 화학결합을 새로이 조명해 보고자한다.

3.1 에너지 준위와 결정결함에 의한 응력장

결정결함에 의한 응력

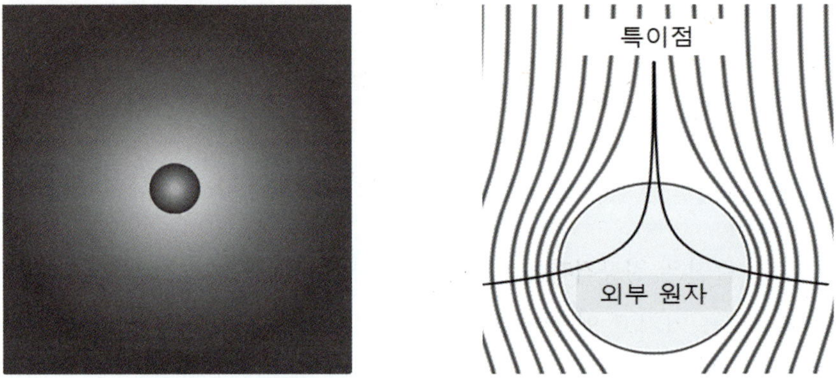

(a) (b)

[그림 22] 진공매질 속의 항성 주변 진공왜곡(a)과 결정체 내부에 삽입된 (부피가 큰) 외부 원자 내에 형성되는 응력

순수한 금속과 같은 규칙격자를 이루고 있는 결정체 내부에 공공[53]이나 다른 원소의 입자가 존재하면 국소적으로 왜곡되어 응력장이 형성된다.[59] 매우 균질한 물질 내에 구형의 공공이나 다른 원소가 존재할 경우 그림 22와 같이 방사상으로 대칭인 응력장이 발생한다. 이것은 진공매질에 존재하는 태양이나 지구 등의 경우와 유사하다고 할 수 있다. 반면, 그림 23과 같이 결정 내에 전위(dislocation)가 존재하면 그 주변 응력은 복잡하게 발달한다. 전위는 금속과 같은 규칙적인 결정구조를 가진 고체의

53) 결정학(crystallography)에서 공공(vacancy)은 결정내의 점(点) 결함이다. 결정 내에서 원자가 비어있는 경우 이를 공공 결함이라한다.

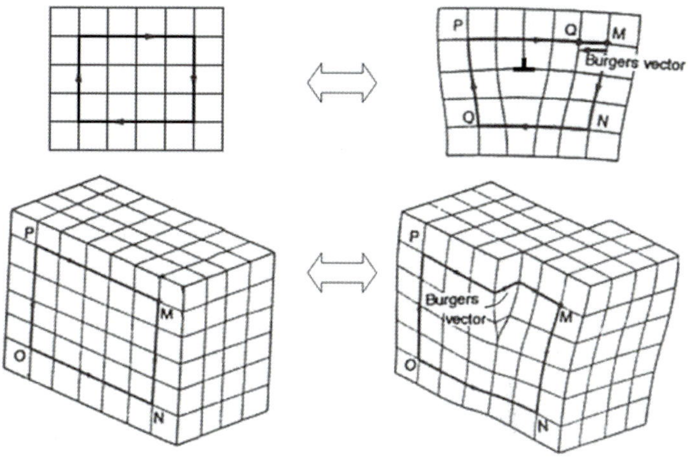

[그림 23] 결정결함인 칼날전위(위) 및 나선전위(아래)를 나타내는 모식도(wikipedia.org)

내부에서 마치 하나의 단추가 잘못 끼워져 전체적인 옷의 균형을 해치듯 하나의 격자점이 정상적인 위치에서 그림 23에 표기된 크기 “Burger’s

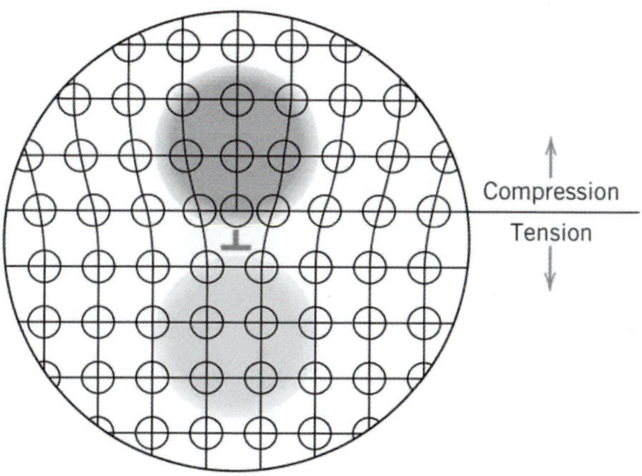

[그림 24] 칼날전위 주위에 형성되는 응력

vector, b" 만큼 전위되어 (칼날전위인 경우 x 방향으로 위치가 이동되었고 나선전위인 경우 z 방향으로 이동되었다) 규칙격자 내에서 결합을 형성한다. 이 결합으로 인하여 전위 근방에 응력장이 형성되고 수십 eV의 에너지가 축적된다.[60]

나선 전위의 중심점(r=0)에는 이론적으로 응력이 무한대가 되는 특이점이 형성된다. 즉,

$$\tau_r = -\frac{Gb}{2\pi r} \tag{3.1}$$

여기서 전단응력 τ_r은 중심에서의 거리 r에 반비례하고 전단탄성계수 G와 b에 비례한다. 실제로 중심점에서의 응력은 무한대가 되지 않지만 그림 22와 같이 최고의 응력을 갖게 된다. 칼날전위 주변의 응력상태는 그림

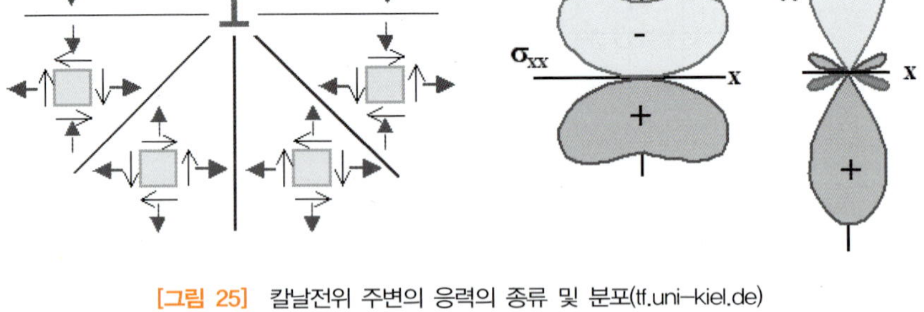

[그림 25] 칼날전위 주변의 응력의 종류 및 분포(tf.uni-kiel.de)

24와 같이 칼날전위를 상징하는 표식(ㅗ)을 중심으로 상부에는 압축, 하부에는 인장 응력이 발달한다. 수평선을 중심으로 아래쪽 격자의 배열이 위쪽 격자의 배열보다 한 줄이 부족하기 때문이다.

전자의 에너지 준위

이 칼날전위를 중심으로 8개 방향에서 바라보면 생성되는 응력은 이 그림 25와 같이 보다 복잡하다.[61] 이 형상들은 그림 16의 수소원자의 전자의 확률 분포도와 유사한 점이 있음을 알 수 있다(그림 26에 이 두 그림에서 유사한 것을 선택하여 비교하였다). 이러한 의미에서 원자 내의 전자라는 것은 실존하는 입자가 아니라 진공 격자에 그 어떤 에너지가 가해져 격자점이 구형으로 진동하거나 (전자기파나 중성미자 등) 전위할 경우 생성되는 응력장 또는 왜곡으로 추정할 수 있다.

진공매질이 격자를 가진 금속과 같은 결정체라면 이러한 응력장을 통해 전자에너지 준위를 유추할 수 있을 것이다. 한 원자에 귀속된 개개 전

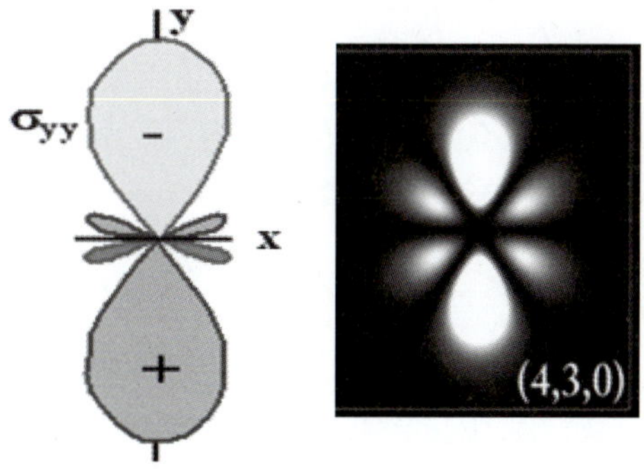

[그림 26] 칼날전위 주변 응력분포와 수소원자의 전자에너지 준위의 한 종류

자에너지 준위는 주양자수(n, principal quantum number), 방위양자 수(l, azimuthal quantum number), 자기양자수(m_l, magnetic quantum number), 스핀양자수(m_s, spin quantum number)의 4가지 지수 값을 가지며 두 개의 전자가 동일한 값을 가질 수 없다. 주양자수는 양의 정수 값을 가지는데 전자궤도의 전체적인 크기를 나타내는 양자수이다. 그림 27은 수소원자에 있어서 주양자수에 대응하는 에너지 준위를 나타낸다. 주기율표에서 각 주기의 원소들의 최외곽 전자의 주양자수는 그 주기 번호와 같다. 주양자수는 새로운 원자모델에서 전자-양성자쌍(전양자) 또는 PeN의 원자 중심에서의 양자화된 거리를 나타낸다. 표 2를 참조하면 이 거리는 PeN이 원형으로 적층해나가면서 중심에서 멀어지는 양자화된 거리이며 주기수와

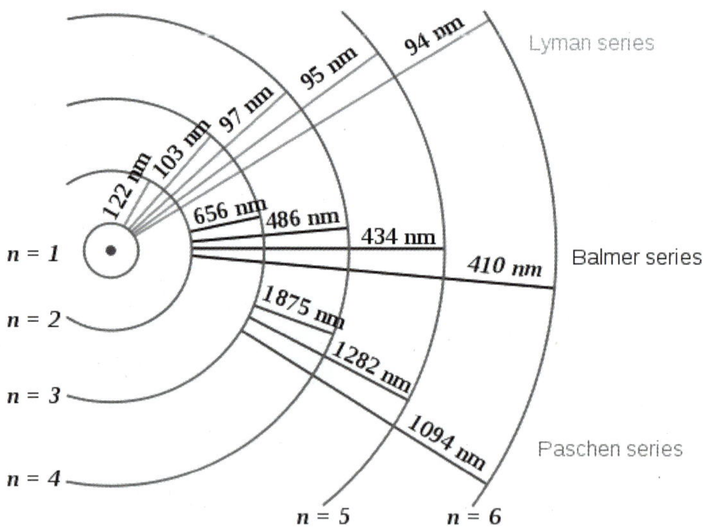

[그림 27] 수소 흡수 스펙트럼에 대응하는 수소 내 전자의 위치(wikipedia.org). 전자의 위치를 나타내는 것보다도 전자가 원형의 정상파라 상정할 때 전자의 에너지는 진동수 차이에 의한 것이다.

동일하다. 방위양자수(각양자수 혹은 궤도양자수)는 전자의 각 운동량을 나타내는 양자수이며 0에서부터 n−1의 값을 가질 수 있다. 주양자수 n이 3일 때 l = 0, 1, 2의 값을 가질 수 있다. 화학적으로 매우 중요하다.[62] 새로운 원자모델의 관점에서 보면, 방위양자수는 원자의 표면에서 새로운 전양자 또는 PeN이 부가될 때의 이 PeN이 점유할 수 있는 위치의 종류를 나타낸다. 구형으로 완성된 원자(예로 Ar)위에 새로운 PeN이 적층될 때, 그 위치는 Ar의 최외곽 PeN 바로 위에 배치될 수도 있고, 반경이 커져 표면적이 늘어난 만큼(반경의 제곱에 비례) 두 최외곽 PeN의 사이에 위치할 수 있다.54) 이들 위치는 그 에너지가 다르기 때문에 원자의 전체에너지가 달라지는 것이다. 자기양자수는 한 방위양자수(한 종류의 위치)가 가질 수 있는 개개 위치의 수와 관련이 있다. ℓ (0, 1, 2 또는 3)로 세분되며 0을 포함하여 −ℓ 에서 +ℓ 의 값을 가질 수 있다. 따라서 방위양자수 s, p, d 및 f는 각각 1, 3, 5 및 7개의 자기양자수를 갖는다. 즉, 자기양자수는 하나의 방위양자수에서 PeN이 점할 수 있는 동일한 형태의 위치의 개수를 나타낸다. 각각의 자기양자수에는 최대 2개의 PeN이 할당된다. 이 두 PeN에서 전자는 스핀양자수가 서로 반대이다. 전자스핀은 물리적인 것이 아니고[63] 보다 추상적인 양자역학으로 설명된다.55)

각각의 원소는 이 4가지 지수에 의거 표시할 수 있다. 원자번호가 14인 실리콘(Si)은 전자 수(즉, PeN 수)가 14이므로 $1s^2\ 2s^2\ 2p^6\ 3s^2\ 3p^2$로 표시할 수 있는데, 실리콘은 네온(10, $1s^2\ 2s^2\ 2p^6$)에 $3s^2\ 3p^2$ 전자(PeN)가 부

54) 그림 20의 2차원 원자모델을 참조하면, PeN이 적층할 수 있는 위치의 종류가 원자반경(이 경우 이차원 반경이다)이 커질수록 많아진다. 그림 20에 나타낸 2차원 원자의 경우 A, B, C 3가지 종류의 위치가 있다. 이것이 3차원 원자에서의 방위양자수를 나타낸다.

55) 새로운 패러다임에서 전자가 빛의 원형의 정상파라고 한다면 스핀은 자연스럽게 이해된다.

가된 것이다. s는 각운동량이 0이라 원점을 중심으로 대칭이고 p는 각운동량을 가지므로 비대칭 전자분포를 갖는다. 이것을 그림 18의 새로운 원자모델과 연관하여 재해석해보자. s는 대칭의 응력장을 야기하므로 s^2의 PeN은 네온의 대칭적 응력장을 유지하는 상태로 추가된다. 3s PeN은 네온 주변에 특정위치에 존재하지 않고 기존 원자 중심부가 팽창하도록 유도하거나 두 개의 PeN이 전체 구의 표면을 돌아다니는 것이 아닐까? p로 표기되는 PeN이 점할 수 있는 위치는 상하, 좌우, 전후로 6개가 존재한다. 따라서 실리콘의 $3p^2$ 두 PeN은 서로의 대척점에 대칭으로 포진할 것이다. 한쪽부분이 팽창하면 그 반대부분은 수축하기 때문에 그림 24와 유사한 응력장을 형성할 것이기 때문에 이를 줄이기 위해서 $3s^2$ PeN과 호응하여 정사면체 구조의 배치를 하면 응력이 어느 정도 상쇄될 것이다. 실리콘은 단체로 존재할 때 다이아몬드와 같이 정사면체가 연속된 결정구조를 가진다. 이러한 구조가 주변 진공매질에 형성되는 응력을 최소화하고 안정한 것이다. 모든 원자간 결합은 진공매질에 가해지는 응력을 최소화하는 방향을 이루어지며 이것에 대해서는 다음 절에서 상세히 다룬다.

3.2 원자간 결합

기존 이론에 의하면, 원자들이 결합하여 분자, 결정 등을 형성할 경우 구성원자의 최외곽 전자(수와 에너지 준위)에 따라 크게 3가지 형태의 화학결합을 갖는다. 이온결합, 공유결합, 금속결합이며,[64] 이외 약한 결합으로 수소결합과 판데르발스 결합이 있다. 새로운 패러다임의 원자모델에서는 결합에는 전자만 참여하는 것이 아니고 PeN이 전체로 참여한다. 두 개 PeN이 결합하면 ^{4}He를 형성하여 안정한 구조가 된다. 수소가 참여하는 결합에서는 중성자가 하나 부족하기 때문에 하나의 PeN과 하나의 전양자가 결합하여 ^{3}He를 형성한다. ^{3}He는 안정한 원소이지만 ^{4}He에 비해 에너지가 높은 상태이므로 수소결합이라는 특수한 결합 형태를 야기하는 것이 새로운 패러다임의 해석이다.

금속결합

기존의 물리학에서의 금속결합은 음의 전하를 가진 자유전자와 양의 전하를 가진 금속이온 사이에서 발생하는 정전기 힘에 의한 화학결합이다. 그림 28에 나타낸 바와 같이 최외곽 s 전자는 하나의 금속원자에 귀속되지 않고 분산되어있다. 양이온들이 전자들을 공유한다고 할 수 있다. 금속결합에서 최외곽전자 수는 이온결합이나 공유결합하기 부족하고 따라서 최외곽 전자가 금속이온 사이에서 거의 자유롭게 이동하는 모델이다. 금속 고유의 강도, 연성, 전기와 열전도율 등의 물리적 특성은 이러한 미시적 거동이 거시적으로 표현된 것이다.[65] 새로운 패러다임에서는 원자를 구성하는 전자는 고체 내에서 양성자를 이탈하지 않는다. 도체 내 자유전자가 없는 것이 이 책에서 다루는 새로운 전기전도 이론의 가장 큰 전제이다. 그럼 금속은 어떤 결합을 하고 있을까? 최외곽 전자가 새로운 패러다임에서의 PeN이라고 한다면, s 궤도에 진입한 PeN은 앞 절에서 언급한 바와 같이 한 원자의 특정위치에 존재하지 않고 전 원자표면에 동일한 확률로 존재, 즉 이동한다고 상정한다. 표면의 s 궤도의 PeN이 이웃 원자의 PeN과 서로 대척하는 위치에 있으면 주변을 왜곡하는 에너지가 높을 것이고 그 반대쪽에 있으면 에너지가 낮을 것이다. 전기장이 걸려 전기가 흐른다는 것은 이러한 왜곡에너지의 전파라 생각하면 전기전도를 쉽게 이해할 수 있다.[56] 우선 나트륨(Na) 원소를 보자. Na는 최외곽 전자가 $3s^1$로 최외곽에 PeN이 하나만 존재한다. 이 PeN이 금속결합을 주도할 것이다.

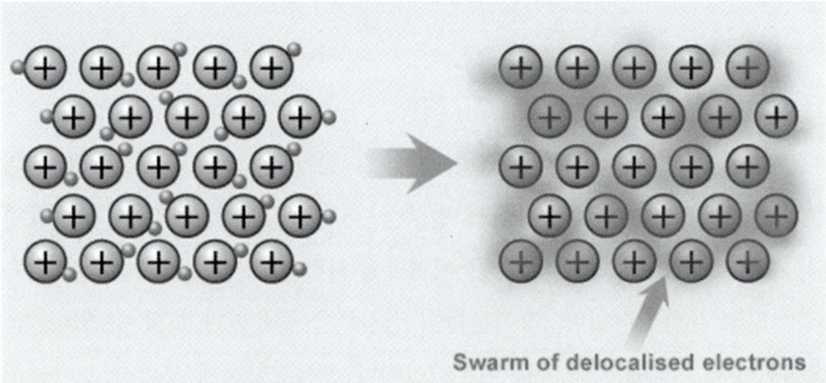

[그림 28] 기존 물리학에서의 금속결합 모델. 최외곽 전자가 특정 이온에 귀속되지 않고 이동이 용이하여 평균적으로 퍼져있다(texasgateway.org).

56) 전기전도에 대한 것은 제5장에서 자세히 다룬다.

PeN이 결합에 참여한다는 것은 전양자와 중성자가 금속결합에 참여하는 것이다.[57] 새로운 원자모델에서는 최외곽 PeN이 헬륨을 구성하면서 적층이 되어 새로운 원자들이 만들어 진다. 이러한 의미에서 화학결합도 결합의 결과가 헬륨 구조의 형성이라는 관점에서 이해할 수 있다. 하나의 PeN이 인접 원자에서 하나의 PeN을 공유하면 하나의 ^{4}He 구조가 형성된다. 총 8개의 인접원자와 PeN을 공유하면 최외곽 PeN 조합이 8개가 되어 하나의 완벽한 구형의 원자를 만들 것이다. 1A족에 있는 모든 금속원소의 결정구조는 체심입방(bcc)격자 구조인 것을 이해할 수 있다. 인접하는 원자의 개수가 8이고 이들 원자로부터 PeN을 공유하면 8개의 최외곽 ^{4}He가 완성된다. 하지만 하나의 PeN이 8개의 인접원자에 나누어져 있어야하기 때문에 결합력은 낮을 것이며 그 결합이 끊임없이 이동하는 것으로 생각할 수 있다. Na의 PeN 하나가 다른 Na의 PeN을 만나 ^{4}He 구조를 가져 안정할 것이지만, 상온에서 열에너지에 의한 진동으로 이 구조는 형성과 와해를 반복할 것이다.

같은 주기의 마그네슘(Mg)을 살펴보자. Mg의 경우 $3s^2$의 구성이다. 1개보다 2개의 최외곽 PeN이 결합에 참여할 수 있어 Mg의 탄성계수가 Na보다 클 것으로 예상된다(Mg: 45 GPa[66] 대비 Na: 10 GPa[67]). 결정구조는 조밀육방(hcp)구조이다. 통상적으로 (PeN간) 결합력이 높으면 이 결합의 유연성이 떨어지기 때문에 전기전도율은 저하할 것으로 예상되는데 Mg는 Na보다 전기전도율이 약간 높을 뿐 거의 비슷하다: Na가 2.1×10^7 S/m,[68] Mg가 2.3×10^7 S/m.[69] 추가된 하나의 PeN으로 인해 보다 조밀한 결정구조가 되었고 결합의 강도가 높아졌음을 알 수 있다.

57) 원자 주기율표에서 하나의 전양자가 증가하면 필연적으로 하나의 중성자가 증가한다.

같은 주기의 알루미늄(Al)의 경우 $3s^2\ 3p^1$의 구성이며 면심입방(fcc)구조이다. 1개 보다 3개의 PeN이 결합에 참여할 수 있어 유사한 조밀육방구조를 한 Mg 보다 탄성계수가 크며(70 GPa)[70] 전기전도율은 Mg의 1.7배 정도이다(3.8×10^7 S/m).[71] 세 PeN의 일부가 제1결합에 기여하여 결정구조를 만들고 다른 일부는 외부전기장에 쉽게 반응하는 유연한 제2결합을 통해 전기전도율을 높인다고 할 수 있다.58)

이온결합

이온결합은 NaCl과 같이 금속원자(Na, s 궤도에 PeN이 하나)와 비금속원자(염소, Cl, 최외곽 PeN이 7개)간의 결합이 주를 이루는 것으로서 기존의 물리학에서는 금속원자의 최외곽 전자(NaCl의 경우 Na의 $3s^1$의 전자)를 비금속원자의 최외곽에 기부를 함으로써 (NaCl의 경우 Cl은 $2s^2\ 2p^6$가 된다) Na와 Cl은 Na^+, Cl^-이온이 되고 최외곽 전자 기준으로 1개의 네온(Ne)과 1개의 아르곤(Ar)원자가 합친 꼴이 된다. 이 결합의 결합력은 주로 음과 양의 두 이온 사이에 형성되는 정전기력으로 두 전하의 크기에 비례하고 거리에 제곱에 반비례한다. NaCl의 경우 결합력이 원자 당 3.22eV 정도이다.[72]

새로운 원자모델로 해석하자면, Na의 최외곽 PeN은 Cl의 최외곽의 7개의 PeN과 조합하여 Na는 Ne 구조, Cl은 Ar 구조를 만드는 것처럼 보인다. Na원자의 경우 최외각 PeN이 하나이며 이 PeN에 의한 진공매질에서의 응력장이 국부적으로 강하게 나타나고 Cl원자의 경우 최외각 PeN이

58) 이것에 대해서는 제5장과 제6장에서 상세히 다룰 것이다.

7개, 즉 하나의 PeN이 부족하여 응력장이 불균형을 이룬다. Na원자의 凸부분과 Cl의 凹부분이 만나게 되면 응력의 불균형이 해소되어 안정한 결합을 이룬다. 하나의 NaCl 분자도 완벽한 구형을 형성하기 않기 때문에 진공매질에서 형성되는 응력장 분포의 불균형은 NaCl 분자끼리 뭉쳐 NaCl

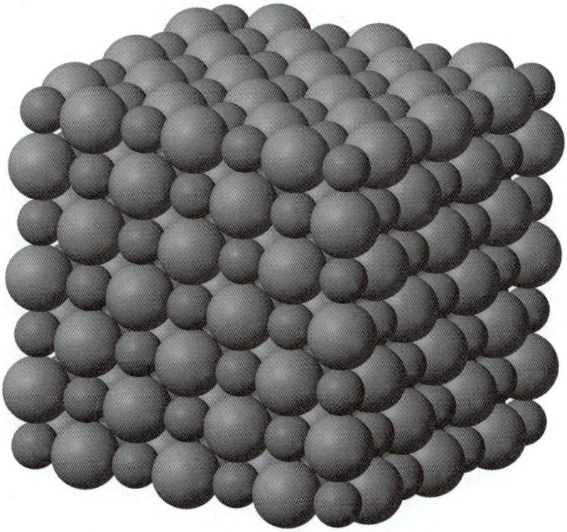

[그림 29] NaCl의 결정구조(wikipedia.org)

결정을 구성함으로써 어느 정도 해소된다. 그림 29의 NaCl 결정을 보면 NaCl이라는 개개의 분자를 구분할 수 없다. Na와 Cl간의 결합이 어느 특정 원자에 귀속된 것이 아니고 총 6개의 결합에 고루 분포되어야 하고 개별적인 이온결합은 고착상태가 아닌 것임을 추정할 수 있다. 이것은 마치 NaCl로 표기되는 금속원소의 금속결합과 유사하다. 이온결합은 (Cl의) p궤도의 특성상 x,y,z 축의 방향으로 각 2개씩 6개의 장소에 국한하여 이동하면서 존재하며[59] 하나의 NaCl에는 여분의 PeN이 없기 때문에 결정

은 강도가 그리 크지 않을 것으로 예측된다(40 GPa로 Na보다 크나 Mg보다 작다).[73]

그런데 고체상태의 NaCl은 부도체이다. 전기전도를 일으킬 PeN간 유연한 결합 또는 여분의 PeN이 없어 외부전기장에 반응하여 에너지를 전달할 수 없다는 뜻이다. 이온결합 자체가 외부전기장에 반응하지 않는다. 이 결합이 변형되지 않기 때문에 에너지가 저장되거나 전달할 수 없다.60) 그림 29의 구조를 형성하기 위해 Cl의 최외곽 7개의 PeN이 항상 Na의 최외곽 PeN과 8개의 PeN으로 동행하여 Na원자의 凸 부분과 Cl의 凹부분이 안정한 상태로 존재하기 때문에 외부전기장에 반응하기 어렵다. 반면 NaCl은 용액이나 용융상태에서 전기가 흐른다. 기존 물리학 또는 화학에서는 이온결합은 수용액 내에서 일부 음이온과 양이온으로 분리(해리)되기 때문이라 한다. 해리된 수용액의 특징은 전기전도성이다. NaCl 수용액에서는 (하나의 전자를 잃은) Na^+ 이온과 (하나의 전자를 획득한) Cl^- 이온이 동일한 수만큼 존재한다. 전양자나 PeN의 관점에서 해석해보면, Na^+ 이온이라는 것은 하나의 전양자 또는 PeN을 버린 상태이다. 이 경우 중성의 Ne 원자가 되어야한다. 원자의 종류가 바뀐 셈이다. 이러한 경우가 발생하지 않는다고 한다면 Na와 Cl 사이의 결합이 일정한 거리를 두고 분리되어 있다고 생각할 수 있다. 수용액의 경우 극성을 가진 물 분자가 이들의 결합에 개입하여 Na원자의 凸 부분과 Cl의 凹부분간의 거리가 증가하고 따라서 결합의 유연성이 증가할 것이다.

---

59) 한 결합이 해제되고 다른 결합이 형성되고 해제되고 하는 과정이 동적 평형을 이룬다.

60) 전기전도는 한 원자의 PeN과 인접 원자의 PeN간의 결합의 왜곡 에너지의 전달이기 때문에 유연한 결합이어야 한다. 제5장 참조.

다음 장에서 다루겠지만 새로운 패러다임에서는 전기의 전도는 도체 내에서의 원자가 들뜬 상태(외부전기장에 의해 인접 PeN간의 결합이 왜곡된 상태)의 이동이다. 수용액내에서 Na와 Cl은 물 분자를 매개로 두 원자의 이온결합의 유연성이 증가된 상태이다. 고체상태의 NaCl에서는 이 결합의 유연성이 없어 외부전기장에 반응하지 않고 결합의 왜곡되지 않기 때문에 전기의 흐름이 없는 것이다. 이와는 달리 수용액(또는 용융상태)에서 유연해진 이온결합이 외부전기장에 충분히 빠르게 반응하고 파동으로 그 에너지가 전달된다. 이것이 새로운 패러다임에서 이온결합이 용융상태나 수용액에서 전기전도율이 높아지는 이유이다.

공유결합

공유결합은 분자결합이라고도 불리며 그림 30의 메탄(CH_4) 분자와 같이 두 원자 사이에 (탄소와 수소가 각각 제공한) 한 쌍의 전자를 공유함으로

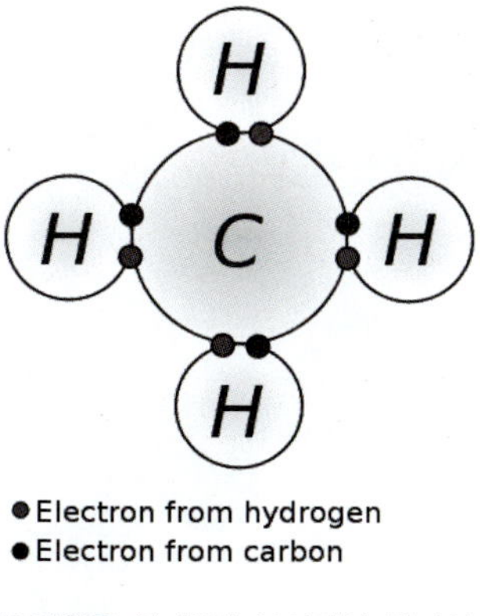

[그림 30] 기존 물리학에서 공유결합은 두 원자 사이에서 하나의 전자쌍을 공유하는 결합이다 (wikipedia.org).

써 서로의 원자의 최외곽 전자가 8개가 (수소의 경우 2개) 되는 것처럼 보이는 결합이다. 결합력은 이온결합의 결합력보다 대체적으로 크다. 두 개의 수소원자도 전자 하나씩을 서로 공유함으로써 안정한 수소분자를 구성한다.[74] 공유결합은 전기음성도가 비슷한 원자 간에 잘 발달한다. Cl_2의 경우 동일한 원소가 공유결합을 형성한 경우이다. Cl은 $3s^2$ $3p^5$의 PeN 구조로 Ne($2s^2$, $2p^6$)의 8개의 PeN 구조 위에 7개의 ^4He가 형성되었고 총 8개의 ^4He를 구성하기 위해서는 PeN이 하나 더 필요하다. Cl은 다른 Cl 원자로부터 PeN을 공유하여 2PeN 구조 즉 ^4He를 형성하여 [Ar] 구조를 완성한다. 새로운 패러다임에 의하면, 최외곽 PeN의 수가 8개이면, PeN에 의한 응력장이 구형으로 대칭성을 갖기 때문에 안정적이다. 공유결합은 그 결합의 위치가 고정되어 있기 때문에 결합이 강하다고 할 수 있다. 그 결합이 국부적이기 때문에 액체나 고체 상태에서 전기전도를 위한 유연한 PeN간 결합을 형성할 수 없기 때문에 전기전도율도 매우 낮다.

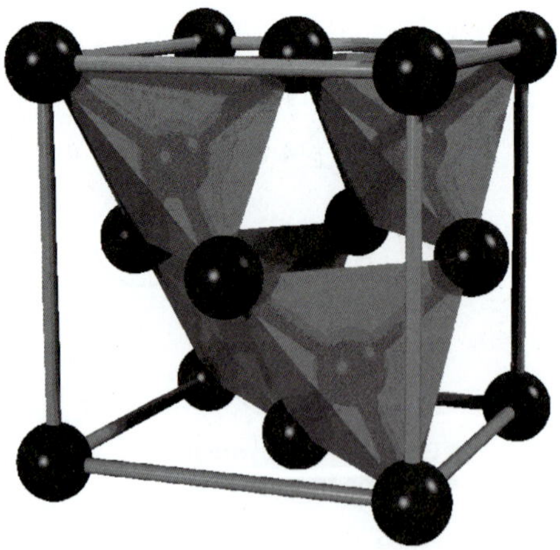

[그림 31] 다이아몬드 결정구조(wikipedia.org)

공유결합으로 형성된 대표적인 고체가 다이아몬드이다. 다이아몬드는 최외곽에 8개의 PeN 구조를 가진 [Ne]가 되기 위해서는 4개의 PeN이 더 필요하며 그림 31과 같은 구조로 인접 한 4개의 탄소원자와 PeN 하나씩 공유하면 [Ne] 구조가 완성된다. 그런데 다이아몬드의 공유결합은 8개의 PeN이 [Ne] 구조를 할 것인지, 아니면 정사면체의 꼭지점에 4개의 ^{4}He가 형성된 구조인지 의문이다. 후자의 경우라면 밀도(3.51 g/cm^3)에 비해 다이아몬드가 매우 단단하며 탄성계수가 1,220 GPa인 것을 이해할 수 있다.[75] 전기전도를 위한 유연한 PeN간 결합이 없기 때문에 전기전도율은 10^{-13} S/m(저항 10^{12} $\Omega \cdot$ m @20°C)[76]으로 부도체이다.61) 반면 최외곽 구조가 [Ne]가 아닌 흑연은 그림 32와 같은 2차원 구조를 하고 있다. 하

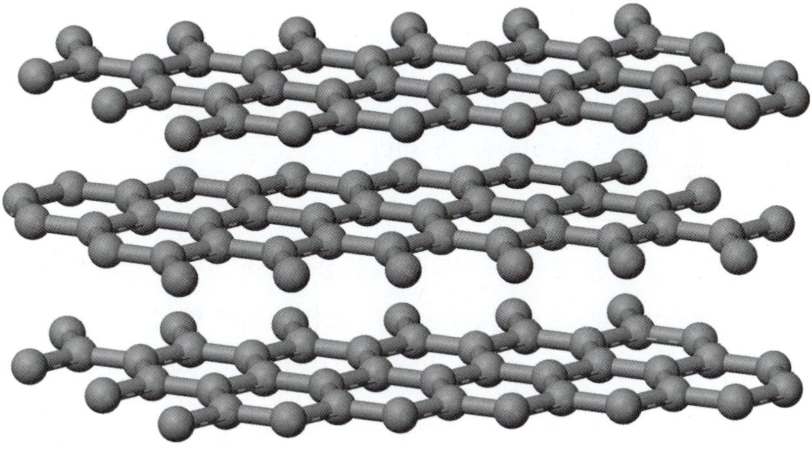

[그림 32] 흑연의 결정구조(wikipedia.org)

61) 대부분의 전기 부도체와는 달리 다이아몬드는 우수한 열전도체이다. 강한 공유결합과 낮은 포논 산란이 그 이유라 한다. 열전도율은 2200 W/(m · K)로 열전도율이 가장 높은 금속인 은보다 5배 높다.

나의 탄소원자가 인접한 3개의 원자와 공유결합을 하고 나머지 하나의 PeN이 전기전도에 관여할 수 있다. 2차원 구조를 하고 있기 때문에 전기전도율 또한 방향성을 가진다. 기저면과 평행한 방향에서는 $2\sim3\times10^5$ S/m, 수직한 방향에서는 3.3×10^2 S/m이다. 다이아몬드에 비해 전기전도율이 높은 반면 탄성계수는 4.1~27.6 GPa로 매우 낮다.[77] 한편 같은 IVA족의 실리콘(Si, [Ne] $3s^2$ $3p^2$)은 다이아몬드와 동일한 결정구조를 가지고 있지만 저항은 2.3×10^3 $\Omega\cdot$m(@20°C)로 다이아몬드의 10^{12} $\Omega\cdot$m에 비해 현저히 낮고[78] 탄성계수는 130~188 GPa로[79] 다이아몬드의 1/10 정도이다. 또한 밀도는 2.32 g/cm^3로 다이아몬드에 비해 낮다. 실리콘은 3주기 원소로 하나의 원자가 [Ne] 구조 위에 이미 4개의 2PeN(^4He) 구조를 형성하고 있다. 4개의 PeN은 [Ne] 표면에 있기 때문에 인접 실리콘 원자와 2PeN을 형성하기 위한 거리가 다이아몬드보다 멀다. 따라서 실리콘의 공유결합은 다이아몬드의 공유결합에 비해 약하고 외부전기장에 유연하게 반응하여 탄성계수나 저항이 다이아몬드와 차이가 나며 밀도가 낮은 것을 이해할 수 있다.

새로운 원자 및 화학결합 모델에 의거 해석하자면, 공유결합이라도 외부전기장에 반응하여 (순간적으로) 결합을 상실하거나 결정구조가 왜곡되어 (2PeN 결합이 상대적으로 변위하여) 전기흐름에 순응 할 수 있다. 압전소자의 경우 결정구조가 왜곡되면 전기가 흐른다는 경우와 유사하다.

CH_4의 경우 수소원자는 공유결합을 위하여 전양자 하나를 제공하지만 중성자를 제공하지 않는다. 이러한 의미에서 CH_4에서의 공유결합은 2PeN의 ^4He를 형성하는 구조가 아니고 전양자+PeN의 ^3He를 형성함으로써 ^4He 구조에 비해 불안정하고 에너지가 높은 결합이다. 이 때문에 수

소가 아닌 원소가 수소와 결합할 경우 수소원자가 중성자를 가지고 있지 않기 때문에 좀 다른 특성이 나타날 수 있을 것으로 생각된다. 이러한 이유로 수소가 관여하는 결합 중에서 공유결합이 아닌 수소결합이라는 특수한 결합이 형성되며 이것에 대해서는 다음 절에서 상세히 알아본다.

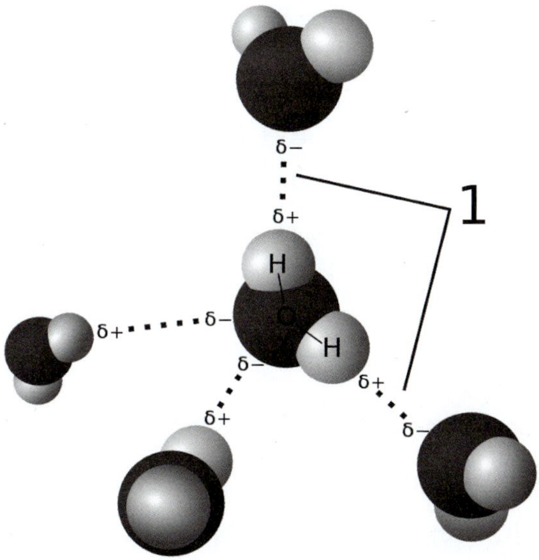

[그림 33] 물 분자 사이에서의 수소결합. 점선이 수소결합(1)을 나타낸다(wikipedia.org).

3.3 수소결합

수소결합은 부분적인 정전기 힘에 의한 결합이며 전기적으로 더 음성인 원자(산소, 질소, 불소)에 결합된 수소원자와 인접 원자 사이의 인력이다. 그림 33의 물 분자가 가장 대표적인 예이다. 수소결합은 분자들 사이에서나 한 분자 내에서 형성되며 구성 원자, 구조, 환경 등에 따라 그 에너지는 1~40 kcal/mol 범위에 있다.[80] 물과 같은 무기분자나 DNA62) 등의 유기분자 사이에서 형성된다. 물의 끓는 점(100 °C)이 높은 것은 수소결합에 의한 것이며 분자 내 수소결합으로 단백질과 핵산의 2,3차 구조를 형성하는 등 고분자구조에도 중요한 역할을 한다.

수소결합의 구조와 결합력

수소원자가 수소결합에 주로 참여하지만 클로로포름 분자($CHCl_3$)와 탄소원자가 결합되어 있으면 C–H 결합이 수소결합에 참가한다.[81] 수소결합에서 수소와 공유결합하지 않은 음전기의 원자는 양성자 억셉터(acceptor)라 하고 수소와 공유결합한 것은 양성자 도너(donor)라 한다. 그림 34를 참조하면, 물 분자(H_2O)와 암모니아 분자(NH_3) 사이에 수소결합이 형성될 경우 두 종류의 수소결합이 형성된다. 물 분자의 수소와 암모니아의 질소(이 경우 물 분자의 산소가 양성자 도너) 사이의 결합과 암모니아 분자의 수소와 물 분자의 산소(이 경우 암모니아 분자의 질소가 양성자 도너) 사이의

62) Deoxyribo Nucleic Acid (디옥시리보 핵산). 그림 39와 같이 뉴클레오타이드의 중합체인 두 개의 긴 가닥이 서로 꼬여있는 이중나선 구조로 되어있는 고분자화합물이다.

결합이다.

수소결합은 두 전기쌍극자63)끼리의 상호작용이지만 공유결합 특성이 있다. 즉 방향성을 가지며 결합이 꽤 강하다. 이러한 특성은 양성자 억셉터의 전기 음성도가 높을수록 두드러진다. 수소결합의 결합력은 1~2 kJ/mol의 약한 것에서 161.5 kJ/mol의 강한 것까지 다양하다.[82]

한 분자에서 공유결합(X–H) 길이는 대개 110 pm (pm = 10^{-12} m)이고

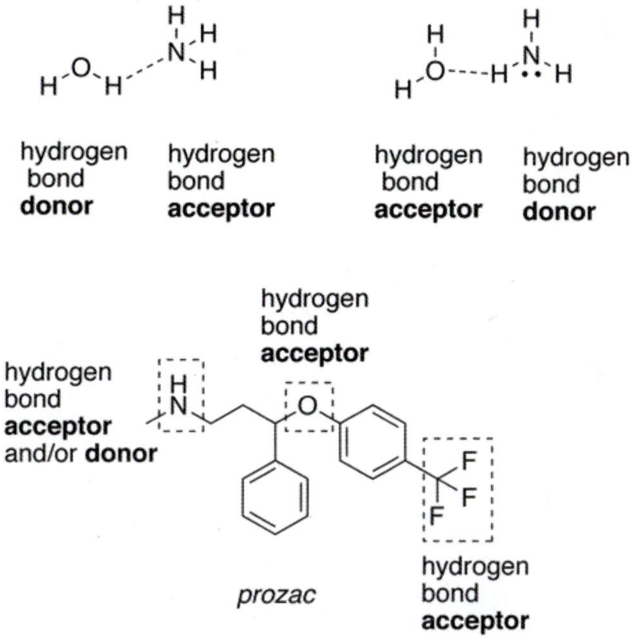

[그림 34] 수소결합 억셉터(acceptor)와 도너(donor) (wikipedia.org)

---

63) (electric dipole) 양의 전기부하와 음의 전기부하의 분리를 의미한다. 쌍극자는 쌍극자 모멘트라는 벡터로 정량화된다. 음의 부하에서 양의 부하로의 방향이며 부하의 세기와 부하 사이의 거리의 곱으로 표시된다.

두 분자사이의 수소결합(H⋯Y) 길이는 160 ~ 200 pm이다. 물의 수소결합은 그 길이가 197 pm이다. 적외선 분광기(IR spectrometer)로 분석하면 수소결합이 형성되면 X-H 결합의 진동수(frequency of stretching vibration)는 낮아지거나 (따라서 그 결합력이 약해지거나) 반대로 진동수가 높아지고 결합력이 강해져 그 길이가 줄어든다.[83]

수소결합의 힘은 비공유 상호작용 (non-covalent interaction, NCI) 지수로 나타낼 수 있다. 이 상호작용은 공유결합과는 달리 전자를 공유하지 않고,[84] 하나의 분자 내에서나 여러 분자사이에서 전자기력이 다양하게

[표 3] 다양한 수소결합의 결합에너지

수소결합 화합물	수소결합 참여원자	결합력 kJ/mol (kcal/mol)
HF_2^-, bifluoride	F-H⋯ : F	161.5(38.6)
물-암모니아	O-H⋯ : N	29(6.9)
물-물, 알콜-알콜	O-H⋯ : O	21(5.0)
암모니아-암모니아	N-H⋯ : N	13(3.1)
물-아마이드	N-H⋯ : O	8(1.9)
	HO-H⋯ : OH^{+3}	18(4.3)

분산된 경우이다. NCI 지수는 이렇게 분산된 전자밀도와 밀도의 구배를 그림 35와 같이 가시화할 수 있다. 양자화학은 이를 3차원 공간에서 가시화하여 신약개발 등 다양하게 응용하고 있다.[85]

공유결합이 아닌 수소결합은 정전기력의 일종으로 간주되며 분자 간 거리에 의존한다. 분자 내 결합인 공유, 이온결합과는 에너지 면에서 차이가 있지만 수소결합도 어떤 결합상태이다. 상호작용에 의한 에너지 합이

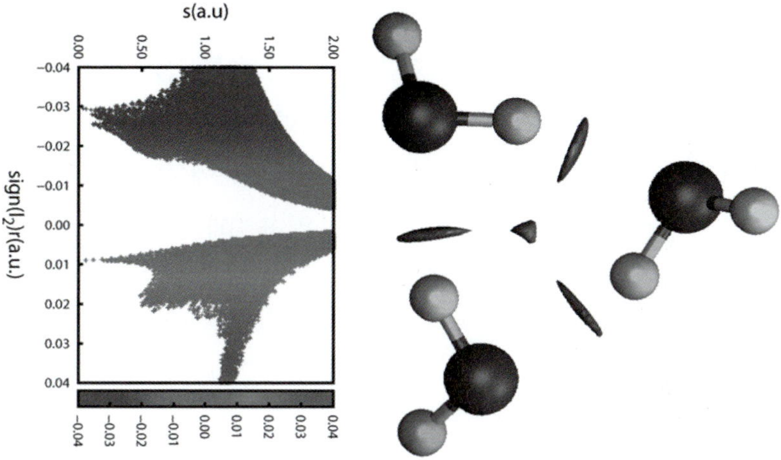

[그림 35] 3개의 물 분자에 대한 NCI 지수를 2D와 3D로 가시화한 예(wikipedia.org).

마이너스가 되어 안정한 결합을 이루기 때문이다. 초기에는 수소결합이 공유결합의 특성을 가진 것으로 해석되었지만 이견이 많았다. 핵자기공명 현상64)이 공유결합의 특성을 가져야만 설명이 가능하다고 한다.[86]

새로운 패러다임의 원자모델과 그 결합의 관점에서 수소결합을 해석해 보자. 앞 절에서 언급했듯이 수소와의 공유결합의 결과, ^{4}He보다 높은 에너지 상태의 ^{3}He가 형성되기 때문에 보다 낮은 상태를 얻기 위해 추가 결합이 필요하다. 이것이 수소결합의 기원이다. 수소와 공유결합한 분자는 그 결합에 중성자가 하나 부족하기 때문에 중성자 자리를 메꿀 수 있는 인

---

64) NMR(Nuclear magnetic resonance)은 강한 자기장에 놓여있는 원자핵이 약하게 진동하는 자기장에 의해 요동하는 공명현상으로 외부 약한 자기장의 진동수가 핵의 고유진동수와 일치할 때 핵 자기장의 특정 진동수로 전자기파를 발산한다. 핵의 고유진동수는 외부자기장의 세기와 화학환경, 동위원소의 자성에 의존한다. 그 세기가 약 20 테슬라일 때의 진동수는 TV방송 주파수(60–1000 MHz)에 해당하기 때문에 실용적이다. 이 현상을 이용한 NMR 분광기는 용액속의 유기분자의 구조를 규명하고 분자물리, 결정, 비결정 소재를 연구하는데 사용된다.

접한 분자의 ^{1}H, 즉 전양자를 공유함으로써 보다 낮은 에너지 상태를 얻을 수 있다. 이러한 의미에서 수소결합은 공유결합의 특성을 가진다고 할 수 있다. 전기 음성도가 큰 원소인 경우 주변 진공매질에 형성되는 비대칭 왜곡이 전기 음성도가 작은 원소보다 심하다. 이 때문에 수소와의 공유결합한 경우 추가로 형성된 수소결합의 결합력은 표 3과 같이 상대적으로 큰 것을 이해할 수 있다.

물의 수소결합

수소결합하는 분자의 대표적인 사례가 물 분자이다. 그림 33과 같이 하나의 물 분자의 산소와 다른 물 분자의 수소 사이의 결합이다. 원자번호가 8인 산소는 최외곽 PeN이 6개 있으며 이중에서 두 개의 PeN은 한 쌍의 수소원자와 공유결합을 한다. 나머지 두 쌍의 최외곽 PeN이 있어 다른 물 분자의 수소와 수소결합을 할 수 있다. 불화수소의 불소원자는 총 3쌍의 최외곽 PeN이 있지만 불소원자 하나는 두 개의 수소결합이 가능하다고 한다.65) 물 분자는 빙점 이하에서 수소결합이 3차원으로 규칙적으로 반복되어 그림 36과 같은 얼음결정을 이룬다. 물의 비등점이 높은 것은 수소결합의 밀도가 높고 그 결합력이 세기 때문이다. 점도 또한 비슷한 액체에 비해 높다. 물 분자의 산소는 수소와 2개의 공유결합과 2개의 수소결합을 하면 물이 얼음 결정을 형성할 경우 결합수는 최대 4이다. 얼음 결정이 아닌 물의 공유 및 수소결합수는 시간과 온도에 따라 달라진다.[87] 0°C에서

65) 이것은 위키피디어의 "hydrogen bond"에서 발췌하였지만 참고문헌을 대한 정보가 없어 그 이유를 확인하지 못했다. 물 분자와 마찬가지로 두 개의 수소결합으로 분자가 진공매질에 대한 응력이 대칭이 되어 보다 안정적일 수 있을 것으로 해석된다.

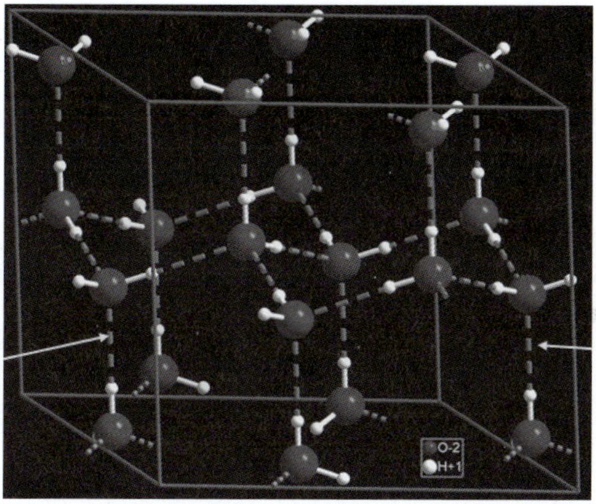

[그림 36] 얼음의 육각구조. 점선이 수소결합(wikipedia.org)

3.69, 25°C에서 3.59, 100°C에서 3.24로 온도가 높아지면 분자운동이 강열해지고 밀도가 낮아지기 때문에 결합수가 작아진다. 물의 수소결합수가 25 °C에서 2.357로 제시한 최근 연구도 있다.[88] 물의 수소결합 구조는 적외선 분광기로 O–H기의 인장–수축(stretching) 진동을 분석하여 그 거동을 알 수 있다.[89]

고상에서 결정의 구조변화가 일어나는 상변태 과정에서 수소결합의 결합력이 갑작스럽게 약해지는 것은 이온의 방향이 바뀌거나 회전에 의한 것으로 생각할 수 있다.[90] 어떤 화합물에서는 온도가 높아지면서 액체에서 고체로 되었다가 다시 액체로 되는 비정상 구간을 보이기도 하는 것은 수소결합 특성에 의거하여 해석할 수 있다.[91]

결합 강도가 균일하면 상호작용하는 두 물 분자의 구성 원자 대신에 그림 37과 같이 서로 전기부하가 반대인 두 다중원자 시스템의 관점에서 수소결합을 해석하기도 한다. 즉, OH^-(hydroxide)는 음이온, H_3O^+(hydronium)

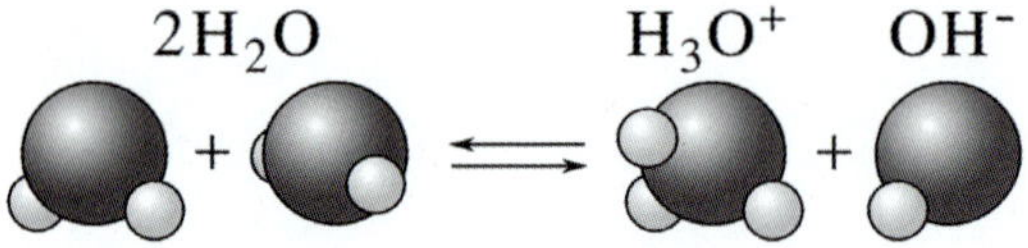

[그림 37] 물 분자의 해리(autoionization or autodissociation of water):(wikipedia.org) 물 분자의 수소원자 하나가 핵을 잃어버리고 수산화 이온 OH^-가 된다. 수소핵 H^+는 곧바로 다른 물 분자와 결합하여 H_3O^+ 이온이 된다. 즉 해리된다. 해리상수는 각 이온의 몰 농도의 곱으로 주어지며 섭씨 25도에서 10^{-14}이다.

는 양이온으로 서로 전기부하가 반대인 이온 사이의 결합으로 해석한다.[66) 표준상태(온도 25°C, 1기압)에서 순수한 물의 경우 이런 식의 양이온과 음이온의 접근법이 드물게 적용되지만 평균적으로 5.5×10^8 개의 분자에 하나의 비율로 다른 물 분자에 양성자(수소 핵)를 제공한다. 이것은 물의 해리(이온화)상수 값과 일치한다. 물이 용매로서 다른 물질(용질)과 용액을 형성할 때 용질의 양성자 도너와 용매의 억셉터를 결합하는 수소결합을 형성하지만 용질 분자 간 또는 용질의 분자 내 수소결합의 형성을 완벽히 차

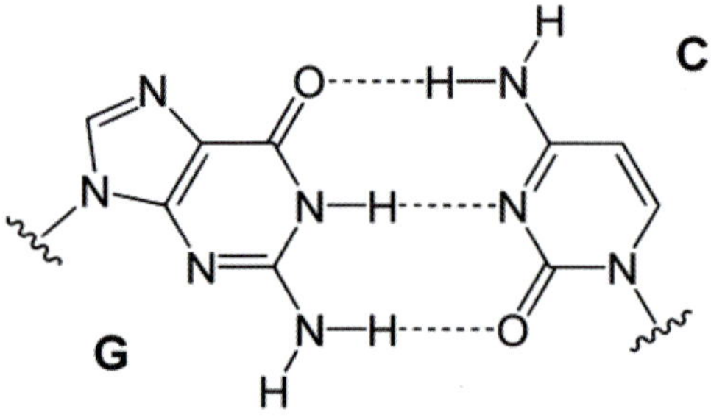

[그림 38] 구아닌과 시토신 사이의 수소결합, DNA에서 기본 쌍의 두 형식 중의 하나(wikipedia.org).

66) 새로운 원자 모델에서는 고체나 액체에서의 전양자의 분리, 전자와 양성자가 분리되는 것은 없다고 상정한다. 전자를 잃어버린 수소원자는 양성자이며 그 크기는 수소원자에 비해 무시할 정도로 작다. 이 경우 진공매질에 미치는 왜곡상태 또한 미미할 것이다. 그 어떤 결합에 관여하는 것은 상상할 수 없다.

단한다. 결국 용질 분자 사이의 수소결합은 물과 용질 사이의 수소결합에 비해 덜 선호된다.[92] 물 분자 간 수소결합의 수명은 10^{-11} 초(10 picosecond)이다.[93]

고분자의 수소결합

수소결합은 폴리머의 3차원구조에 지대한 영향을 미친다. 그림 38과 같이 거대 분자의 특정부분사이에서 수소결합이 생기면 그 분자가 어떤 특

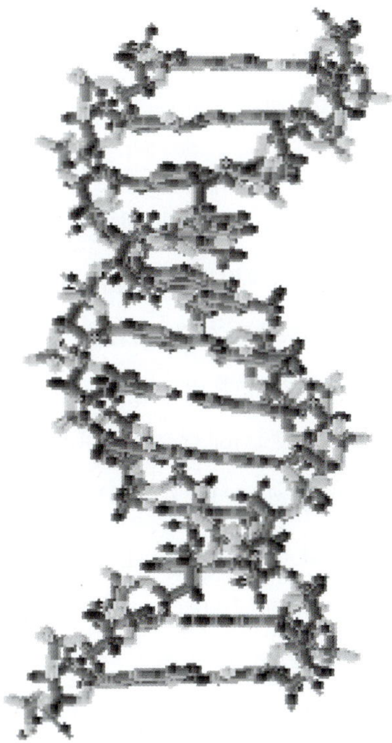

[그림 39] DNA의 이중나선구조(wikipedia.org)

정한 구조를 형성하며 이것은 분자 생리학이나 생화학 분야에서 매우 중요한 역할을 한다. 예로 그림 39의 DNA의 이중나선구조는 대개 기본을 이루는 한 쌍의 뼈대분자 사이의 수소결합에 의한 것이다. 수소결합은 단백질 분자의 하부조직의 안정에 중요한 역할을 한다.[94] 양털(wool)은 단백질 섬유로서 인장되었다가 외력이 없어지면 움츠려 드는 것은 수소결합이 있기 때문이다. 양털을 고온에서 세탁하면 수소결합이 영구히 소멸한다.

수소원자 하나는 두 개의 수소결합에 관여할 수 있다. 이런 형식을 분기된 상태(bifurcated state)라 하는데 유기물 분자에 존재한다. 분기된 수소원자는 물의 재배치의 핵심이다.[95] (산소의 전자쌍에서 끝나는) 억셉터의 수소결합은 도너의 수소결합에 비해 분기를 형성하기 쉽다. 이것을 OCO (overcoordinated oxygen)라 한다.[96]

대칭 수소결합(symmetrical hydrogen bond)은 특수한 수소결합의 형태로서 양성자(수소 핵)가 두개의 동일한 원자사이에 정확이 중간에 위치한다.67) 수소원자는 두 원자와 부분 공유결합을 한다. 따라서 양쪽 원자와의 결합력은 동일하고 보통의 수소결합 보다 훨씬 강하다. 유효 결합도(bond order)는 0.5로서 공유결합과 비교할 수 있다. 고압에서의 얼음이나 고체 무수 산(불산, 개미산 등)에서 관찰되며 액상의 불화물 이온 $[F-H-F]^-$에서도 관찰된다. 개미산에서는 대칭 수소결합은 10,000기압 이상의 고압에서 관찰되었다.[97] 두 원자간 거리가 매우 짧으면 수소결합의 활성화 에너지가 작다. 이를 LBHB(Low-barrier hydrogen bond)라 한다.[98] 표준 수소결합은 그 길이가 길고(O⋯O 수소결합의 경우 2.8 Å), 수소이온은 이종 원자에 귀속되어있다. 이종 원자의 산 해리상수68) pKa가

67) 새로운 원자모델에서는 양성자가 아니라 전양자이다.

아주 비슷하면 짧은 거리에서 (~2.55 Å) LBHB가 가능하다. 거리가 더 감소하면 (< 2.29 Å) 수소결합은 단일 우물(single-well) 또는 짧고 강한 (short-strong) 수소결합이 된다.[99]

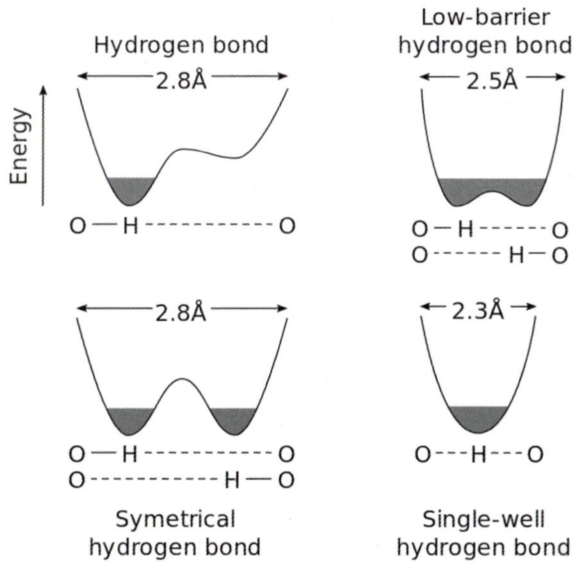

[그림 40] 4가지 수소결합 상태에 따른 에너지 분포(wikipedia.org).

수소결합은 수소와 공유결합한 분자사이에 추가로 형성되는 결합의 일종이다. 이러한 추가 결합이 생기는 것은 수소가 참여하는 공유결합은

68) 산 해리상수(acid dissociation constant)는 K_a로 표기되며 용액에서의 산도를 나타내는 척도이다. 이것은 산-알칼리 반응에서 해리라고 알려진 화학반응의 평형상수이다. 화합물 HA가 용액에서 A^- 이온과 H^+ 이온으로 해리되어 평형상태를 유지할 때 K_a는 다음과 같이 주어진다.

$$K_a = \frac{[A^-][H^+]}{[HA]}$$

K_a는 그 로그 값인 pK_a로 사용하는 것이 편리하다.

^{4}He에 비해 덜 안정적인 ^{3}He이라는 결합구조를 만들기 때문이다. 또한 수소결합에 참여하는 원소는 (탄소), 질소, 산소, 불소 등 2주기 원소들이다. 표 2를 참조하면, 새로운 원자모델에서 2주기 원소들은 r=2에서 구성되는 이중층(2주기와 3주기)의 껍질에서 8개의 PeN이 (2주기의) 기저층을 이룬 다. 따라서 추가 8개의 PeN이 마감재로 8개의 ^{4}He층이 완성되는 3주기 원소들에 비해 활성도가 높을 것이다. 물 분자를 구성하는 산소의 경우 최외곽 PeN이 6개로 추가로 2개의 PeN을 받으면 8개의 PeN이 기저층을 이루겠지만, 두 개의 수소원자와 ^{3}He 공유결합을 형성하면 나머지 두 쌍의 PeN(4개의 PeN)이 두 개의 ^{4}He를 형성하여 바깥층이 4개의 헬륨구조(2 ^{3}He + 2 ^{4}He)를 형성함으로써 안정한 구조가 될 것이다. 이 경우 최외곽 PeN 중에서 2개의 PeN이 3주기 위치로 이동해야하기 때문에 그 만큼 에너지가 필요하다. 다른 물 분자의 ^{3}He 공유결합과 수소결합을 하면 이 에너지를 공급받을 수 있을 것이다. 그 결과 완벽한 ^{4}He가 아닌 그 어떤 변형된(왜곡된) ^{4}He가 될 것이다.

한편 불소는 기저층을 구성하는 최외곽 PeN이 7개이다. 불소의 경우 수소와 공유결합으로 남은 3쌍의 PeN이 3개의 ^{4}He를 구성할 수 있다. 3쌍의 PeN이 모두 수소결합에 참여하지 않고 물 분자와 같이 두 쌍의 PeN이 수소결합을 하고 나머지 한 쌍의 PeN이 스스로 왜곡된 ^{4}He를 만들 수 있기 때문이라 할 수 있다. 이것이 새로운 원자모델에서의 수소결합에 대한 가설이다. 즉, 수소결합은 최외곽 층이 4개의 헬륨으로 구성된 결합을 만드는데 나타나는 필연적인 결합이라 할 수 있다. 다이아몬드와 같이 4개의 결합이 단단하게 얽혀 있기 때문에 얼음의 전기전도율은 매우 낮은 것을 이해할 수 있다.

3.4 판데르발스 힘

판데르발스[69] 힘은 원자나 분자 사이의 상호작용의 일종으로 주로 끌어당기는 힘, 즉 인력을 의미하지만 원자, 분자, 표면 간의 인력과 척력을 다 포함하기도 한다. 두 원자사이의 거리가 임계점 이하로 줄어들면 반발력이 증가하기 시작하며 판데르발스 힘은 척력이 된다. 이 점을 판데르발스 접점 거리(contact distance)라 하며 원자 내 전자구름(electron cloud) 사이의 반발력에 의한 것이라고 알려져 있다.[100] 주로 아주 근접한 입자들의 요동에 의해 발생하기 때문에 공유결합이나 이온결합과는 그 성격이 다르다.[101] 그 힘은 0.4 ~ 4kJ/mol 정도로 아주 약하지만 이 힘이 모이면 구조를 변경시킬 수도 있다. 이 때문에 거대 분자화학, 구조생물학, 폴리머, 고체물리 등에서 근본이 되는 힘 중 하나이다.

판데르발스 힘의 특성

판데르발스 힘은 이온결합이나 공유결합과는 달리 전자가 직접적으로 관여하는 화학결합이 아니다. 상대적으로 약한 힘이며 외력에 민감하다. 이러한 힘은 주로 전자밀도의 과도기적인 변화의 결과이다. 전자밀도가 일시적으로 핵의 한쪽으로 쏠릴 경우 근처 원자가 이끌리거나 배척된다.

---

69) Johannes Diderik van der Waals (1837.11 – 1923.3) 네덜란드 이론물리학자. 기체와 액체에 대한 상태방정식을 만들었으며 이 공로로 1910년 노벨물리학상을 수상하였다.

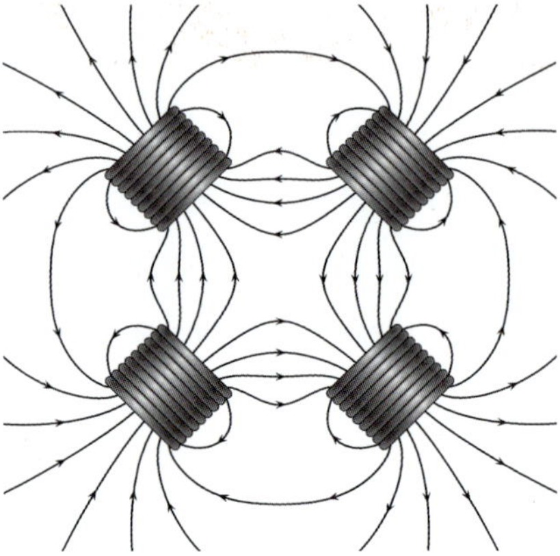

[그림 41] 4중극 코일에 의한 자기장(wikipedia.org)

원자간 거리가 0.6 nm이면 이 힘은 매우 미약해지며 0.4 nm이하에서는 척력이 된다. 판데르발스 힘을 지배하는 4가지 요소는 다음과 같다.

- 분자의 붕괴를 막아주는 파울리 배타원리에 의한 척력.
- 분자이온의 전하, 쌍극자, 4중극(quadrupole, 그림 41참조), 그리고 일반적으로 다중극 사이에서의 정전기적인 인력 또는 척력. 이 정전기적인 상호작용은 키솜[70] 힘이라 불리기도 한다.
- 한 분자에서의 다중극과 다른 분자에 유도된 다중극 사이의 인력. 이를 디바이[71] 힘이라 부르기도 한다.

---

70) Willem Hendrik Keesom (1876.6 - 1956.3) 네덜란드 물리학자. 1926년 액체헬륨 제조방법을 발명하였다. 1921년 쌍극자간 상호작용에 대한 수학모델을 최초 개발하였다. 이것은 그의 이름을 빌어 키솜 상호작용이라 한다.

71) Peter Joseph William Debye(1884.3 - 1966.11) 네덜란드-미국 물리, 화학자. 1936년 노벨화학상 수상. 1912년 비대칭 분자에서의 전하분포에 쌍극모멘트를 적용하여 온도와 유전상수를 연계하는 방정식을 개발하였다. 1923년 x-선이 전자와 상호작용하면 진동수가 바뀌는 콤프톤 효과에 관한 이론을 개발하였다.

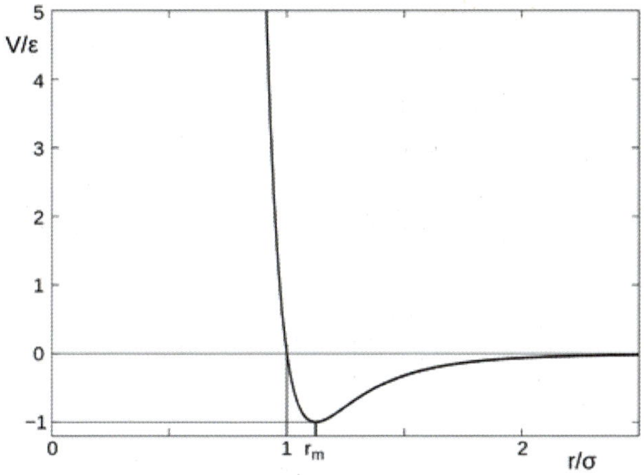

[그림 42] 레너드–존스 퍼텐셜을 나타내는 그래프(wikipedia.org)

- 일시적인 다중극의 상호작용에서 발생하는 모든 분자쌍 사이의 인력. 보통 런던[72] 분산(London dispersion) 상호작용이라 한다.

모든 분자들 사이에서 작용하는 판데르발스 힘은 분자의 상대적인 방향에 의존한다. 즉, 방향성을 가진다(두 비활성 기체의 경우는 제외). 디바이 및 런던 상호작용은 방향에 상관없이 항상 인력이지만 정전기는 분자가 회전하면 부호가 바뀌기 때문에 분자의 방향에 따라 인력이 되고 척력이 된다. 분자가 기체나 액체 상태에서 열에너지로 인하여 진동하면 정전기력은 방향성을 상실한다. 따라서 키솜 힘은 온도에 민감하다. 유도나 분산에 의한 인력에 미치는 열 진동의 효과는 상대적으로 낮다.

---

72) Fritz Wolfgang London(1900.3 - 1954.3) 독일물리학자. 화학결합과 분자간 힘에 대한 이론 연구에 크게 기여하였으며 동생인 하인츠(Heinz)와 초전도체를 이해하기 위한 런던 방정식을 개발하였다. 노벨상 후보에 올랐지만 수상하지는 못했다.

판데르발스 힘의 이론

판데르발스 힘은 1924년 레너드-존스73)가 처음으로 제안한 레너드-존스 퍼텐셜(위치에너지)을 통해 중성의 원자와 분자의 경우 다음과 같이 거리의 함수로서 나타낼 수 있다.[102]

$$V_{LJ} = 4\epsilon\left[\left(\frac{\sigma}{r}\right)^{12} + \left(\frac{\sigma}{r}\right)^{6}\right] = \epsilon\left[\left(\frac{r_m}{r}\right)^{12} - 2\left(\frac{r_m}{r}\right)^{6}\right] \qquad (3.2)$$

여기서 ϵ는 최저에너지, σ는 위치에너지가 0이 되는 유한한 거리, r은 두 입자사이의 거리, r_m은 위치에너지가 최저인 거리로서 이때의 위치에너지 값은 $-\epsilon$이다. $r_m = 21/6\sigma \sim 1.122\sigma$이며 실험이나 양자화학 계산으로 구할 수 있다.

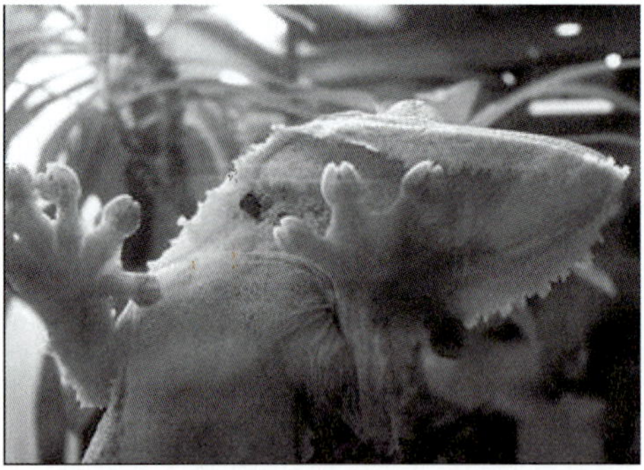

[그림 43] 도마뱀이 유리 경사면에 붙어있는 것은 주로 판데르발스 힘 때문인 것으로 알려졌다 (wikipedia.org).

---

73) Sir John Edward Lennard-Jones (1894.10 – 1954.11) 영국 수학자로 브리스톨과 캠브리지 대학의 이론물리학 교수였다. 현대 계산화학의 창시자로 여겨진다.

판데르발스 힘을 구성하는 것 중에서 가장 두드러지는 힘은 분자이온, 쌍극자(분극 분자), 4중극, 영구 다중극 사이에서의 정전기 상호작용, 즉 키솜 상호작용이다.[103] 이 힘은 영구 쌍극자 사이의 인력으로 온도변화에 민감하다.[104] 키솜 상호작용은 영구적인 쌍극자 모멘트를 가진 분자, 즉 두 극성분자 사이에서 일어난다. 키솜 상호작용은 약한 판데르발스 상호작용으로 전해질을 가진 액상에서는 형성되지 않는다.

분자는 끊임없이 회전하고 정착하지 않는다고 가정한다. 하지만 키솜 상호작용에 의해 정착할 수가 있다. 고정된 두 쌍극자의 상호작용 에너지는 거리의 3승에 반비례하는 반면에 키솜 상호작용의 에너지는 거리의 6승에 반비례한다. 평균적으로 그 에너지 V는 다음과 같다.

$$V = \frac{-m_1^2 m_2^2}{24\pi^2 \epsilon_0^2 \epsilon_r^2 k_B T r^6} \quad (3.3)$$

여기서 m은 쌍극자 모멘트, ϵ_0는 진공 유전율, ϵ_r은 물질의 유전상수,74) T는 온도, k_B는 볼츠만 상수,75) r은 분자 사이의 거리이다.

---

74) 전자기학에서 유전율, 또는 유전상수 ϵ는 특정 매질에서 전기장이 형성될 때 그 매질이 가질 수 있는 정전기 용량, 즉 전기장을 저장할 수 있는 척도이다. 소재가 단위 전류량을 생성하는데 필요한 전하량이다. 단위는 F/m이다. 진공의 유전율 $\epsilon_0 \sim 8.85 \times 10^{-12}$ F/m이며 보통 물질의 유전율은 진공의 유전율과의 비로 나타내기도 한다. 이것을 비유전율(dielectric constant)라 한다.

75) Boltzmann constant. 기체를 구성하는 입자의 운동에너지의 평균값과 기체의 온도를 연관시키는 물리 상수이다. $k_B = R/N_A$로 주어지며 R은 기체상수, N_A는 아보가드로 상수이다. 플랑크가 도입하였으나 볼츠만(Ludwig Boltzmann)의 이름을 차용하였다. 볼츠만(1844.2 – 1906.9)은 오스트리아 물리학자로서 통계역학의 발전에 지대한 공헌을 하였다. 원자의 질량, 부하, 구조 등의 특성을 통계학으로 처리하여 물질의 거시적인 특성(점도, 열전도율, 확산 등)을 설명하고 예측하였다.

두 번째로 판데르발스 힘에 기여하는 것은 디바이 힘이다. 이 힘은 회전하는 영구 쌍극자와 이로부터 유도된 쌍극자 사이의 상호작용에 의한 것으로 쌍극자를 가진 한 분자가 다른 분자의 전자를 배척할 때 유도된다.[105] 쌍극자를 가진 분자는 주변의 분자에 쌍극자를 유도하며 이로 인하여 두 분자사이에 인력이 발생한다. 디바이 힘은 원자 사이에는 발생하지 않는다. 또한 영구 쌍극자와 유도 쌍극자간 힘은 온도에 의존하지 않는다. 유도된 쌍극자는 자유로이 이동할 수 있고 분극이 없는 분자 주위로 회전할 수 있기 때문이다. 디바이 유도효과와 키솜 방향 효과를 극성 상호작용이라 한다.

이 힘의 예는 염산(HCl)과 아르곤(Ar) 간의 상호작용이다. 아르곤의 전자가 염산의 수소(H)에 이끌리거나 염소(Cl)에 배척되면 유도 쌍극자가 형성된다. 이 상호작용은 다음과 같이 표현된다.

$$V = \frac{-m_1^2\alpha_2}{16\pi^2\epsilon_0^2\epsilon_r^2 r^6} \tag{3.4}$$

여기서 α는 분극률이다.76) 이 상호작용은 영구 쌍극자 사이의 상호작용에 비해 작은 힘이지만 런던 분산력 보다 강하다.

런던 분산력은 분자간 약한 힘으로 영구 다중극이 없는 분자에서 일시

---

76) 전기 분극률은 외부전기장에 대응하여 물질 내 전하가 상대적으로 분포하는 경향이다. 균일한 매질에서 α는 외부전기장에 대하여 유도된 쌍극자 모멘트의 비, 즉 $\alpha = p/E$이다. SI 단위는 $C \cdot m^2 \cdot V^{-1} = A^2 \cdot s^4 \cdot kg^{-1}$, cgs 단위로는 cm^3. 일반적으로 물질의 분극률은 방향성이 있으며 이러한 이방성 매질의 분극률은 턴서나 3×3 행열로 표현된다. α_{yx} 값이 크다는 것은 x 방향으로 가해진 전기장에 대응하여 y 방향에서 분극이 강하게 일어났다는 뜻이다.

적으로 형성되는 다중극 사이에서 발생하는 힘이다. 유기물 분자 사이의 인력에 영향을 미치며 서로 다른 원자가 존재할 때 그 힘이 증가한다. 이 힘은 일시적인 쌍극자-유도 쌍극자간 힘으로도 불린다. 이 힘의 강도는 분자의 분극률에 비례하고 이것은 다시 총 전자수와 이 전자들이 퍼져있는 면적에 의존한다. 탄화수소의 영향력은 작지만 분극률이 큰 원소가 존재하면 이 힘이 커진다.[106]

원자나 분자 수와 부피가 알려진 물체에 있어서 총 판데르발스 힘은 미시이론을 이용하여 상호작용하는 개개의 쌍의 힘을 더하여 계산한다. 따라서 이 힘은 물체의 형상에도 의존한다. 예로 반경이 R_1과 R_2인 두 구형의 물체사이의 판데르발스 상호작용 에너지는 1937년 하마커77)에 의해 다음과 같이 계산되었다.[107]

$$U = -\frac{A}{6}\left[\frac{2R_1R_2}{z^2-(R_1+R_2)^2}+\frac{2R_1R_2}{z^2-(R_1-R_2)^2}+\ln\left(\frac{z^2-(R_1+R_2)^2}{z^2-(R_1-R_2)^2}\right)\right] \quad (3.5)$$

A는 물질의 특성을 나타내는 상수로 음이나 양이 될 수 있다. 하마커 계수라 칭하며 10^{-19}~10^{-20} J의 값을 가진다. $z = R_1 + R_2 + r$(r = 표면 간 최소거리)이다. $r \ll R_1$이나 R_2인 경우, (3.5)식은 다음과 같이 간단해진다.

$$U = -\frac{AR_1R_2}{6(R_1+R_2)r} \quad (3.6)$$

77) Hugo Christiaan Hamaker (1905.3 - 1993.9) 네덜란드 과학자. 분자보다 큰 개체 사이의 판데르발스 힘을 설명하는 이론을 제시하였다.

즉, 판데르발스 힘은 두 물체의 반경의 조화평균[78]에 비례하고 두 물체 간 거리에 반비례한다. 이때 물체에 가해지는 힘은 위치에너지를 미분하여 음의 부호를 붙인 것이다. 즉,

$$F_{VW}(r)=-\frac{dU(r)}{dr}=-\frac{AR_1R_2}{6(R_1+R_2)r^2} \quad (3.7)$$

판데르발스 힘은 모세관 현상이 없는 매우 미세한 건조 분말사이에서 뚜렷하게 나타난다. 이 힘으로 분말이 응집하며 유동성이 저하한다. 판데르발스 힘에 의한 접착력은 표면 형상에 의존한다. 표면이 거칠거나 융기가 있으면 표면적이 넓어져 판데르발스 힘이 커진다. 상기의 이론은 개개의 쌍에 대해서만 계산한 한 것으로 다중 입자의 상호작용과 지연 효과를 무시하였다. 이를 반영한 이론은 참고문헌을 참조하기 바란다.[108]

판데르발스 힘은 수소결합과 함께 분자나 고체 내에서 작용하는 힘(또는 결합의 일종)으로 금속, 이온, 공유결합이 주 결합이라면 부 결합(제2결합)이라 할 수 있다. 새로운 원자모델의 관점에서 수소결합은 ^{3}He에 의한 공유결합에 따른 에너지 차이를 상쇄하기 위한 추가결합으로 이해할 수 있으며 판데르발스 힘은 두 원자 이상 다중의 원자가 관여하는 힘으로 이해된다. 불활성 기체인 아르곤과 같이 외곽이 ^{4}He 구조로 된 원소라 하더라도 그 표면이 완벽한 구형이 아니다. 이 때문에 주변 진공매질에 국부적인 비대칭 왜곡이 형성되어 극저온에서 고체가 된다. 이종 원소가 결합된 분

78) 조화평균(調和平均, harmonic mean)은 주어진 값들의 역수의 산술 평균의 역수를 말한다. 평균적인 변화율을 구할 때에 주로 사용된다.

자는 이러한 비대칭 왜곡이 심하기 때문에 판데르발스 힘이 커질 수 있다. 대표적인 것이 키솜 상호작용으로 이종 원소 사이에서 발생하는 정전기적인 힘이다. 이러한 힘은 보통 온도가 낮을수록 증가하고 고체 내에서 이러한 힘이 작용하면 저온에서의 고체의 기계적, 전자기적 물성에 큰 영향을 미칠 것이다.

결합의 종류와 상관없이 그 결합을 해체하거나 변형하기 위해서는 에너지가 필요하다. 외부에서 공급할 수 있는 에너지는 기계적인 것(인장, 압축, 전단), 열(빛)에너지, 전기에너지 등이 있다. 기계적인 힘이 가해지면 주로 제1결합이 변형되거나 와해되며 전기에너지는 주로 제2결합의 변형이나 와해를 초래할 것이다. 열에너지는 제1, 제2결합에 모두 관여한다. 외부전기장에 의한 전기에너지가 가해지면 고체 내부의 약한 결합(주로 전기쌍극자간 결합, 키솜 상호작용)이 와해되거나 왜곡될 것이며 이 상태가 전파하는 것이 전류라 할 수 있다. 제4장과 5장에 판데르발스 힘을 포함한 제2결합의 형성과 변형 및 전파의 관점에서 고체의 전자기적 특성에 대해 알아보고 새롭게 해석해보고자 한다.

Ⅳ
고체의 전자기적 특성

IV

고체의 전자기적 특성

자연계에 존재하는 기본적인 힘은 4가지가 있으며 강력, 약력, 전자기력, 중력으로 구분된다. 강력과 약력은 원자핵 내에서만 통용되는 힘이다. 고체물리학에서는 전자기력이 주된 힘이며 거의 모든 고체의 거시적 특성은 이 전자기력에 기반하고 있다. 고전물리학은 전기와 자기를 분리하여 다루었지만 현대 양자역학은 전자기력으로 통합한다. 전기가 흐르는 곳에 자기가 생성되며 자기장의 변화를 통하여 전기가 만들어진다. 전기란 무엇인가라는 물음은 자기란 무엇인가 하는 물음과 동일하다. 고전역학뿐만 아니라 양자역학에서도 전기의 흐름은 전자의 흐름으로 간주하고 있다. 이 장에서는 전자의 흐름, 더 정확하게는 전자의 운동에 수반하는 자기장이 물질, 특히 고체에 어떤 영향을 미치고 그 반작용으로 전자의 운동(전기장)과 자기장이 어떻게 바뀌는지, 즉, 전기장과 물질, 자기장과 물질의 상호작용이 어떠한 것인지 기존의 패러다임 하에서 정리해보고자 한다.

4.1 전기와 자기(Electromagnetism)

아인슈타인의 특수상대성 원리의 결과 전기와 자기는 기본적으로 연결되어있다. 전기 없는 자기와 자기 없는 전기는 불가능하다. 전기와 자기를 합친 전자기 이론은 특수상대성 이론과 완벽히 일치한다고 한다.[109] 특수상대성 이론은 전기와 자기를 하나의 현상으로 서로 분리할 수 없는 것으로 전자기(electromagnetism)라고 칭한다.

상대성 이론에 따르면 전자기력을 전력과 자력으로 나누는 것은 절대적이 아니고 좌표계에 따라 달라진다. 즉 관찰자에 따라 달라진다. 한 관찰자가 느끼는 전력이 다른 관찰자(다른 좌표계)에게는 자력이거나 전력과 자력이 합쳐진 힘으로 느껴질 수 있다. 형식적으로 특수상대성이론에서는 전기장과 자기장은 2차원(rank−2) 텐서로 합쳐 전자기 텐서라 한다. 좌표계가 변하면 이 두 구성요소는 혼재하게 된다.

자기장(B, H 그리고 M)

전기장 E에 놓여있는 전하 q를 가진 입자는 qE에 해당하는 힘 F를 느낀다. 하지만 이 입자가 전기가 흐르는 도체 주위에 있으면 자기장의 영향으로 입자의 속도 v에도 의존한다. 이 힘을 로렌츠(Lorentz) 힘이라 하며 다음과 같이 표현된다.

$$F = q(E + v \times B) \tag{4.1}$$

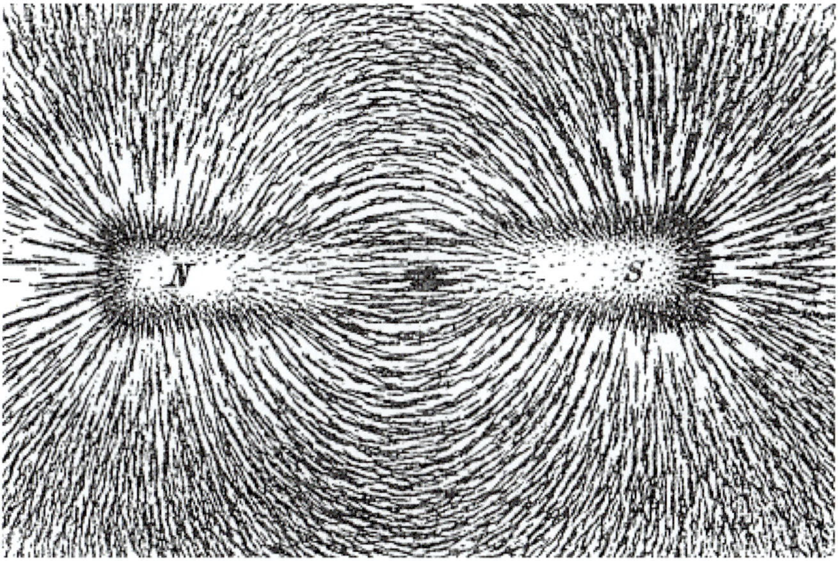

[그림 44] 막대자석의 자력선에 따라 배열하는 철분(wikipedia.org)

여기서 ×는 벡터곱을 의미한다. B는 (외부) 자기장이고 벡터이다. 벡터의 도입으로 전하를 띤 입자의 운동을 정확히 묘사할 수 있다. 한편 진공이 아니고 물질이 관여할 때 자기장을 H로 표기한다. 진공에서 B와 H는 서로 비례한다(동일하다). 진공이 아닌 물질(매질) 내에서는 서로 다르다. "자기장"은 역사적으로 H를 의미하였고 B는 다른 용어를 사용하였다. 최근의 물리학 교과서에서는 '자기장'이라는 용어는 B를 의미하고 H 대신에 사용하기도 한다. 어떤 매질에 대하여 자기장 B는 자속밀도(磁束密度, magnetic flux density)라고도 하며 H는 자계강도(磁界强度, magnetic field strength)라고도 한다, 둘 사이에는 다음과 같은 관계가 있다.

$$B = \mu_0(H + M) \tag{4.2}$$

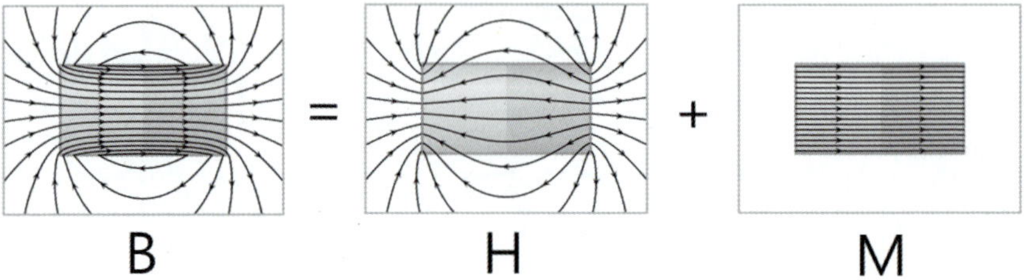

[그림 45] B, H 및 M의 관계(wikipedia.org)

여기서 비례상수 μ_0는 진공 투자율(permeability)이라 한다. 진공에서 진공매질이 자화되는 자기화(magnetization) M은 0이다. 매질이 진공이 아닌 경우 M은 0이 아니며 $\mu_0 M$은 자기분극(magnetic polarization)이라 한다. B, H 및 M의 관계를 그림 45에 나타내었다. H가 작으면 반자성체와 상자성체에서 M과 H는 비례한다. 즉, $M = \chi H$. χ는 비례상수로 자화율(magnetic susceptibility)이라 한다. 강자성체에서 M은 자기장에 비례하지 않고 H가 0일 때도 0이 아니다.

M은 벡터양으로 소재가 어떤 구역에서 외부자기장에 대해 자기화하는 정도를 나타낸다. 그 구역의 단위 부피당 순수 자기쌍극자(magnetic dipole) 모멘트로 규정된다. 균질한 자석의 자기화 강도는 소재 상수이며 자기모멘트를 부피로 나눈 값이다. 자기모멘트의 SI(국제단위계) 단위는 $A \cdot m^2$이고 M의 SI 단위는 A/m으로 H 단위와 같다. 한 구역에서의 (유도) 자기장 M은 암페어[79] 법칙과 비슷하며 폐회로(closed loop)에 흐르는 전류 I_b와 다음과 같은 관계가 있다.[110]

79) André-Marie Ampére (1775.1 - 1836.6) 프랑스 물리학자, 수학자. 고전 전자기학의 창설자 중의 한사람이다. 솔레노이드와 電信을 발명하였다.

$$\oint M \cdot d\ell = I_b \quad (4.3)$$

ℓ은 폐회로의 길이이다.

전기는 음극과 양극이 있지만 자기에는 음극과 양극이 없다. 하지만 이를 분리한 자기극 모델에서 하나의 구역이 순전히 양의 자기극 강도(magnetic pole strength)를 가질 때 (N극에 해당) 자력선이 더 많이 들어가고 덜 나온다고 해석할 수 있다. 이 경우 (4.4)식은 다음과 같이 표현할 수 있다.

$$\oint_S \mu_0 M \cdot dA = -q_M \quad (4.4)$$

여기서 적분은 닫힌 면 S를 대상으로 하고 q_M은 S 안에 있는 자기부하(magnetic charge)이다. 음의 부호는 방향이 S극에서 N극으로 향하기 때문이다. 하지만 아직 독립된 자기극이 발견된 적이 없으며 따라서 (4.4)식은 계산을 위한 수학적 표현일 뿐이다.

B의 SI 단위는 테슬라(tesla,[80] T, V · s/m^2)이고 자속(magnetic flux) Φ_B는 웨버(weber,[81] Wb)이다. 따라서 자속밀도 1 Wb/m^{2}는 1 테슬라이다.

---

80) Nikola Tesla (1856.7 - 1943.1) 세르비아계 미국 발명가, 전기공학자, 기계공학자. 현대적인 교류전기 공급시스템의 설계자로 알려졌다.

81) Wilhelm Eduard Weber (1804.10 - 1891.6) 독일 물리학자로 가우스와 함께 최초로 전자기 電信을 발명하였다.

테슬라의 10,000분의 1은 가우스[82](G)이다. H는 SI 단위로 A/m이고 CGS 단위로는 에르스텟(oersted,[83] Oe)이다.

전기장과 자기장의 관계

그림 46과 같이 자석이 도체 코일 속에서 움직일 때 자기장이 변하며 이와 맞물려 전기장이 형성되고 코일 속에 전기가 흐른다. 이런 현상을 전자기 유도라 하며 이를 정리한 것이 렌츠[84] 법칙이다. 유도전류는 코일주위의 자기장 변화를 방해하는 방향으로 발생한다. 한편 패러데이[85]는 이런 현상을 원리적으로 해석하여 유도기전력(EMF, Electromotive force, ε)은 코일 면을 지나는 자속(Φ, magnetic flux)의 시간 변화율과 코일의 감은 회수 n에 비례한다는 법칙, 즉 패러데이 법칙을 만들어 내었다. 수식으로 표현하면 다음과 같다.

$$\varepsilon = -n\frac{d\Phi}{dt} \tag{4.5}$$

82) Johann Carl Friedrich Gauss (1777.4 - 1855.2) 독일 수학자, 물리학자. 수학과 물리학의 다양한 분야에서 지대한 공헌하여 최고의 수학자라는 칭호를 받고 있다.

83) Hans Christian Ørsted (1777.8 - 1851.3) 덴마크 물리화학자로 전류가 자기장을 형성한다는 것을 발견하였다.

84) Heinrich Friedrich Emil Lenz (1804.2 - 1865.2) 발틱 3국 출신의 독일계 러시아 물리학자.

85) Michael Faraday (1791.9 – 1867.8) 영국의 과학자. 정규교육을 거의 받지 않았지만 역사상 가장 영향력이 있는 과학자 중의 한 사람이다. 전자기 유도와 반자성 및 전기분해 원리를 발견하였고 빛이 자기장의 영향을 받는 것을 알아내었다. 벤젠을 발견하였고 양극 "anode", 음극 "cathode", 전극 "electrode" 그리고 이온 "ion" 등의 용어가 그로부터 나왔다.

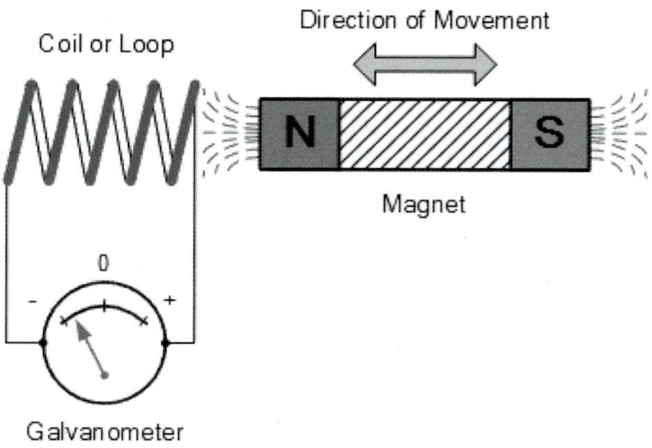

[그림 46] 자석이 도체 코일 안쪽에서 움직이면 기전력이 발생하며 패러데이 법칙으로 정리된다 (wikipedia.org).

음의 부호가 생기는 것은 자기장의 변화로 코일 안에 생기는 전류가 이 자기장 변화를 반대하는 유도 자기장을 만들기 때문이다. 수식으로 표현되는 패러데이 법칙은 조건에 따라 여러 형태로 바뀔 수 있다.

맥스웰 방정식

자기장이 변하면 전기장이 만들어지듯이 전기장이 변하면 자기장이 만들어 진다. 맥스웰[86]은 이러한 원리를 암페어 법칙에 더하여 소위 맥스웰-암페어 방정식으로 정리하였었다. 이 방정식과 패러데이 법칙으로부터 서로 변하는 전기장과 자기장이 상호작용하여 전자기파를 만들어내는지

86) James Clerk Maxwell (1831.6 – 1879.11) 영국 이론물리학자, 수학자. 기존의 전기와 자기를 다루는 패러데이 법칙, 쿨롱 법칙 등 전자기 이론을 정리하여 '맥스웰 방정식'으로 통합하였다. 이 방정식은 전자기학의 기초가 되는 미분 방정식으로 19세기 물리학이 이룬 큰 성과로 높이 평가된다.

알 수 있다.

벡터로 표기되는 자기장은 그 기원과 관련하여 두 가지 중요한 수학적 특성이 있다. 이 두 특성은 전기장의 두 특성과 함께 맥스웰 방정식을 구성한다. 제1의 특성은 벡터장 A[87]의 발산(divergence), $\nabla \cdot A$로 A가 어떤 한 점에서 흘러 나가는지를 계산한다. 자기장 B의 자속선은 한 점에서 시작하거나 끝나지 않고 닫힌 루프를 구성한다. 수학적으로 B의 발산이 0이다. 즉, B는 발산하지 않는다. 이러한 벡터장을 솔레노이드 벡터장이라 한다. 이것은 자기장에 대한 가우스 법칙이라 불리며 독립된 자기극 또는 단일 자기극이 없다는 것과 같은 말이다. 반면 전기장은 전기부하에서 시작하고 끝나기 때문에 전기장의 발산은 0이 아니고 부하밀도에 비례한다. 두 번째 수학적 특성은 회전(curl)으로 $\nabla \times A$로 표시되며 A가 어떤 점에서 회전하는가를 묘사한다. 회전의 결과를 회전의 원천(circulation source)라 한다. B와 E의 회전을 각각 암페어-맥스웰 방정식 및 패러데이 법칙이라 한다. 맥스웰 방정식은 이들 법칙을 종합한 것으로 총 4개의 법칙으로 구성되었다.

- 가우스 법칙: $\nabla \cdot E = \dfrac{\rho}{\epsilon_0}$ (4.6)
- 자기장에 대한 가우스 법칙: $\nabla \cdot B = 0$ (4.7)
- 암페어-맥스웰 법칙: $\nabla \times B = \mu_0 J + \mu_0 \epsilon_0 \dfrac{\partial E}{\partial t}$ (4.8)

---

87) 자기장 B에 대해 $B = \nabla \times A$인 관계가 있는 벡터장 A를 자기벡터 퍼텐셜(magnetic vector potential)이라 한다.

• 패러데이 유도법칙: $\nabla \times E = -\frac{\partial B}{\partial t}$ (4.9)

여기서 J는 전류밀도이고 ρ는 전하밀도이다. 고체는 외부자기장 B와 전기장 E에 반응하여 자체적으로 내부 자기장과 전기장을 만든다. 이것은 계산하기 힘들다. 이를 극복하기 위해 H와 D로 표기되는 자기장과 전기장을 사용하여 맥스웰 방정식을 자유전류밀도 J_f와 자유전하밀도 ρ_f를 사용하여 (4.10) 및 (4.11)식으로 표기하기도 한다.

• 가우스 법칙: $\nabla \cdot D = \rho_f$ (4.10)

• 암페어–맥스웰 법칙: $\nabla \times H = J_f + \frac{\partial D}{\partial t}$ (4.11)

이 방정식은 고체에 '갇힌' 전하와 전류를 알아야 하며 원래 방정식과는 달리 일반적인 것은 아니다.

4.2 고체의 유전특성과 유전체

유전체(誘電體, dielectric material)는 외부전기장에 대해 분극을 형성하는 전기부도체이다. 유전체가 전기장에 놓여있을 때, 전기가 흐르지 않

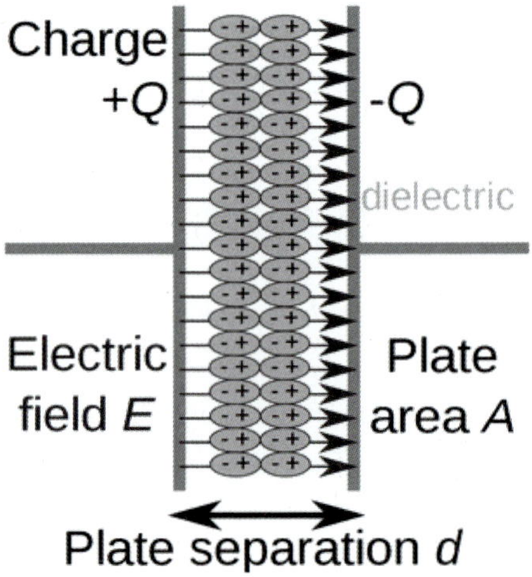

[그림 47] 두 전도체 판 사이에 부도체를 둔 대표적인 유전체(wikipedia.org)

고 단지 평형상태에서의 평균위치로부터 조금 이동하여 분극을 형성한다. 양전기는 전기장 방향으로 음전기는 그 반대방향으로 그 위치가 이동한다. 이때 내부에 전기장이 형성되어 유전체 안에서의 전체 전기장을 감소시킨다. 유전체가 약하게 결합된 분자로 구성될 경우 분자가 분극화할 뿐 아니라 재배열하여 대칭축이 전기장과 일치하게 된다. 전기전도율이 낮기 때문에 부도체이지만 유전체는 분극율(polarizability, 상대 유전율, permittivity)이 높은 소재를 의미한다. 분극으로 유전체 내에 에너지가 저장되는 것이다.

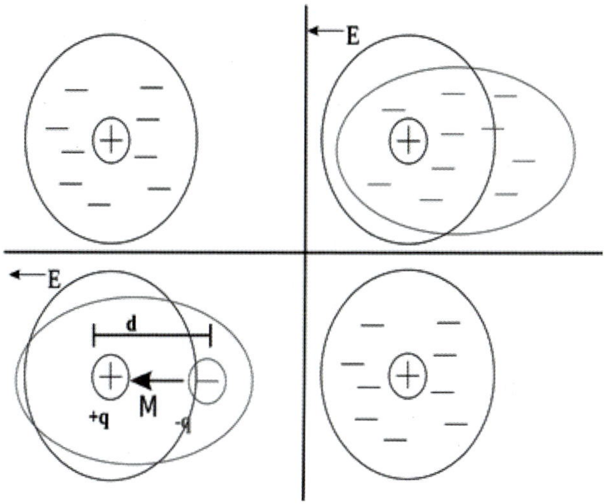

[그림 48] 고전 유전체 모델에서의 전기장과 원자의 상호작용(wikipedia.org)

대표적인 유전체는 그림 47과 같이 금속판 사이에 부도체를 두는 것이다. 완벽한 유전체는 전기전도율이 0인 소재이다.[111]

유전특성(dielectricity)

유전체를 나타내는 하나의 인자가 전기감수율(electric susceptibility) χ_e 이다. 소재가 외부전기장 E에 대해 얼마나 쉽게 분극화하는가를 의미하며 다음과 같이 정의된다.

$$P = \epsilon_0 \chi_e E \tag{4.12}$$

P는 분극밀도이며 ϵ_0는 진공유전율이다. 감수율은 상대유전율 ϵ_r에 대해

$\chi_e = \epsilon_r - 1$의 관계가 있다. 따라서 진공의 경우 χ_e는 0이다. 전기선속밀도(electric displacement) D는 P와 다음과 같은 관계가 있다.

$$D = \epsilon_0 E + P = \epsilon_0 (1 + \chi_e) E = \epsilon_0 \epsilon_r E \tag{4.13}$$

일반적으로 유전체가 외부전기장에 대해 순간적으로 분극화가 되는 것은 아니고 시간의 함수이다. 상대유전율이 시간에 따라 변하기 때문이다.

고전적인 모델에서 소재는 원자로 구성되어 있으며 각 원자는 중심에 있는 양의 점전하와 이 전하를 중심으로 외곽의 전자구름으로 되어있다. 전기장이 있으면 그림 48과 같이 전자구름이 왜곡되면서 전기쌍극자가 형성된다. 이 그림에서 쌍극자 모멘트는 M으로 표기된 벡터이다. 이 벡터와 전기장과의 관계가 유전체의 거동을 좌우한다(쌍극자 모멘트의 방향은 전기장 방향과 동일하다. 이것은 항상 성립하지 않지만 많은 소재에 해당한다). 전기장이 제거되면 원자는 제자리로 돌아간다. 이때 걸리는 시간을 이완 시간(relaxation time)이라 하며 지수함수적으로 감쇠한다.

쌍극자 분극은 분자 자체에 존재하는 분극(배향분극)이거나 핵의 비대칭 왜곡이 가능한 어떤 분자에서 유도될 수 있다(왜곡분극). 배향분극은 영구 쌍극자에 의한 것이며 (예, 물 분자에서 산소와 수소원자) 외부전기장에 없어도 분극이 유지된다. 외부전기장이 가해지면 각각의 영구 쌍극자 내에서의 음과 양의 전하 사이의 거리는 바뀌지 않고 분극 자체의 방향이 회전한다. 이 회전은 순간적으로 일어나지 않고 분자의 토크 등 여러 원인으로 시간을 두고 일어난다. 전기장 변화에 대한 반응이 지연되면 마찰과 열이 발생한다. 외부전기장이 적외선 영역의 주파수나 그 이하에서 변하면 분자는 전기장에 의해 굽어지거나 늘어나고 분자 쌍극자 모멘트는 변한다. 분자진동의 진동수는 대략 분자가 굽어지는데 걸리는 시간의 역수에 비례하고 이 왜곡분극은 적외선 주파수 이상에서 사라진다.

한편 이온분극은 NaCl과 같은 이온결정에서 양이온과 음이온 사이의 상대적 변위에 의한 분극이다. 결정이나 분자가 한 종류 이상의 원자로 구성되면 결정 내의 원자나 분자 주위의 부하의 분포는 양이나 음 한쪽으로 기운다. 이 경우 격자진동이나 분자진동으로 원자의 상대적 변위가 발생하고 양과 음의 부하 중심이 변한다. 중심의 위치는 변위의 대칭에 영향을 받는다. 중심이 일치하지 않으면 분극이 분자나 결정에서 생성된다. 이 분극이 이온분극이고 강한 유전효과와 쌍극자 분극을 야기한다.

유전체의 종류

소재에 분극이 생기면 그 모멘트 P는 거의 외부전기장 E에 비례한다. 이 분극을 유전분극이라 한다(그림 49a). 상유전체(paraelectric)와 같은 물

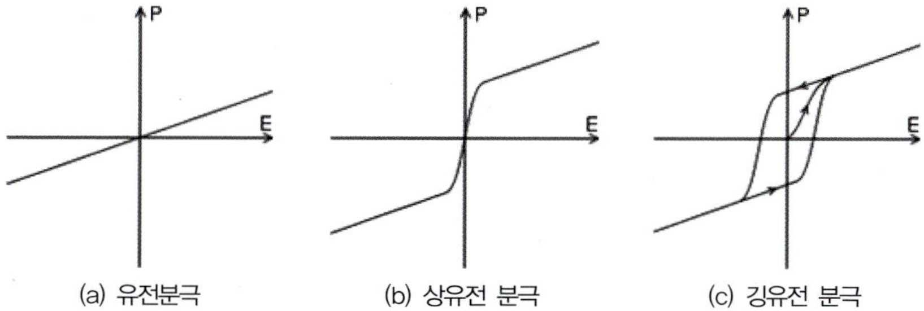

[그림 49] 유전분극의 종류(wikipedia.org)

질은 분극이 비선형적이다.[112] 분극 곡선의 기울기가 유전율인데 외부전기장에 따라 변한다(그림 49b). 상유전성은 많은 소재(특히 세라믹)가 외부전기장에 대해 분극화하지만 외부전기장이 없어지면 분극이 사라지는 것을 말한다.[113]

이것은 개개의 이온의 왜곡(핵으로부터 전자의 변위)과 분자분극 또는 이온분극과의 조합에 기인한다. 상유전성은 전기쌍극자가 배열하지 않고 외부전기장에 대해 반응하여 배열하는 결정의 상에서 일어날 수 있다. 높은 유전상수를 가진 상유전체 중의 하나가 $SrTiO_3$이다. $LiNbO_3$ 결정은 1,430 K 이하에서 강유전체이지만 이 온도이상에서는 상유전체가 된다. 다른 페로브스카이트88)도 고온에서 상유전체이다. 단열하면서 상유전체에 전기장을 가하면 분극화로 인하여 온도가 올라가고 전기장을 제거하면 온도가 내려간다.[114] 이 원리를 이용한 히트펌프로 냉각장치를 구성할 수 있다.

강유전성(ferroelectricity)은 자발적 전기분극을 가진 어떤 소재의 특성

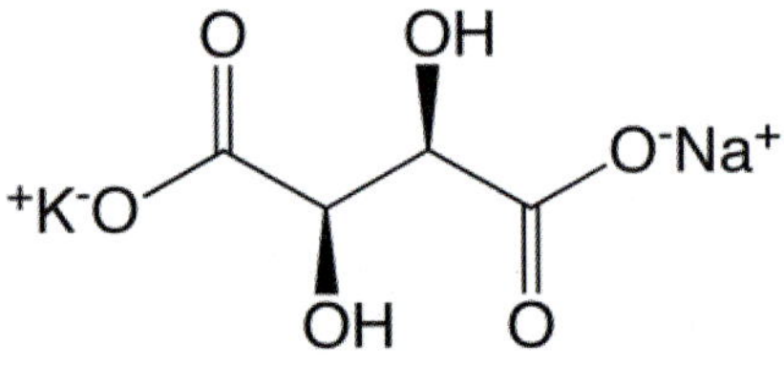

[그림 50] 로셀염의 분자 구조(wikipedia.org)

88) (perovskite) 칼슘-티타늄 산화물($CaTiO_3$)과 동일한 결정구조를 가진 물질이다. 우랄산맥에서 최초로 발견되었으며 러시아 광물학자인 L.A. Perovski(1792-1856)의 이름을 빌렸다. 일반적으로 화학식은 ABX_3로 표기되며 'A'와 'B'는 크기가 매우 다른 양이온이고 X는 두 양이온에 결합된 음이온이다. 'A'가 'B' 보다 크다. 이상적인 구조는 B가 팔면체를 이루는 6개의 음이온으로 둘러싸이며 A는 8개의 삼각형과 6개의 사각형으로 이루어진 12면체 구조를 한다.

으로 외부전기장에 의해 방향이 바뀔 수 있다.[115] 로셀염[89]이 최초로 발견된 강유전체이다.[116] 강유전체는 전기장이 0일 때에도 자발적 분극이 존재한다. 이 자발적 분극이 강한 전기장에서 그 방향이 바뀐다. 따라서 분극은 전기장 세기와 이전의 이력에 영향을 받으며 그림 49c와 같이 히스테리시스(履歷現像)가 생긴다. 일반적으로 강유전체는 퀴리온도(T_C) 이상에서는 자발적 분극이 사라지고 상유전체가 된다. 많은 강유전체는 T_C 이상에서 압전특성을 완전히 상실하는데, 이들이 상유전체가 되었을 때 중심대칭(centrosymmetric) 결정구조를 가지기 때문이다.[117]

강유전체 내부의 전기쌍극자는 결정격자와 결합되어 있어 격자가 변형되면 쌍극자 강도가 변한다. 자발적 분극은 표면 전기부하의 변화를 가져온다. 이 때문에 전압이 걸리지 않아도 강유전체 콘덴서를 통해 전기가 흐

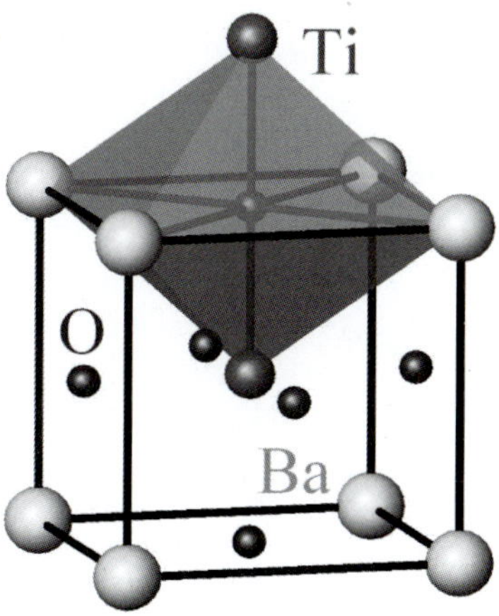

[그림 51] $BaTiO_3$ 결정구조(wikipedia.org)

89) Rochelle salt (Potassium sodium tartrate tetrahydrate, $KNaC_4H_4O_6 \cdot 4H_2O$)

를 수 있다. 결정격자는 외력과 온도에 따라 변한다. 외력에 의해 표면에 전기가 생기는 것이 압전(Piezoelectriciy)이다. 온도에 따라 자발적 분극이 변하는 것이 초전(焦電, Pyroelectricity)이다.

강유전체에서 상전이(상변태)는 $BaTiO_3$와 같이 변위에 의한 것이거나 $NaNO_2$와 같은 질서-무질서로의 변환이다. $BaTiO_3$에서 한 이온이 평형 상태의 위치에서 조금 벗어나면 이온들에 의해 국지적 전기장이 형성되며 이 힘이 복구하고자하는 탄성력을 초과한다. 따라서 영구 쌍극자 모멘트가 생긴다. $BaTiO_3$에서 이온 변위는 산소로 구성된 팔면체 안에 있는 티타늄 이온의 상대적 위치이다. $PbTiO_3$는 그 구조가 $BaTiO_3$와 유사하지만 납과 산소이온 간의 상호작용 등이 보다 복잡하다. 강유전체가 질서-무질서 상전이를 하는 경우, 각 단위 셀에 쌍극자 모멘트가 있지만 고온에서 그 배열이 무질서해진다. 임계온도 이하에서는 상전이를 거치면서 배열이 한 방향이 된다.

4.3 자성의 종류와 특성

자기장은 전류와 기본입자의 스핀 자기모멘트에 의해 발생하고 이 자기장이 다시 전류와 자기모멘트에 영향을 미친다. 철, 니켈, 코발트 등의 강자성체(强磁性體)는 자기장에 이끌리고 영구자석이 되어 자기장을 만든다. 강자성체가 자기장에서 강한 영향을 받지만 다른 물질들도 정도의 차이는 있지만 자기장의 영향을 받는다. 알루미늄과 같은 상(常)자성체는 외부자기장에 약하게 이끌리고 반대로 구리나 탄소와 같은 반(反)자성체는 약하게 반발한다. 크롬과 스핀유리[90]와 같은 반강자성체는 외부자기장에 대한 반응은 복합적이다. 강자성체를 제외하고는 자력에 대한 반응정도가 미약하여 일반적으로 비(非)자성체라 불린다. 소재의 자성은 온도, 압력, 외부자기장의 영향을 받으며 그 특성은 바뀔 수 있다.

소재의 자기특성은 주로 구성 원자에 귀속된 전자의 자기모멘트에 의한 것이다. 원자핵의 자기모멘트는 전자의 자기모멘트 천분의 1 수준이라 보통 무시할 수 있다. 하지만 핵의 자기모멘트는 핵자기공명과 이를 이용하는 자기공명영상[91] 등에서는 중요하게 다루어진다. 소재 내의 많은 전

---

90) 고체물리학에서 스핀유리(spin glass)는 규칙성이 없는 자석으로 구성 원자의 자기스핀(3차원 공간에서 N극과 S극의 방향)은 무질서하게 배열되어있어 규칙성이 없다. "유리, glass"라는 이름은 스핀유리에서의 자기적 무질서와 창유리와 같은 소재의 원자배열의 무질서와의 유사성에서 온 것이다. 비정질 고체에서 원자결합 구조는 매우 불규칙적인 반면, 결정은 원자결합이 일정한 규칙을 가지고 있다. 강자성체에서 자기스핀은 동일한 방향으로 배열되어 있어 고체결정과 유사하다.

91) (magnetic resonance imaging, MRI) 핵자기공명 원리를 이용한 영상기술이다. 자기공명 촬영장치에서 나오는 고주파가 신체의 수소원자핵과 공명할 때 나오는 신호를 컴퓨터로 재구성하여 영상화시킨다. x-선 컴퓨터 단층촬영(CT)과 달리 신체에 무해하다. MRI를 이용하면 혈액의 산소함량을 측정하면 뇌 속의 혈류에 관한 정보를 얻을 수 있다.

자들은 파울리 배타원리에 의거 서로 반대인 자기모멘트를 가진 것들이 쌍을 이루기 때문에 상쇄된다. 원자 내에서 홀로 존재하는 전자는 소재의 자기모멘트에 기여하지만 그 방향이 불규칙하면 자성을 가질 수 없다. 반면 전자의 자기모멘트가 한 방향으로 배열하면 강한 자기장을 형성한다. 따라서 소재의 자성은 전자의 자기모멘트가 어떻게 배열하고 있는가에 민감하며 고온에서는 배열이 무질서해지기 때문에 자성을 갖기 힘들다.

자기장에는 에너지가 있으며 물질은 에너지가 낮은 쪽으로 움직이다. 반자성체가 자기장에 있으면 자기쌍극자는 자기장에 반대방향으로 배열하여 전체 자기장의 세기를 감소시킨다. 강자성체가 자기장에 있을 경우 쌍극자는 자기장과 같은 방향으로 배열하여 자기도메인의 벽을 확장한다.

반자성(Diamagnetism)

반자성은 외부자기장에 반발하려는 양자역학적 효과로 모든 소재에서 나타난다. 하지만 강자성이나 상자성 등의 다른 자성에 의한 효과가 대부

[그림 52] 열분해 탄소는 상온에서 음의 자화율이 가장 높다. 네오디뮴(Nd) 자석의 강한 자기장에 반발하여 부양한다(wikipedia.org).

분 크기 때문에 반자성은 순수 반자성체에서만 관찰된다. 그림 52와 같은 열분해 탄소[92]가 가장 대표적이다. 반자성 소재는 통상적으로는 비자성 물질이라 여겨지는 것으로 물, 목재, 석유와 플라스틱과 같은 유기화합물, 구리와 같은 금속, 특히 수은, 금, 비스무트와 같은 무거운 금속 등이다. 반자성체에서는 외부자기장을 상쇄하는 방향으로, 즉 외부자기장과는 반대 방향으로 내부에 자기장이 형성된다. 반자성 소재에서 쌍을 이루지 않

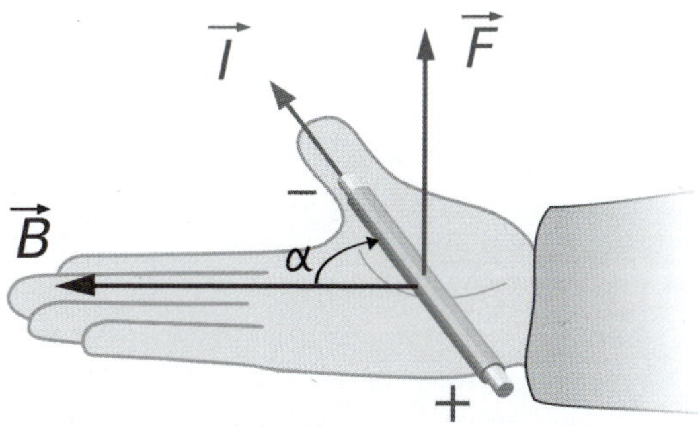

[그림 53] 로렌츠 힘은 전류와 자기장의 방향에 수직이다. 전하가 q인 입자가 속도 v로 움직일 때 전기장 E와 자기장 B에서 받는 힘은 (4.1)식과 같다(wikipedia.org).

은 전자는 없으며 스핀에 의한 고유한 전자 자기모멘트는 생성되지 않는다. 이 경우 자성은 전자의 궤도운동에 의한 것이다. 모든 소재는 이러한 전자의 궤도운동이 있지만 상자성이나 강자성에서 반자성 효과는 쌍을 이루지 않은 전자의 강한 효과에 묻힌다.

---

92) (pyrolytic carbon) 흑연과 비슷한 물질로 자연에서는 발견되지 않는다. 흑연의 한 층을 일컫는 그래핀 층 사이에 공유결합이 존재한다. 일반적으로 탄화수소를 거의 열분해 온도까지 가열하여 일부 흑연이 결정화된다. 인조섬유를 진공에서 가열하면 형성된다. 다른 방법은 고온 기체에서 평판위에 흑연 코팅할 때 생성된다. 내열성이 강해 미사일 첨두, 로켓 모터, 열차폐, 흑연강화 플라스틱, 핵연료입자 코팅 등에 사용된다.

외부자기장에 반발하기 때문에 반자성체의 투자율은 진공투자율보다 작다. (4.2)식에서 M이 음의 값을 갖는다. 물은 약한 반자성 물질로서 상대투자율이 1에 가깝고 자화율 $\chi(=\mu-1)$은 -9.05×10^{-6}로 거의 0이다. 비스무트는 -1.66×10^{-4}, 열분해 탄소는 -4.00×10^{-4}로 그 절대 값은 상자성이나 강자성의 1/10 수준이다. 모든 도체는 자기장이 변할 때 반자성 특성을 나타낸다. 전자는 로렌츠 힘(그림 53)에 의해 회전하여 와류를 형성하고 이 와류가 외부자기장에 반대되는 자기장을 형성하여 도체

[그림 54] 네오디뮴 자석에 의해 야기된 정상 자기장의 불안정성을 보여주는 자성유체(wikipedia.org)

의 움직임을 억제한다. 아주 드물게 상자성보다 반자성이 큰 경우가 있다. 금의 자화율이 0보다 작고 따라서 반자성체이지만 상자성이 약하게 나타난다.[118]

상자성(Paramagnetism)

상자성은 소재가 외부자기장에 약하게 끌리고 내부에 외부자기장과 같은 방향으로 자기장이 유도되는 것을 말한다. 상자성체로는 알루미늄, 산소, 티탄, 산화철(FeO) 등이 있으며 대부분의 원소와 일부 화합물이 상자성체이다. (진공에 대한)상대투자율이 1보다 높아 자기장에 이끌리며 자기장에 유도된 자기모멘트는 선형적이다. 하지만 그 세기가 약해 정량적으로 측정하기 위해서는 SQUID[93]와 같은 정밀장치가 필요하다. 일반적으로 자화율은 보통 10^{-3} 내지 10^{-5}이고 자성유체(ferrofluid, 그림 54)와 같은 합성물질은 10^{-1}까지 높아진다.

상자성체는 쌍을 이루지 못한 전자가 있다. 원자나 분자 궤도에 하나의 전자만 존재한다. 파울리 배타원리에 의거 전자쌍은 스핀 자기모멘트의 방향이 서로 반대여서 자기장이 상쇄되지만 쌍을 이루지 못한 전자는 어떤 방향으로도 배열할 수 있다. 외부자기장과 일치하는 방향으로 자기모멘트가 형성되며 자기장의 세기를 증대시킨다. 쌍을 이루지 못한 전자는 아주 작은 자석과 같은 것이며 외부자기장이 있으면 자기장과 평행하여 배열하지만 외부자기장이 없을 때는 열 진동 때문에 그 방향성이 없어지며 자성이 없어진다. 일부 전자스핀만이 외부자기장에 순응하며 그 비율은 외부자기장의 세기에 비례한다.

상자성체를 구성하는 원자나 분자는 외부자기장이 없어도 영구 자기모

---

93) (Superconducting Quantum Interference Device) 매우 정밀한 자력계로 초전도 기술을 이용하여 매우 미세한 자기장을 측정한다. SQUID로 5 aT (5×10^{-18} T) 정도의 낮은 자기장을 측정할 수 있다. 보통 냉장고의 자석은 0.01 T(테슬라)의 자력이다. 매우 낮은 자기장을 나타내는 동물의 자기장은 그 크기가 10^{-9} T와 10^{-6} T 사이이다.

멘트가 있다. 이것은 물론 쌍을 이루지 못한 전자스핀에 의한 것인데 순수한 상자성에 있어서 그 배열이 열에너지로 인하여 무질서해지기 때문에 전체 자기모멘트는 0이 된다. 외부자기장에 대해 쌍극자가 순응하는 것은 외부자기장에 의한 토크가 쌍극자의 방향과 평행할 때 가장 낮기 때문이라는 것은 고전역학에 의한 설명이다. 양자역학은 전자스핀과 각운동량으로 설명한다. 강자성체는 퀴리온도[94] 이상에서, 반강자성체는 네엘온도[95] 이상에서 상자성이 된다. 열에너지에 의한 진동이 전자스핀의 배열을 무질서하게 만들기 때문이다.

현대 물리학에서 전자는 도체 내에서 자유로이 이동하지만 전기전도율이 도체마다 다른 것은 에너지 띠(energy band)가 불완전하게 채워져 있어 생기는 띠구조[96]와 관련하여 해석된다. 보통의 비자성 전도체에서 전도띠(conduction band)는 전자스핀과 관계없이 동일하다. 외부에서 자기장이 가해지면, 전도띠는 외부자기장에 의한 위치에너지 차이에 의해 위스핀과 아래 스핀으로 갈라진다. 페르미 준위[97]는 동일해야 하므로 약간

---

94) Curie temperature 또는 Curie point, 강자성체의 영구자성이 없어지는 온도로 소재는 이 온도 이상에서 상자성체가 된다. 이 현상은 삐에르 퀴리(Pierre Curie, 1859.5 – 1906.4)가 발견하였다. 퀴리는 프랑스 물리학자로 결정학, 자성, 압전및 방사능 등의 분야에 연구업적을 남겼고 1903년 그의 부인인 마리 퀴리(Marie Cuire, 1867.11 – 1934.7)와 함께 노벨 물리학상을 수상하였다.

95) Néel temperature 또는 magnetic ordering temperature. 반강자성체가 이 온도 이상에서 상자성이 된다.

96) 고체물리학에서 전자 띠구조는 고체 내에서 전자가 가질 수 있거나 가질 수 없는 에너지의 범위를 의미한다. 이러한 띠구조는 고체의 규칙적인 구조에서 거동하는 전자의 파동함수로부터 유도된다. 전기저항, 광학특성 등 고체의 전자기 특성을 띠구조로 잘 설명할 수 있다고 한다.

97) (Fermi level) 전자의 전기화학적 위치에너지이다. 하나의 전자를 고체에 투입할 때 필요한 열역학 에너지이다. 그 전자를 가져오는데 필요한 에너지는 포함하지 않는다. 페르미 준위는 전자 띠구조와 연관되며 그 위치로부터 고체의 전기특성을 규정할 수 있다. 가상의 전자에너지 준위로서 열역학 평형에서 이 준위는 50% 확률로 채워진다. 페르미 준위의 차이는 전압계로 측정할 수 있다.

의 스핀이동이 있다. 이것이 약한 상자성이며 파울리 상자성이라 한다. 이 효과는 원자의 모든 핵 전자 때문에 생기는 반대부호의 반자성에 의해 상쇄될 수 있다.

일반적으로 고체에서 인접하는 파동함수가 광범위하게 겹쳐 전자의 편재성이 없어진다는 것은 페르미 속도(페르미 준위, 즉 에너지를 속도로 환산)가 크다는 것을 의미한다. 이것은 또한 하나의 띠에서 전자 수가 띠의 에너지 변화에 덜 민감하고 약한 자기장이 형성된다는 것을 의미한다. 이 때문에 s-와 p-형 금속이 전형적으로 파울리 상자성이거나 금과 같이 반자성이 된다. 후자의 경우 내부에 채워진 전자에 의한 반자성이 외곽전자의 상자성을 압도하는 것이다.

강한 자성은 전형적으로 d나 f 전자가 관여한다. f 전자가 특히 편재되어있다. 원자번호가 57에서 71인 란타넘족(Lanthanide) 원자는 7개의 짝 없는 전자를 보유할 수 있어 자기모멘트는 매우 크다. 초강력 자석은 이러한 란타넘족 원소로 만들어지며 네오디뮴(Nd)과 사마륨(Sm)이 대표적이다.

위에서 언급한 내용은 독립된 분자를 구성하지 않은 금속의 경우를 일반화한 것이다. 고체가 분자를 기반으로 형성될 경우에도 전자가 편재될 수 있다. 분자구조에서는 불완전하게 채워진 전자궤도(즉, 홀수의 스핀)가 없어야 하지만 한 분자 내에 채워지지 않은 껍질(shell) 부분이 존재할 수 있다. 산소 분자가 좋은 예이다. 짝 없는 스핀은 산소의 p 파동함수로부터 파생된 궤도에 존재하지만 산소 분자에서는 하나의 인접한 분자만 중첩이 가능하다. 결정구조 내에서 다른 산소와의 거리가 매우 커서 전자의 편재성을 극복할 수 없고 자기모멘트가 유지된다.

강자성(Ferromagnetism)

강자성은 철과 같은 소재가 영구자석이 되거나 자석에 강하게 이끌리는 것을 말한다. 이보다 약한 것이 준강자성이다. 영구자석은 외부자기장

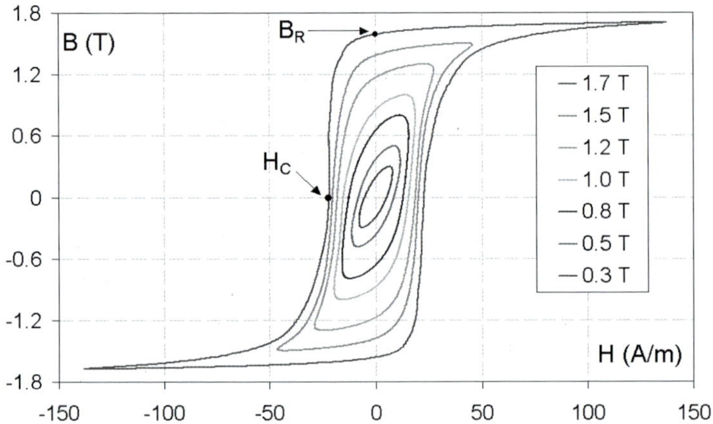

[그림 55] 우선방위가 형성된 전기 강판(electrical steel)의 히스테리시스 곡선 (wikipedia.org). B_R은 잔류자기(retentivity)이고 H_C가 보자력(coercivity)이다.

에 의해 자화되어 외부자기장이 없어져도 자성이 유지되는 소재로서 강자성체이거나 준강자성체이다. 우리가 일상에서 흔히 자석이라 칭하는 것과 이 자석에 강하게 이끌리는 것을 강자성체라 한다. 냉장고 문이 잘 닫히고 이 상태로 잘 유지되는 것도 강자성체 때문이다. 강자성체로는 철, 니켈, 코발트와 이들 합금, 일부 희토류 금속의 합금이 있다. 구성 원소들이 강자성 소재가 아니지만 합금이 되면 강자성체가 되는 것도 있다.[98] 이와

98) 독일의 채광기술자 겸 화학자인 프리츠 호이슬러(Fritz Heusler, 1866.2-1947.10)가 발견하였으며 호이슬러 합금이라 한다.

반대로 스테인리스강과 같이 구성 원소가 모두 강자성체이지만 합금이 되면 비자성체가 되는 경우도 있다.

액체 상태의 합금을 급속히 냉각하면 비정질 강자성 합금을 만들 수 있다. 자성이 거의 균일하고 등방성이라는 장점이 있다. 이 합금은 보자력(coercivity)99)과 히스테리시스 손실이 적고 투자율과 전기저항이 높다. 전이금속-준금속 합금이 대표적이다.100) 예외적으로 매우 강한 강자성체로는 희토류 자석이 있다. 란탄계 원소를 함유하는 이 자석은 f 궤도에 편재하는 강력한 자기모멘트를 보유할 수 있는 것으로 알려져 있다. 대부분 강자성체는 금속인데 전도전자가 자주 강자성 상호작용에 관여하기 때문이다.

악티나이드(actinide) 합금은 상온에서 강자성체이거나 냉각되면 강자성체가 된다. 플루토늄-인(PuP)은 상온에서 상자성체이지만 퀴리온도(125 K) 이하로 냉각되면 등축정계(cubic) 구조에서 정방정계(tetragonal) 구조로의 상전이가 되면서 강자성체가 된다. 강자성 상태에서 PuP의 우선방위(preferred orientation)는 〈100〉이다.[119] 우선방위가 〈111〉인 $NpFe_2$는[120] ~500K 이상에서 상자성이고 등축정계이다. 퀴리온도이하로 냉각하면 능면체(rhombohedral, 마름모로 둘러싸인 육면체)의 각도가 60°(등축정계)에서 60.53°로 왜곡된다. $NpNi_2$도 32 K 이하에서 유사한 격자왜곡이 일어난다. 그 변형률은 43×10^{-4} 정도이다.[121] 2009년 MIT(Massachusetts Institute of Technology) 공대 물리학자들은 리튬기

---

99) 어떤 물질이 외부 자기장의 영향을 받아 자성체가 되면 외부 자기장을 없애 주어도 자화된 상태를 어느 정도 유지하게 되는데 이런 자성체에 자화도를 0으로 만들 수 있는 자기장의 세기를 보자력이라고 한다. 그림 55의 히스테리시스 곡선 참조.

100) 80% 전이금속(보통 Fe, Co, Ni)과 융점을 낮추는 준금속(B, C, Si, P, Al 등)의 합금.

체가 절대온도 1도 이하로 냉각되면101) 강자성이 나타나는 것을 증명하였다.[122] 기체에서도 강자성이 나타남을 최초로 증명한 것이다.

전자는 전하를 가진 것이기도 하지만 그 자체로 하나의 자기모멘트를 가지고 있다. 이 쌍극모멘트는 전자가 양자역학적 스핀을 가지기 때문이다. 이 스핀은 자기장의 방향에 따라 "위" 또는 "아래" 둘 중에 하나이다. 이것이 강자성의 주된 근원이고 원자핵 주위로의 궤도 각운동량에 의한 것이 일부 포함된다. 이 작은 전자자석이 한 방향으로 배열하면 자력이 합쳐져 커진다. 하지만 전자껍질이 채워지면 스핀이 서로 반대인 전자쌍으로 존재하기 때문에 총 모멘트가 0이 된다. 전자껍질이 채워지지 않고 짝 없는 전자가 존재하면 총 모멘트는 0이 아니다. 따라서 짝 없는 전자가 많은 소재에서 강자성이 나타난다. 이 짝 없는 쌍극자는 외부자기장과 같은 방향으로 배열한다. 이것이 상자성이다. 강자성은 여기에 쌍극자가 자발적으로 배열하여 외부자기장이 없어도 자화되는 것이다. 강자성체는 상자성체와 마찬가지로 쌍을 이루지 못한 전자가 존재하며 이 전자들의 자기모멘트가 같은 방향으로 배열하여 낮은 에너지상태가 된다. 외부자기장이 없을 때 이 전자들의 자기모멘트는 자발적으로 동일한 방향으로 배열한다. 강자성체는 특정 온도(퀴리온도) 이상에서는 열에너지에 의해 자기모멘트의 배열이 무질서해져 강자성을 상실한다.

두 인접 원자가 짝 없는 전자를 가질 때 두 전자스핀의 방향이 같거나 반대인가 따라 교환상호작용(exchange interaction)에 의한 힘이 달라진다. 이것은 전자 위치와 쿨롱(정전기) 인력에 영향을 미쳐 이 두 상태에서 에너지 차이가 생긴다. 교환상호작용은 동일한 스핀을 가진 두 전자는 동

101) 리튬-6을 적외선 레이저를 이용하여 150 nK 이하로 냉각하였다.

일한 궤도를 가질 수 없다는 파울리 배타원리에 기인한다. 따라서 어떤 조건에서 짝 없는 최외곽 전자의 궤도가 인접 원자와 겹칠 때 전하는 스핀이 평행일 때가 반대방향일 때 보다 더 멀리 떨어져 있게 된다. 따라서 전자 스핀이 평행일 때의 정전기 에너지가 반대인 경우보다 낮아 보다 안정적이다. 이 에너지 차이를 교환 에너지라 한다. 이 에너지 차이는 자기쌍극자 방향에 따른 쌍극자-쌍극자 상호작용(쌍극자를 반평행으로 배열하게 하는)에 의한 에너지 차이보다 클 수가 있다.[123] 교환상호작용이 쌍극자-쌍극자 상호작용에 비해 상당히 큰 것이 강자성체이다. 철에서의 교환상호작용 힘은 쌍극자 상호작용에 비해 1,000배 크다. 따라서 퀴리온도 이하에서는 강자성체의 쌍극자는 기본적으로 동일한 배열을 한다.

한편 강자성체 원자의 자기모멘트는 미세한 영구자석과 같은 것으로 여러 원자들의 자기모멘트가 동일한 방향으로 배열하여 일정한 구역을 형성한다. 이를 자기구역 또는 바이스 도메인(Weiss[102] domain)이라 한다. 이러한 자기구역은 자력 현미경으로 볼 수 있다. 외부자기장이 없을 때 자기구역이 지나치게 넓으면 불안정해져 배열방향이 서로 반대인 두 구역으로 분할되며 이 두 구역은 매우 안정적이다. 그림 56과 같이 외부에서 자기장을 가하면 구역 경계면이 이동하고 외부자기 장과 방향이 같은 구역의 면적이 증가한다. 외부자기장이 제거되더라도 이 상태는 유지될 수 있는데 이 과정을 자화(magnetization) 과정이라 하며 이 과정을 거쳐 영구자석이 만들어진다. 자화가 매우 강하여 모든 구역이 한 구역으로 합쳐지면 자성은 포화된다. 자화된 자성체를 퀴리온도 이상으로 가열하면 열진동으

102) Pierre-Ernest Weiss (1865.3 - 1940.10) 프랑스 물리학자. 1907년 강자성의 자기구역에 대한 이론을 개발하였다.

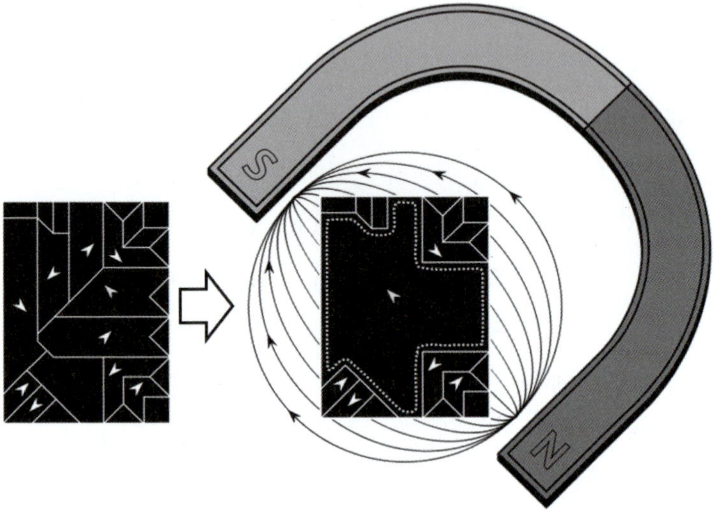

[그림 56] 강자성체에서의 자기구역 경계면(흰선)과 자기장의 효과 (wikipedia.org 그림을 수정)

로 인하여 도메인 구조가 와해되고 자성을 상실한다. 반대로 냉각하면 액체가 고체가 되듯이 즉시 도메인 구조가 회복된다.

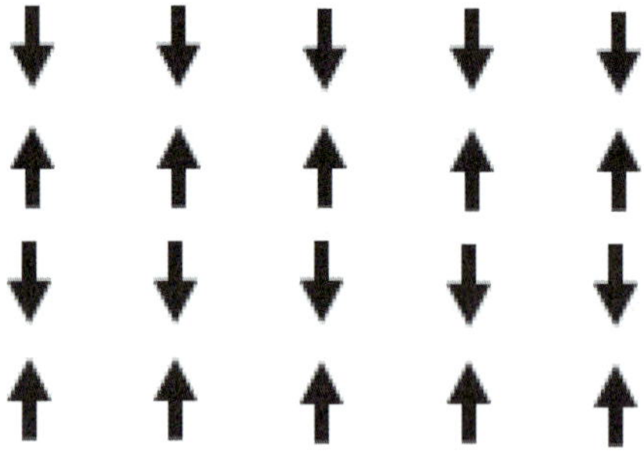

[그림 57] 반강자성 배열

반강자성(antiferromagnetism)

강자성체와는 달리 반강자성체에서는 쌍을 이루지 않는 전자들의 고유 자기모멘트가 서로 반대방향으로 배열한다. 한 원자의 자기모멘트가 그림 57과 같이 바로 옆 원자의 자기모멘트와는 반대로 배열하는 것을 반강자성이라 한다. 반강자성체는 자력이 0이라 자기장을 형성하지 않는다. 외부자기장이 있을 경우, 하부격자의 자력의 절대값이 다른 하부격자와 다른 일종의 준강자성 특성이 반강자성 상태에서 나타나 자성이 0이 아닐 수 있다. 절대온도 0에서 자력이 0이어야 하지만 적철석(hematite)에서 나타나는 스핀캔팅 효과로 약한 자성이 형성된다. 스핀캔팅은 두 가지 상반된 원인이 경합한 결과이다. 두 전자의 스핀이 서로 반대방향이어야 하는 반면, 스핀-궤도 조합의 상대론적 효과에 의한 반대칭 교환효과로 스핀이 서로 90°가 되는 것으로 그 결과 그림 58과 같이 스핀축이 상대적으로 기운다.[124]

다른 자성과 마찬가지로 반강자성 구조가 형성되는 것은 자기모멘트나 스핀사이의 교환상호작용의 결과이다. 단순 등축정계 격자에서 인접한 스

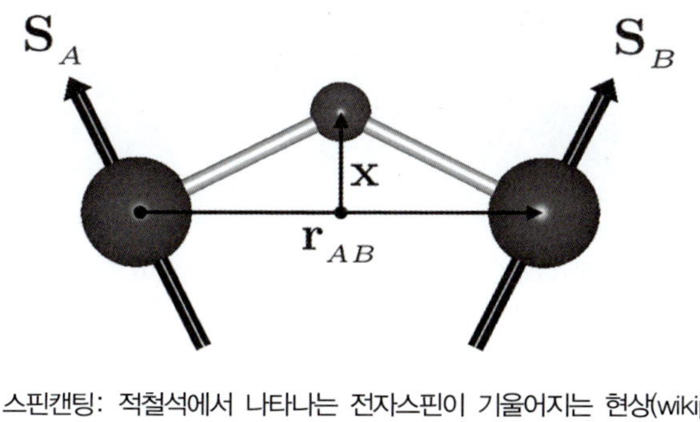

[그림 58] 스핀캔팅: 적철석에서 나타나는 전자스핀이 기울어지는 현상(wikipedia.org).

핀 사이에 상호작용이 발생한다. 이 상호작용의 부호에 따라 강자성이나 반강자성으로 갈리며 해당 격자가 변형(Geometrical frustration)되면서 강자성도 아니고 반강자성도 아닌 복잡한 구조가 형성되기도 한다. 반강자성체는 보통 전이금속 화합물, 특히 산화물 중에 많다.[103] 반강자성체는 표면에 강자성 층을 형성하는 방법으로 강자성체와 결합할 수 있는데 이 경우 강자성체 층의 방향이 고정되어 자기센서에 활용된다.

강자성과는 달리, 반강자성에서는 여러 기저상태가 존재할 수 있다. 일차원에서 반자성 기저상태는 스핀이 위-아래 교대로 바뀌는 상태이지만 2차원 구조에서는 다중 기저상태가 존재할 수 있다. 정삼각형의 꼭지에 있

[그림 59] 카고메 격자패턴. $Co_3V_2O_8$에서의 자성 이온의 스핀배열이 카고메 격자모양으로 되어있어 저온에서 뛰어난 자성을 가진다(wikipedia.org).

103) 적철석, 크롬과 같은 금속, FeMn과 같은 합금, NiO와 같은 산화물.

는 세 개의 전자스핀에서 한 전자스핀은 "위"나 "아래" 두 가지가 있으며 총 가능한 상태는 2^3 = 8이다. 여기서 6가지 상태는 기저상태이다. 나머지 두 상태는 스핀이 모두 "위"이거나 "아래"인 경우이다. 6가지 상태에서 두 가지 상호작용은 선호되고 하나는 선호되지 않는다. 이러한 다중 기저상태가 카고메(Kagome) 격자(그림 59, $Co_3V_2O_8$)나[125] 육방정계 격자에서 발견된다.

인조 반강자성체는 두 겹 이상의 강자성 박막이 비자성 박막으로 분리된 것이다.[126] 강자성 층의 쌍극자 조합으로 강자성체의 반평행 배열이 형성된다. 인산철($FePO_4$) 유리와 같이 비정질 소재가 네엘온도 이하에서 반강자성체가 되는 경우도 있다. 이 무질서한 조직이 인접 스핀의 반평행 상태를 와해시킨다. 즉, 개개의 스핀이 반대의 스핀으로 둘러싸인 3차원 조직을 구성하는 것이 불가능하다. 인접 스핀과의 평균적인 관계로부터만 반강자성체가 결정된다. 이런 자성을 스페로 자성(spero magnetism)이라고도 한다. 반강자성체는 좀 드문 케이스이며 주로 저온에서 관찰된다. 온도 변화에 따라 반강자성체는 반자성, 강자성이 되기도 한다. 어떤 소재의 경우 이웃하는 한 쌍의 전자들이 서로 반대 방향으로 배열하지만 선호하는 기하학적 배열이 없다. 이것을 스핀유리라 하며 기하학적인 와해(geometrical frustration)의 일종이다.

준강자성(ferrimagnetism)

강자성과 같이 준강자성체는 외부자기장이 없어도 자성이 있다. 하지만 반강자성체처럼 이웃하는 전자쌍의 스핀이 서로 반대방향이다. Fe^{2+}와 Fe^{3+} 이온으로 구성된 경우와 같이 한쪽 방향의 자기모멘트의 합이 다

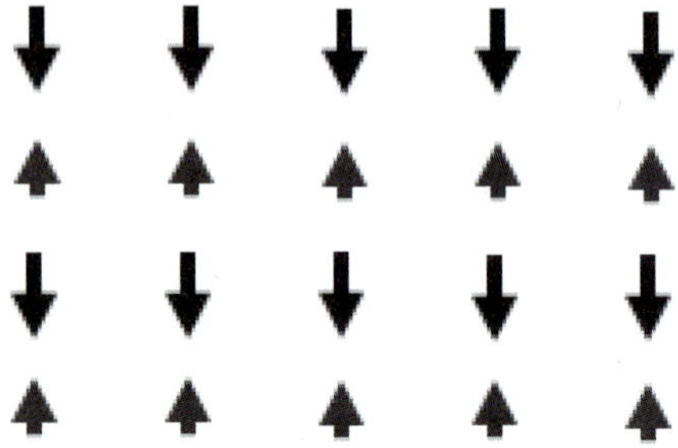

[그림 60] 준강자성 배열

른 방향에 비해 절대값에서 차이가 나기 때문에 자성이 생긴다.[127] 대부분의 페라이트(Fe_2O_3 또는 Fe_2O_3 기반의 자석)는 준강자성체이다. 자철석(magnetite, Fe_3O_4)도 페라이트로 강자성체가 아니고 준강자성체이다. 루이스 네엘104)이 1948년 준강자성과 반강자성을 발견하기 전에는 강자성체로 알려졌었다.[128] 준강자성체로는 YIG,105) 산화철과 다른 금속원소가 함유된 육방정계 페라이트($PbFe_{12}O_{19}$나 $BaFe_{12}O_{19}$), $Fe_{1-x}S$(pyrrhotite) 등이 있다.[129]

준강자성체는 강자성체와 마찬가지로 퀴리온도 이하에서 자성을 가지고 그 이상에서는 상자성이 된다. 하지만 때로는 퀴리온도 이하에서 반대인 두 모멘트가 같으면 자성은 없어진다. 이때의 온도를 자화보상점(magnetization compensation point)이라 한다(그림 61 참조). 이것은 YIG

---

104) Louis Néel (1904.11 – 2000. 11)은 프랑스 물리학자로 고체의 자기력에 대한 연구로 1970년 노벨 물리학상을 수상하였다.

105) (yttrium iron garnet, $Y_3Fe_2(FeO_4)_3$, $Y_3Fe_5O_{12}$) 가닛(garnet)은 석류석(石榴石)을 의미한다. 1월의 탄생석으로 전 세계에 분포되어 있다. 일부 보석으로 가공된다. YIG는 인조 석류석이다. 준강자성체로 퀴리온도가 560 K이다. YIG는 마이크로파 필터, 음향송신기, 다양한 광학장치에 사용된다. 600 nm 이상의 빛의 파장에서 투명하다.

와 같은 가닛(garnet)과 희토류 전이금속에서 쉽게 관찰된다. 더욱이 각운동량 보상점이 있는데 이 보상점에서 각운동량의 총량이 0이다. 이것은 자기 기억장치에서 고속으로 자화상태를 지우는데 중요하다.[130]

준강자성체는 전기저항이 크고 이방성이 있다. 이방성은 외부자기장에 의해 유도된다. 외부자기장이 자기쌍극자와 일치하면 총 자기쌍극자 모멘트가 생기고 외부자기장으로 제어되는 진동수에서 자기쌍극자가 세차운동

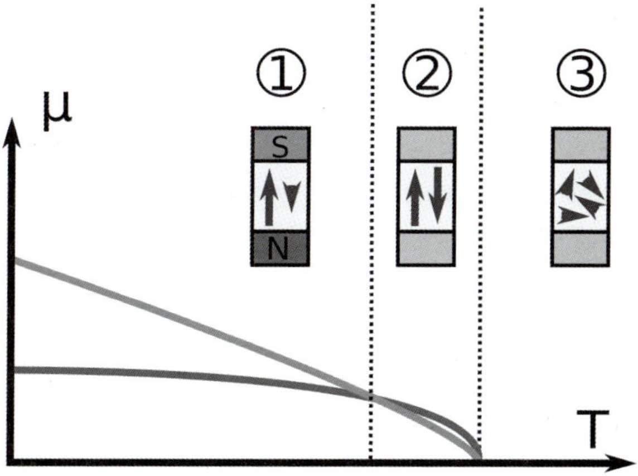

[그림 61] ① 자화보상점 이하에서 준강자성체는 자기장을 만든다. ② 보상점에서 자기모멘트는 서로 상쇄되고 총 모멘트는 0이다. ③ 퀴리온도 이상에서 자성을 상실한다(wikipedia.org).

한다. 즉, 자기쌍극자의 회전축이 변한다. 이때의 진동수를 라르모106) 진동수 또는 세차진동수(precession frequency)라 한다. 한 가지 예로 이 세차운동이 자기쌍극자 모멘트와 강하게 상호작용함에 따라 마이크로파 신

106) Sir Joseph Larmor (1857.7 – 1942.5) 아일랜드 물리학자 겸 수학자. 전기, 운동역학, 열역학, 물질의 전자이론 등에 선구적인 역할을 함.

호가 같은 방향에서 원형으로 편광이 발생한다. 반대방향에서 편광이 발생하면, 상호작용은 미미하다. 상호작용이 강하면 마이크로파 신호는 소재를 관통할 수 있다. 이러한 특성을 이용하여 다양한 마이크로파 장치, 격리기,[107] 서큐레이터,[108] 자이레이터(gyrator) 등을 제작할 수 있다.

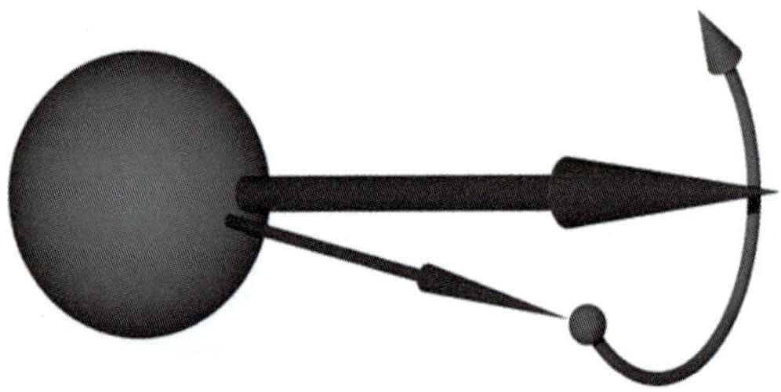

[그림 62] 음 전하 입자의 세차운동. 큰 화살표는 외부자기장이고 작은 화살표는 입자의 스핀 각운동량 방향이다(wikipedia.org).

107) (isolator) 포트가 두 개인 소자로 마이크로파나 라디오파를 한 방향으로만 전달한다. 유해한 마이크로파 등을 차단하여 설비를 보호한다.

108) (circulator) 포트가 3 내지 4개인 소자로 들어오는 마이크로파나 라디오파를 회전하여 내보낸다.

4.4 자기 이론

자기쌍극자는 그림 63과 같이 영구자석이나 폐회로에 흐르는 전류에 의해 형성된다. 지구자기장에 의한 남극과 북극의 자기쌍극자의 한 예이다. 지구자기장의 북극(현재 캐나다 북쪽, 북극해에 있다)은 물리학적으로 남극이다. 나침반의 N극을 당기기 때문이다. 엄밀한 의미에서 영구자석이나 지구는 자기쌍극자가 아니고 자기쌍극자의 집합체이다. 영구자석을 쪼개다 보면 전기와 마찬가지로 음극과 양극이 분리가 가능할까? 막대자석은 전자가 균일하게 분포하여 형성된 강자성체로 만들어지기 때문에 막대자

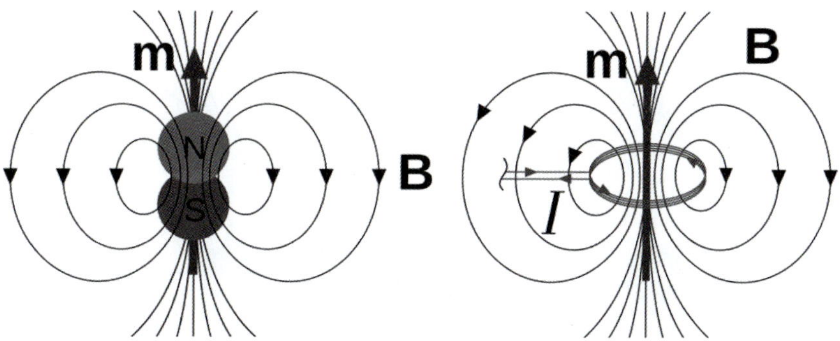

[그림 63] 영구자석에 의한 자기장 B와 자기모멘트 M(좌), 폐회로에 흐르는 전류에 의한 B와 M(우)(wikipedia.org).

석을 반으로 자르면 더 작은 막대자석이되는 것이다. N극과 S극이 있지만 분리할 수 없다. 단극이 있다면 근본적으로 새로운 자성체일 것이다.

자기단극자(magnetic monopole)

단극은 소위 "자기부하(magnetic charge)" 를 가진다. 입자물리 이론(대동합 이론, grand unified theory; 초끈이론, superstring theory)에서는 단극이 존재하지만[131] 전기부하와 같은 자기부하를 관찰하지 못했다. 1931년 이후 단극을 찾기 위한 노력은 모두 헛수고였다.[132] 일부 고체에서 자기단극처럼 보이는 준입자(quasi particle)가 관찰되었고[133] 수학적으로만 자기단극인 현상이 발견되기도 하였다.[134]

맥스웰 방정식은 전기장과 자기장에 대해 대칭이 아니다. 자기부하가 있으면 완벽한 대칭 방정식을 완성할 수 있다. 이 가상의 자기부하로부터

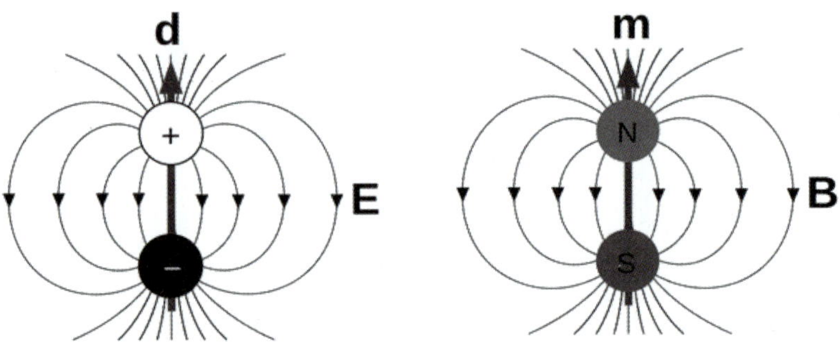

[그림 64] 전하의 기본입자에 의한 전기장과 같은 개념(좌)의 자기 단극에 의한 자기장(우)(wikipedia.org).

"자류밀도(magnetic current density, j_m)" 를 도입할 수 있으며 (4.7)식의 가우스 법칙은 다음과 같이 수정된다.

$$\nabla \cdot B = j_m \tag{4.14}$$

전기와 자기는 그 어떤 대칭성이 있으며 양자이론은 개별 음이나 양 전하와 자기부하를 구분할 수 있으므로 그림 64와 같이 S극이나 N극이 독립된 것을 볼 수 있을 것이다. 이런 양자이론을 이용하여 1931년 디랙은 자기단극이 존재하면 전하의 양자를 설명할 수 있을 것이라 하였다.[135] 관측된 기본입자들은 전자가 가지는 부하의 여러 배수의 부하를 가지는데 이 현상을 자기단극으로 설명할 수 있으며 반대로 전기부하가 존재하면 자기단극의 자기부하도 양자화될 것이라고 하였다.

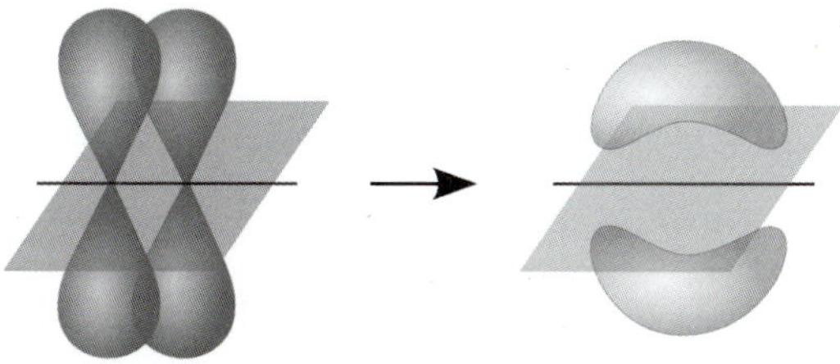

[그림 65] 산소분자의 두 p 궤도가 합쳐 π–궤도가 된다(wikipedia.org).

대통합 이론도 자기단극을 예측하고 있다. 양자장 이론과 게이지 이론109)을 통해 전자기력과 약력이 통합되고 강력에 대한 이론이 발달함에 따라 이들을 통합한 이론으로 발전한 것이 대통합 이론이다. 이 이론은 자

109) 전기장이나 중력장 등을 다루는 장(field) 이론은 대개 장의 동역학을 의미하며 시간을 포함하여 장에 영향을 주는 다른 독립 물리변수에 의한 변화를 규정한다. 보통 이러한 장은 라그랑지 또는 해밀톤 방정식으로 묘사되며 무한한 수의 자유도를 가진 고전역학 또는 양자역학 체계로 다루어진다. 게이지 이론은 일종의 장 이론으로 라그랑지안이라 불리는 방정식의 수많은 자유도를 다루는 특정한 수학형식이다. 게이지 간 변환은 리 그룹(Lie group)을 형성하는데 이것을 대칭 그룹 또는 게이지 그룹이라 한다. 게이지 장은 라그랑지안에 속하며 국소적인 그룹 변환에서 변하지 않는다. 이것을 게이지 불변이라 한다. 수학에서 리 그룹은 하나의 연속적인(미분 가능한) 집합으로 개개의 요소는 실존하는 몇 가지 변수로 설명된다. 따라서 리 그룹으로 3차원에서 회전 대칭과 같은 연속하는 대칭의 개념에 대한 자연적인 모델을 얻을 수 있다.

기단극을 가능하게 하는 다이온(dyon)이라는 입자를 상정한다. 다이온은 전기부하와 자기부하 둘 다 가진 가상의 입자이며 다른 입자로 붕괴할 수 없기 때문에 안정적이다. 초기의 우주모델은 엄청난 밀도의 자기단극을 예측하였는데 실험 결과와 많은 차이가 있었다.[136] 엄청 많은 수의 단극이 존재하면 오래전에 우주팽창은 불가능하다. 현재 이론에서는 단극 자체가 부정되지는 않고 있으며 초기의 우주팽창으로 대부분의 단극이 소멸하여 현재로서는 거의 관찰이 불가능한 것으로 받아들여지고 있다.[137]

자기의 양자역학의 기원

고전역학으로 완벽하게 설명되지 않는 반자성, 상자성, 강자성은 양자이론으로 완벽히 설명할 수 있다.[138] 1927년에 하이틀러110)와 런던은 수소분자가 수소원자의 핵 A와 B가 중심인 궤도 u_A와 u_B로부터 형성하는 양자역학 이론을 발표하였다. 이 이론에 의하면, 두 분자 사이에는 다음과 같은 σ−궤도가 형성된다.

$$\psi(r_1,r_2)=\frac{1}{\sqrt{2}}(u_A(r_1)u_B(r_2)+u_B(r_1)u_A(r_2)) \quad (4.15)$$

첫 번째 전자 r_1은 수소원자−궤도로서 중심이 두 번째 핵에 있으며 반면 두 번째 전자는 첫 번째 핵을 중심으로 회전한다. 이 "교환"현상은 동일한 특성을 가진 입자는 서로 구별할 수 없다는 양자역학적 특성의 표현이다.

110) Walter Heinrich Heitler (1904.1 - 1981.11). 독일 물리학자로 양자 전자기역학과 양자장이론의 발전에 기여하였다. 화학결합에 전자가 관여하는 이론을 통하여 화학을 양자역학으로 이끌었다.

이것은 화학결합뿐만 아니라 자기에서도 적용된다. 이 교환작용이 자기의 핵심이며 전자기학적 쌍극자–쌍극자간 상호작용 에너지 보다 100배 이상 강력하다.

자기의 근원인 스핀함수 $\chi(s_1, s_2)$에서 파울리 배타원리에 의거 대칭함수(+부호)는 반대칭함수(−부호)와 곱한다. 따라서

$$\chi(s_1, s_2) = \frac{1}{\sqrt{2}}(\alpha(s_1)\beta(s_2) - \beta(s_1)\alpha(s_2)) \tag{4.16}$$

즉, u_A와 u_B가 α와 β로 각각 대체될 뿐만 아니라, 부호가 +에서 −로 대체되고 r_i은 구체적인 값인 $s_i(=\pm\frac{1}{2})$로 대체된다. 따라서 $\alpha(+\frac{1}{2}) = \beta(-\frac{1}{2}) = 1$, $\alpha(-\frac{1}{2}) = \beta(+\frac{1}{2}) = 0$이다. "단일 상태, singlet state", 즉 − 부호는 스핀들이 반평행, 즉, 반강자성체이고 두 원자로 구성된 분자는 반자성이 된다. 화학결합을 할 경향(+부호로 대칭 분자 궤도의 형성)은 파울리 원리를 통하여 자동적으로 반대칭 스핀상태(−부호)를 야기한다. 반대로 전자들이 쿨롱 반발력, 즉, 서로 배척할 경향은 이 두 입자를 반대칭 궤도함수(−부호)로 이끌며 보완적으로 대칭 스핀함수(+부호, 소위 "삼중 함수" 중의 하나)를 야기한다. 따라서 스핀은 서로 평행하게 될 것이다. 고체의 강자성, 두 원자 기체에서의 상자성 등이 예이다. 철, 코발트, 니켈, 일부 희토류와 같은 강자성체를 제외하고는 대부분 금속은 첫 번째 언급한 경향이 지배하고 비자성(Na, Al, Mg 등)이거나 반강자성(Mn)이 된다. 두개의 원자로 구성된 기체는 거의 반자성이고 상자성이 아니다. 하지만 산소분자는 그림 65와 같이 π−궤도가 관여하기 때문에 예외이다.

V
전자기의 새로운 패러다임

V

전자기의 새로운 패러다임

전기의 흐름은 전자의 흐름인가? 이 물음이 이 책의 화두이다. 그럼 전자란 무엇인가 하는 물음도 또 하나의 화두가 될 것이다. 모든 전자는 동일한 양, 즉 동일한 모멘트를 가진 자체 스핀을 가지고 있다. 이것이 스핀으로 표기되는 자전인 것이 분명한 것은 이 스핀으로 형성되는 자기장이 전기가 폐회로를 흐를 때 형성되는 자기장과 그 크기는 다르지만 근원적으로 동일하기 때문이다. 폐회로를 흐르는 전기가 생성하는 자기장은 전자의 흐름에 기인한 것이라고 한다면 전자스핀에 의한 자기장은 전자의 흐름이 없는데 어떻게 자기장이 생기는 것인가? 여기서 우리는 자기장은 전자의 흐름이 없어도 생성될 수 있다는 것을 알 수 있다. 빛으로 대표되는 전자기파에 형성되는 파동형태의 전자기장은 전자가 전혀 관여하지 않는다. 그렇다면 고체 내에 흐르는 전기도 전자가 관여하지 않을 수 있을 것이라 생각할 수 있다. 제5장은 고체 내 흐르는 전기가 전자의 흐름이 아닌 전기에너지를 가진 그 어떤 변형 상태의 전파라는 관점에서 전기와 자기의 새로운 패러다임을 설정해 보았다.

5.1 고체의 전기전도 현상

부피가 없는 입자 – 전자

기존의 물리학에서는 물질 내 전자의 이동이 전류이며, 이러한 전류는 물질의 대표적인 전기적인 현상으로 아주 오래전부터 다루어온 잘 정립된 분야이다. 하지만 실제로 도체 내에서 전자가 입자형태로 이동하는지는 관찰된 바가 없으며 관찰할 방법도 없어 보인다. 물질을 구성하는 일부 전자가 자유롭게 이동하고 이것이 금속이온과 충돌하면 이동속도에 영향을 받아 저항이 발생한다는 개념 하에 전기전도 현상을 설명하고 있다.[139] 전자는 1800년대 말에 고진공 음극관 시험에서 음의 전하를 띤 물질(발광체)로 확인된 후 1900년 라듐에서 발생된 베타선이 전기장에서 휘고 전하/질량비가 음극관 빔과 동일한 것이 확인되어 원자의 한 구성물로서 인식되었다. 하지만 이러한 전자는 점(点)입자(point particle)로 부피가 없다고 한다.[140] 따라서 어떤 물질로 생각하기 어렵다. 음극관 실험이나 베타선의 전자는 진공매질의 왜곡으로 형성된 경계가 뚜렷하지 않은 그 어떤 에너지 덩어리라 할 수 있을 것이다. 1927년에 GP 톰슨111)은 이 에너지 덩어리를 매우 얇은 금속 막에 충돌시켜 파동의 특성인 회절 문양을 발견하였다.[141] 전자가 그 어떤 입자라기보다는 파동 에너지의 일종인 것이다. 이것은 저자의 전작 "중력의 기원과 새로운 우주(2019 홍릉과학출판사)"의 제2장에서 다루었던 물질파의 개념과 동일하다. 전기의 흐름은 전자의

---

111) George Paget Thomson (1892.5 – 1975.9). 영국의 물리학자. 결정 내에서의 전자의 상호간섭 현상을 발견. 이는 전자의 파동특성을 증명하는 것이었다. 이 공로로 1937년 노벨 물리학상을 수상하였다.

흐름이 아니고 그 어떤 에너지 상태의 이동이라고 해야 할 것이다. 고체 내 전자는 전하를 띤 입자라는 개념으로는 현재 해석되지 않는 현상이 많다. 그 중에 초전도, 특히 고온초전도 현상을 잘 설명하지 못하고 있다. 또한 개개의 원소의 전기전도율의 차이를 구체적으로 설명하지 못한다.

다양한 형태의 전자

전자는 존재하는 상태가 다양하다. 진공을 통해 이동하는 자유전자, 원소 내 포함된 전자, 도체 내를 이동하는 전자 등. 이들 전자는 모두 동일한 것일까?

먼저 진공을 통해 이동하는 전자에 대해 고찰해보자. 전자는 질량은 있으나 부피가 없다고 하였다. 부피가 없다는 면에서 빛과 같다. 전자기파도 에너지가 있고 아인슈타인의 질량-에너지 등가에 따라 빛도 질량이 있다고 할 수 있다. 이는 진공매질을 왜곡시키는 에너지가 있음을 의미한다. 전자는 어떠한 점에 집중된 에너지 입자(양자)이다. 진공분극의 결과 전자는 진공에서 빛으로부터 생성될 수도 있다.[112] 전자가 빛으로부터 생성된다면 빛의 에너지가 진전하지 않고 한 점에 집중된 상태로 될 것이고 이것은 그림 3과 같은 빛의 원형 정상파일 경우이다. 즉, 전자는 빛의 특수한 형태라 할 수 있다. 빛과 마찬가지로 전자의 이동도 파동형태일 것이다. 이것이 GP 톰슨이 발견한 전자의 간섭현상이 뒷받침한다.

이러한 자유전자가 양성자에 포획되면 수소원자가 되고 양성자와 전자가 융합하면 중성자가 될 것임을 제2장에서 논의한 바가 있다. 원형의 정

112) 우리는 광전효과에 대한 소개에서 빛이 도체에 조사될 때 도체 내부에서 전자가 방출되는 것이 아니고 표면에서 빛으로부터 만들어지는 가능성을 제기하였다. 5.4절 광전효과 부분 참조.

상파라면 회전방향이 시계방향, 반시계방향으로 나눌 수 있으며 이것이 전자스핀일 것이다. 진공분극에서 전자 하나가 생성되면 양전자도 하나가 생성된다고 한다면, 그 양전자는 어디로 갈 것인가? 진공이 디랙의 모델처럼[113] 음의 에너지를 가진 입자로 채워진 무한한 바다이고 음의 에너지가 그 어떤 격자점을 이루고 있다면 양전자는 이 격자점에 쉽게 포획되어 양성자가 될 것이다. 격자점이 음의 전하를 가지면 양전자의 포획으로 양성자가 되기 쉽고 전자의 포획은 어렵다. 그럼 전자는 양성자에 포획되어 안정한 상태를 유지하는 것인가? 전자는 양성자에 이끌리지만 아직 충분한 에너지를 보유하고 있어(자유전자의 에너지를 일부 상실하고) 양성자를 전자기파의 형태로 에워싸고 있는 그림을 그려본다. 이때 수소원자의 이온화 에너지가 13.6eV란 것은 전자가 양성자에 대해 가진 위치 에너지이다.

다음으로 양성자에 귀속된 전자에 대해 고찰해보자. 전자가 양성자에 귀속된 것은 원소이다. 특이한 것은 수소원자를 제외하고는 원자핵은 양성자와 중성자로만 구성되어 있다. 양성자와 중성자가 대체로 1:1의 비로 구성되었으며, 여분의 잉여중성자가 존재한다(그림 19 참조). 새로운 패러다임에서는 원자(또는 원자로 구성된 물질)는 일정부피를 가지며 이 부피로 인하여 진공매질과 물질(원자)에 응력이 형성된다. 항성과 같은 구형의 물체 중심에는 압축응력이 무한대인 이상점이 생기며 이를 보완하기 위해 질량이 큰 원소의 내부는 그림 20과 같이 잉여중성자로 구성되거나 순수 진공매질로만 채워져 있는 구조를 상상한다. 이 잉여중성자를 제외하면,[114]

---

113) "1.3절 전자와 양전자의 탄생" 참조. 우리의 진공 모델은 진공매질은 면심입방격자와 같은 조밀규칙격자를 상정하고 있다.

114) 새로운 진공패러다임에서는 잉여중성자는 주로 원자의 중심에 있고 에너지가 방출되어버린 매우 안정한 상태이다.

경수소(^{1}H)를 제외한 모든 원소는 전자–양성자–중성자(PeN이라 하였다)가 원자구성의 기본 단위이고 한 쌍의 PeN이 ^{4}He를 형성하면 매우 안정적이다. PeN의 전자–양성자–중성자는 고착된 것이 아니고 끊임없이 (2.1)식과 같이 위치 교환할 것이며 "동적 평형상태"115)를 이룰 것이다.

마지막으로 도체 내를 흐르는 전자에 대해 고찰해 보자. 이미 우리는 도체 내를 흐르는 전자는 확인할 수 없다고 하였다. 진공을 이동하는 전자는 어떤 식으로 관찰이 가능하다고 하지만, 도체 내의 전자는 관찰할 방법이 없다. 기존의 자유전자 이동으로 전류를 설명하고 있지만, 초전도 등의 특이한 현상은 설명이 불가능하다. 양자역학은 전기의 흐름을 전자의 파동함수에 의거 설명한다. 전자라는 입자는 없는 셈이다. 도체 내 전기의 흐름이 전자의 흐름이 아니라면 이 흐름을 어떻게 이해할 것인가? 전해질의 전기전도와 같이 음과 양이온의 움직임으로 해석해야 할 것인가? 빛이 전파하는 모습을 보면 그 해답을 찾을 수 있다. 전류를 전기장의 이동으로 해석할 수 있다. 원자의 최외곽 PeN의 상대적인 위치에 따라 국소적인 전기장이 형성될 것이고 이 상태를 위치에너지가 높은 들뜬 상태라고 하며 전기흐름은 이 상태의 이동으로 이해할 수 있다. 새로운 패러다임에서는 이러한 상태가 전자 자체에 의해 형성하는 것이 아니고 한 원자의 최외곽 PeN과 인접 원자의 PeN간의 결합상태의 왜곡으로 형성되는 것이며 이 상태가 외부전기장의 영향으로 이동(전파)하는 것이 전류인 것이다.

---

115) (dynamic equilibrium) 화학과 물리학에서 가역반응이 있을 때 동적 평형상태가 생긴다. 반응 전후의 물질은 끊임없이 바뀌지만 그 반응과 역반응의 속도는 동일하기 때문에 겉보기 변화는 없다. 이를 정상상태(steady state)라고도 한다. 반응과 역반응이 계속 일어나고 있지만 그 결과물이 정확히 상쇄되기 때문에 반응이 정지된 것처럼 보인다.

5.2 전자가 없는 전기전도 모델

왜곡상태의 이동 – 전기전도

우리는 앞선 장에서 새로운 원자모델을 제안하면서, 전자는 물질 내에서 양성자와 분리될 수 없는 쌍이라는 설정으로 원자 내에서 분리된 전자–양성자 대신에 전양자(양성자와 이 양성자에 귀속된 전자)를 도입하였다. 따라서 이 장에서는 전기의 흐름을 독립한 전자의 흐름이 아니고 원자에 귀속된 최외곽 PeN의 에너지 상태의 이동이고 포괄적으로는 에너지와 그 에너지 흐름을 알려주는 정보의 이동이라고 상정한다. 즉, 전기를 전달하

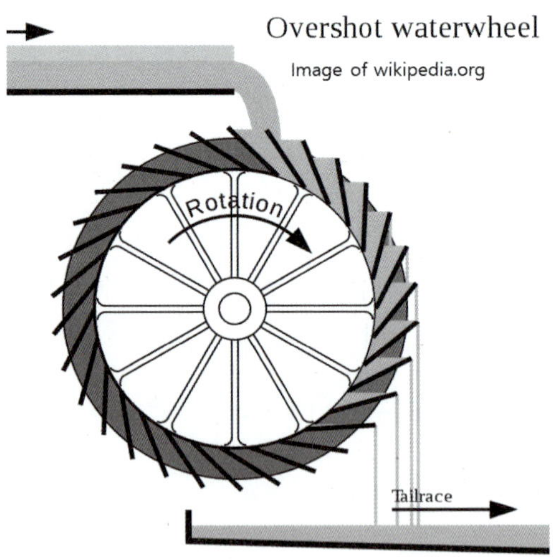

[그림 66] 물이 물레방아의 칸들을 채우면 물레방아를 돌리는 힘이 생긴다. 물방아 축이 일을 하거나 마찰로 에너지가 전달 또는 손실된다. 이러한 과정이 연속적으로 일어나는 것이 전류라 할 수 있다.

기 위해 독립적으로 이동하는 전자가 없으며 PeN이 귀속한 원자 내 상대적 위치(인접 원자의 PeN과의 결합상태) 이동에 의한 위치에너지의 전달이 도체 내에서 전기흐름이며 이 과정에서 원자에 귀속된 PeN간의 들뜬 (결합)에너지의 방출과 재충전 과정이 연속, 반복적으로 방향성을 가지고 발생한다.

이러한 의미에서 빛이 진공매질에서 이동하는 상황과 비슷하다. 하지만 빛의 이동과는 다르게 PeN이 결정구조 내에서 재배열하여 그 어떤 왜곡상태가 되기 위해서는 시간이 필요하다. 그림 66의 물레방아에서 외부 전기장은 물의 위치에너지와 같은 것이며 물레방아 날개로 나뉜 개개의 공간에 물의 위치에너지가 채워지고 이 에너지가 물레방아 축의 저항을 이겨내기 위해서 시간이 필요한 이치와 유사하다. 날개가 일정한 개수를 초과해야 연속적으로 물레방아가 돌아가듯이 다중의 PeN간 결합이 관여할 때는 전기가 연속적으로 흐른다고 느낀다.

[표 4] 전기전도율을 나타내는 주기율표(MS/m 또는 Mm/Ω) @20°C 및 0°C

H																	He
Li 10.7 11.8	Be 30.3 18											B	C	N	O	F	Ne
Na 21.2 23	Mg 23.8 25											Al 37.4 40	Si 9.6	P	S	Cl	Ar
K 14.7 15.9	Ca 27.0 23.5	Sc 1.5	Ti 1.8 1.2	V 0.5	Cr 7.5 6.5	Mn 0.6	Fe 9.9 11.2	Co 15.7 16	Ni 14.5 16	Cu 59.0 64.5	Zn 16.8 18.1	Ga	Ge	As	Se 8.3	Br	Kr
Rb 8.2	Sr 4.4	Y 1.8	Zr 2.2	Nb 6.2	Mo 17.5	Tc	Ru 13.0	Rh 21.2	Pd 9.2	Ag 61.4 66.7	Cd 13.7 15	In 11.3	Sn 7.9 10	Sb 2.4	Te	I	Xe
Cs 5.0	Ba 2.0 1.7		Hf 3.1	Ta 7.4	W 18.5	Re 5.3	Os 11.4	Ir 19.6	Pt 9.4	Au 45.5 49	Hg 1.0	Tl 6.0	Pb 4.8 5.2	Bi 0.9 1.0	Po	At	Rn

제2결합에 의한 전기에너지의 저장과 이동

두 PeN 사이의 결합은 다양한 형태로 존재한다. 제3장에서 살펴본 금속결합, 이온결합, 공유결합 등이 제1결합이고 수소결합과 판데르발스 힘은 제2결합으로 간주할 수 있다. 제1결합은 주로 고체의 결정구조를 형성하며 제2결합은 고체의 전자기특성을 좌우한다. 수소결합은 3.3절에서 언급된 바와 같이 공유결합 특성을 가지므로 고체의 결정구조에 큰 영향을 미치기 때문에 제1결합에 가깝다고 할 수 있다. 전기전도율 또는 전기저항은 온도에 영향을 받기 때문에 판데르발스 힘 중에 정전기적인 상호작용, 즉 키솜 힘이 제2결합의 한 예이다. 원자 내 짝 없는 전자스핀 거동에 의한 자성체의 거동(상자성에서 강자성, 반강자성으로의 상전이)도 온도의존성이 높다. 이러한 현상도 최외곽 PeN간 제2결합의 거동으로 간주된다. 제6장에서 다루겠지만 그림 90과 같이 임계온도 부근에서의 초전도체의 열용량 변화도 PeN간 제2결합의 거동이다. 일반적으로 도체에서 외부전기장에 대응하여 전기가 흐를 때 제1결합으로 형성된 결정구조는 변하지 않는다. 하지만 고체의 결정구조를 지탱하는 제1결합이 외력에 의해 왜곡되면 제2결합 상태도 영향을 받을 것이다. 압전소자는 외력에 의해 결정구조가 왜곡되어 전기가 흐르는 소자이다. 반대로 외부전기장이 걸리면 고체의 제1결합이 왜곡될 수도 있다.[142] 따라서 제1결합과 제2결합을 완벽하게 구분할 수는 없다.

새로운 원자모델을 기반으로 한 전기전도 모델은 기존의 전도전자를 인접한 원자들의 두 쌍의 전자–양성자와 중성자, 즉 두 개의 PeN의 왜곡된 제2결합으로 대체한다. 하지만 외부전기장에 반응하는 제2결합은 제1결합과 완전히 독립적이지 않다. 따라서 새로운 전기전도 모델에서는 외부 전기장에 반응하는 일부 제1결합도 제2결합이라 간주되며 전기장에 반응하는 모든 종류의 PeN간 결합을 대표하여 제2결합이라 한다.

주어진 온도에서 인접한 원자들의 PeN간 결합은 상대적으로 진동하고 있으며 열평형상태의 안정된 위치를 점하고 있지만, 외부전기장이 걸리면 그 안정된 위치를 벗어나 2, 3의 위치로 이동할 것이며 열 진동을 하더라도 방향성을 가진다. 이것이 (전기적으로) 들뜬 상태이며 두 개의 인접한 원자들의 PeN간 안정한 결합이 깨졌거나 방향성을 가진 왜곡된 상태인 것이다. 전이금속과 같이 쌍을 이루지 못한 두 개 이상의 최외곽 PeN이 관여할 수 있고 두 인접 PeN들의 상대적 위치 이동(변형)이 용이한가에 따라 고체의 전기전도율이 달라질 것이다. 그런데 상대적 위치이동이 두 인접한 PeN만 관여한다면 전기전도는 발생하지 않을 것이다. 이것은 그림 47의 유전체가 외부전기장에 대해 국소적으로만 변형되어 전기에너지가 저장될 뿐 변형 자체가 이동하지 않는 것을 보면 알 수 있다.

고체를 구성하는 원자(또는 분자)에 귀속된 하나의 PeN이 외부전기장에 추종하여 어떤 특정한 위치로 이동할 때, 그 원자나 원자에 귀속된 다른 PeN의 위치에도 영향을 미쳐 인접한 다른 원자들에게 연쇄적인 파장을 일으킬 것이다. 이러한 PeN의 위치이동이 즉각적으로 일어나면 (탄성반응) 아무런 저항이 없이 전기가 흐른다. 하지만 앞장의 유전체의 예에서 알 수 있듯이 (그림 49 참조) 도체의 원자에 귀속된 PeN의 외부전기장에 대한 변위는 활성화가 필요한 시간의 함수이기 때문에 저항이 발생한다. 이것은 원자 내에서의 마찰열로 나타날 것이며 (그림 66에서의 수차회전축의 마찰과 유사하다) 이 마찰열을 제외한 에너지가 최종 목적지로 가는 것이다. 결국 전기의 흐름은 고체의 전기적 점탄성 거동이라 할 수 있다. 전기전도율이라는 것은 관여하는 PeN의 수, 그 PeN의 한 원자에의 위치이동을 위한 활성화 에너지 차이와 위치이동에 걸리는 시간에 의해 결정될 것이며 이것은 또한 제2결합의 구조와 연관된다. 활성화 에너지가 낮은 것은 도체, 활성화 에너지가 높은 것은 부도체, 중간 것은 반도체라고 할 수 있다. 활성화되는 PeN간 결합수가 많다면 같은 도체라도 전기전도율의 차이가 있을 것이다.

열에너지와 전기에너지

기존의 전기전도 이론은 도체 내 자유전자의 이동이 전기의 흐름이라 설정으로 정립되어왔다.[143] 도체 내에 전자가 흐른다는 것은 실제 관찰한 것이 아니다. 전자가 이동한다는 가정 하에 수립된 이론에 의거 그 결과를 예측하고 그 예측이 실제 현상과 일치하기 때문에 그 가정이 성립한다는 것이다. 실제 어떤 결과를 도출하는 이론은 하나 이상일 수 있으며 기존의 전기전도 이론은 초전도현상을 설명하지 못한다. 일반 전기전도 이론과 초전도 이론은 다르다. 새로운 패러다임에서는 두 가지 전기전도의 현상은 근본적으로 동일한 원리에 의한 것으로 해석한다. 일반 전기전도 이론에서의 자유전자를 새로운 패러다임에서는 들뜬 PeN간 제2결합(방향성을 가진 인접 PeN간 왜곡된 결합)으로 대체한다. 외부전기장 또는 자기장이 없으면 도체내의 한 원자의 PeN과 인접한 원자의 PeN은 위치에너지를 최소화한 그 어떤 평형 상태를 유지하며 열에 의한 진동을 한다. 동일한 고체 내에서 이러한 상태를 유지하는 힘은 3.4절의 판데르발스 힘이거나 제4장에서 고찰한 강유전체, 강자성체 등의 예에 알 수 있듯이 최외곽 PeN들의 그 어떤 배열(또는 결합)에 의한 것이다. 온도가 높아지면 열진동이 심해져 한 원자의 PeN과 인접원자의 PeN 사이의 결합이 (결합의 일부가) 와해되거나 결합이 진동으로 유효길이가 길어질 것이다. 이 유효길이는 평균값이기 때문에 PeN간의 (전기전도를 위한) 유효 결합수가 온도가 증가하면 감소한다고 생각할 수 있다.

도체 양단에 전압이 걸리면, 이 전압에 의해 위치에너지가 변하며 인접한 원자들의 두 PeN간에 형성된 평형상태의 결합이 왜곡되며 이 왜곡상태가 외부전기장에 추종하여 이동하는 것이 전류이다. 고체 내에서 열에너지(온도)가 전기전도에 미치는 영향을 고찰해보자. 다음 절에서 소개하는 플랑크 법칙에서 열에너지는 복사파라는 전자기파를 방출한다. 전자기파는 전기적으로 중성이기 때문에 외부전기장에 의한 PeN간 왜곡된 결합상태의 이동을 방해하지는 않을 것이다. 하지만 열에너지에 의한 진동으로 PeN간의 유효 결합수가 줄어들기 때문에 도체의 경우 전류의 흐름이 줄어들고 저항은 증가한다. 또한 여러 원소로 구성된 고체의 경우 격자 방향에 따라 열팽창이나 전기전도율이 다른 것도 인접 PeN간 결합상태의 변화에 의거 해석할 수 있다.

한편 부도체는 두 PeN 사이에 형성된 제1결합의 결합력이 매우 크고 외부전기장에 추종하여 전파할 수 있는 제2결합이 없기 때문에 낮은 전압과 상대적으로 높은 온도에서도 기존의 안정한 상태가 유지된다. 외부의 열에너지에 의해서 두 PeN간의 결합이 유연해지면 부도체의 전기전도율은 높아진다.[116] 열적으로 들뜬 PeN간 결합은 방향성이 없기 때문에 그

116) 부도체의 경우 제2결합을 형성할 수 있는 가용 PeN이 거의 없다. 따라서 전기전도는 직접 제1결합이 담당한다. 온도가 높아지면 제1결합이 유연해져 외부전기장에 반응하여 결합이 왜곡되고 전파된다.

자체로는 전기전도를 일으키지 않으나 도체 내 온도 차이가 있을 경우 들뜬 PeN의 상태가 방향성을 가져 전기전도를 일으킬 수 있다.117)

전기저항과 전기파

일반적으로 도체의 전기저항은 온도에 따라 증가한다. 기존의 물리학은 전자와 포논118)의 상호작용이 주된 이유라고 설명하고 있다. 낮은 온도에서는 다음과 같은 블로호-그륀아이젠(Bloch-Grüneisen) 식으로 표시된다.[144]

$$\rho(T) = \rho(0) + A\left(\frac{T}{\Theta_R}\right)^n \int_0^{\frac{\Theta_R}{T}} \frac{x^n}{(e^x - 1)(1 - e^{-x})} dx \tag{5.1}$$

$\rho(0)$은 불순물에 의한 저항이다. 온도가 아주 낮으면 저항은 일정한데 이것은 주로 불순물에 의한 것이다. A는 상수, Θ_R은 디바이 온도119)이며 n은 상호작용의 종류에 따른 자연수이다. n=5는 (통상의 금속에서) 전자의 포논에 의한 산란이고, n=3은 전이금속에서의 s-d 전자산란에 의한 저항이며 n=2는 전자-전자 간 상호작용에 의한 것이다. 이렇듯 온도에 의존하는 도체의 전기저항의 거동을 양자역학의 개념으로 이해하기가 쉽지 않다.

---

117) 이와 관련하여 "열전효과"라는 것이 있다. 금속의 한쪽부분이 온도가 높으면 들뜬 PeN이 온도가 낮은 쪽으로 확산하는 현상으로 이 현상으로 인하여 전기가 흐른다.

118) 포논(phonon)은 고체물리학에서 결정격자의 양자화된 진동을 나타내는 음향양자이다. 포논은 고체의 열과 전기전도율 등에 중요한 역할을 하며, 긴 파장의 음향양자는 음파를 생성한다고 한다.

119) (Debye Temperature) 소재의 특성에 의존하는 상수의 조합으로 포논(음향진동)의 최대 주파수의 진동모드가 활성화하는 온도로 해석된다.

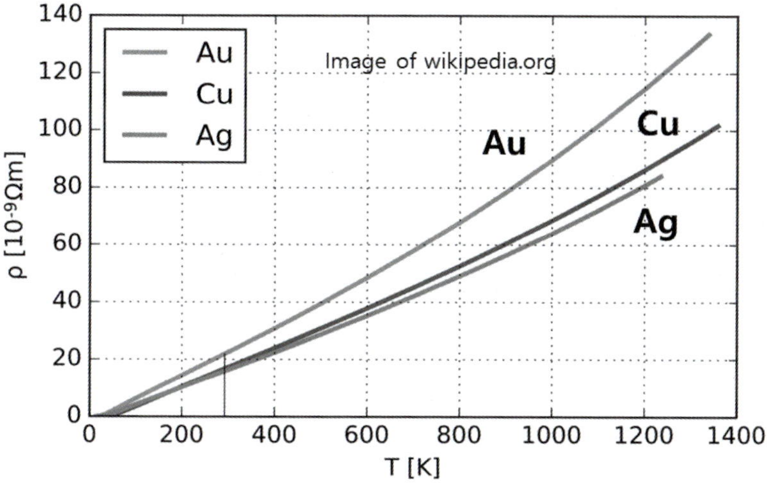

[그림 67] 금(Au), 구리(Cu), 은(Ag)의 전기저항의 온도의존성.

새로운 패러다임에 의거 저항의 온도의존성을 고찰해보자. 인접한 두 PeN간의 왜곡된 결합이 전압이 걸린 방향으로 이동할 때 열진동에 의하여 방해를 받는다. 이것은 전기장에 의해 왜곡된 PeN간 결합과 열진동에 의하여 들뜬 PeN간 결합과의 충돌의 빈도가 높아진다고 표현할 수 있다. 전기에너지가 전달되기 위해서는 진행방향으로 연결고리가 필요한데 이

[표 5] 3종의 금속에 대한 저항값과 융점 및 탄성계수

	−193°C	0°C	227°C	융점, °C	탄성계수
나트륨 bcc	8.00 nΩm	43.30 nΩm		97.8	10GPa
알루미늄 fcc	2.45 nΩm	24.17 nΩm	49.90 nΩm	660.3	70GPa
구리 fcc	2.15 nΩm	15.43 nΩm	30.90 nΩm	1084.6	110–128GPa

연결고리(안정한 결합)가 열에너지에 의해 와해되면 그 에너지 전달이 차단될 것이다. 따라서 전기저항은 열에너지에 의해 와해된 PeN간 유효한 결합수(또는 유효길이를 가진 결합수)와 비례할 것이다.

PeN간 유효결합이 와해되는 것은 열적인 활성화가 필요한 과정이므로 매우 낮은 온도에서는 저항이 지수함수적으로 증가할 것이다. 일정 온도 이상에서는 그 열에너지와 비례하여 PeN간 유효 결합수가 감소할 것이다. 열에너지는 바로 $k_B T$이므로 최종적으로는 저항은 온도와 비례하게 된다. 결국 저항은 아주 낮은 온도에서는 지수함수적으로 증가하다가 온도가 높아지면서 그 증가속도가 감소할 것이며 고온에서의 온도의존성이 선형적으로 변할 것임을 어느 정도 예측할 할 수 있다. 그림 67에 금, 구리, 은에 대한 전기저항의 온도의존성을 나타내었다.[145] 대체로 저항이

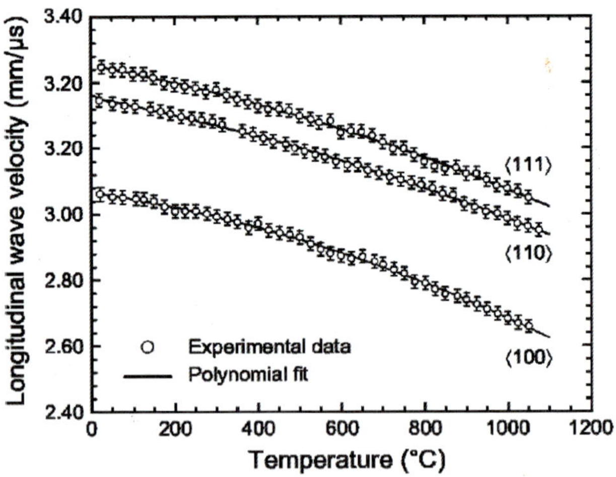

[그림 68] 고체 $Cd_{0.96}Zn_{0.04}Te$ ⟨100⟩, ⟨110⟩ 및 ⟨111⟩ 방향에서의 종파 속도의 온도 의존성(Queheillalt and Wadley).

온도에 선형적으로 변함을 알 수 있지만 높은 온도에서는 저항이 온도 증가에 비해 빠르게 증가하는 것을 알 수 있다. 이것은 전기전도를 위한 PeN간 유효결합이 열진동에 의해 빠르게 감소하는 것을 의미한다.

근본적으로 전기전도가 그 어떤 파동이라면 이 파동이 가능한 매질이 필요하다. 고체 내에서의 음파는 결정격자의 진동에 의한 것이다. 결정격자는 PeN간의 제1결합에 의해 형성하는 것이라고 한다면 전기전도를 위한 PeN간의 결합을 상상해보자. 이것을 제2결합이라 하였다. 전류란 전기장의 이동이 가능한 제2결합 구조에서 발생하는 것이다. 온도가 높아지면 격자팽창에 의한 파동(음파)의 전파속도가 감소하듯 전기전도율이 감소하는 것을 예상할 수 있다. 균질한 3차원 고체를 통한 전단파(횡파)의 속도 v_s는 다음과 같다.[146]

$$v_s = \sqrt{\frac{G}{\rho}} \tag{5.2}$$

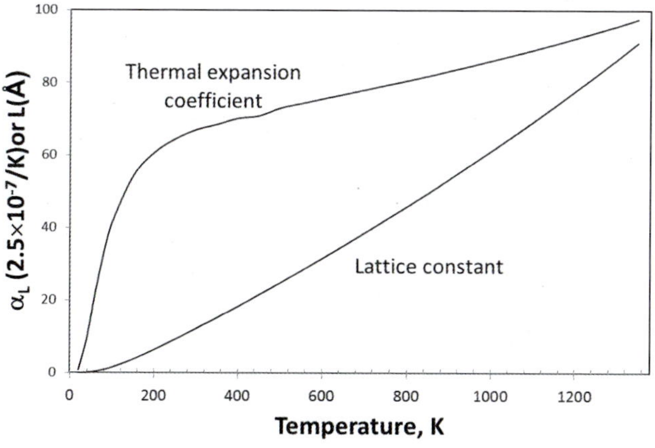

[그림 69] 구리의 격자상수와 열팽창계수의 온도의존성(Wang and Reeber)

여기서 G는 전단탄성계수, ρ는 질량밀도이다. 온도가 올라가면 격자가 팽창하여 밀도가 감소하지만 전단탄성계수가 더 급속히 감소하여 그림 68과 같이 그 속도는 감소한다.[147] 이러한 관점에서 도체의 전기저항의 온도의존성은 결정격자의 온도의존성과 유사하게 거동할 것으로 예상된다. 그림 69에 구리의 열팽창계수(thermal expansion coefficient)와 격자상수(lattice constant, 20K때의 값을 뺀 후 1,000을 곱함)의 온도의존성을 나타내었다.[148] 그림 67과 비교해보면, 구리의 전기저항의 온도의존성이 격자상수의 온도의존성과 매우 유사함을 알 수 있다. 그림 70에서 금의 열팽창계수가 전 온도 영역에서 구리 보다 작지만[149] 그림 67의 금의 저항은 구리보다 크다. 격자상수는 금의 경우 100 ~ 300 K의 온도구간에서 0.012Å (4.067Å → 4.078Å) 증가한 반면,[150] 구리는 이 온도구간에서 3.60455Å에서 3.61515Å로 0.0106Å 증가하였다.[151] 구리의 격자상수 절대값도 작고 증가율도 작다. 전기저항은 격자상수와 매우 밀접함을 알 수 있다.

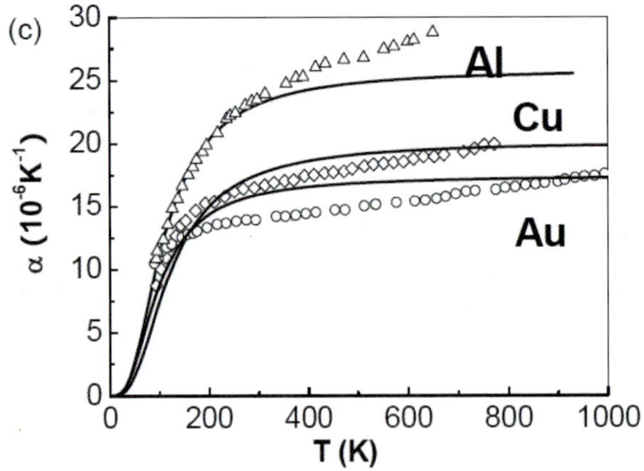

[그림 70] Al, Cu, Au의 열팽창계수의 온도의존성(M. Gu 외)

온도 상승에 따르는 격자상수는 그림 73에 정의된 푸아송비가 온도 변화에 불변할 경우 비례하여 상승하지만, 이 푸아송비가 온도의 함수이고 온도가 높아지면 커지기 때문에[152] 격자상수가 온도가 높을수록 가파르게 증가한다. 전기가 흐를 때 전기장에 수직한 면에 형성되는 자기장의 효과를 고려하면 전기저항도 이러한 관점에서 이해할 수 있다. 즉, 전기저항은 온도에 따라 선형적으로 증가하다 높은 온도에서 가파르게 증가한다.

새로운 패러다임에서의 전기저항

구리는 전자구조(PeN 구조)가 [Ar] $3d^{10}$ $4s^{1}$인데 에너지 관점에서 $3d^{9}$ $4s^{2}$가 되어야한다. 구리가 $3d^{9}$ $4s^{2}$ 구조를 가진다면 내부에너지가 낮아진다. 그럼에도 불구하고 구리가 에너지측면에서 높은 상태인 $3d^{10}$ $4s^{1}$인 구조를 하는 것은 진공매질과의 상호작용에 기인한 것인가? 구리의 결정은 fcc 구조이며[153] $4s^{1}$이 인접한 구리원소와 12개 결합을 담당한다면 나트륨보다 융점, 탄성계수가 낮아야하며 전기저항도 높아야 한다. 표 5에서 알 수 있듯이 구리는 나트륨뿐만 아니라 알루미늄보다 높은 융점, 탄성계수, 낮은 전기저항을 가지고 있기 때문에 $3d^{10}$의 PeN이 일부 결합에 기여해야 할 것으로 추정된다. $3d^{10}$에서 3개의 PeN이 $4p^{3}$으로 바뀌면, 총 4개의 PeN이 결합에 관여할 것이고 열진동에 의한 격자이완이 줄어들 것이다.

전기전도율이 높아지기 위해서는 한 원자에 속한 PeN과 인접 원자의 PeN이 유연한 결합을 하여 전기장에 잘 반응을 해야 한다. 두 PeN간의 간격이 너무 좁으면 유연성이 감소할 것이며 너무 멀면 전류라는 파동의 전파가 어려울 것이다. 공유결합의 경우 PeN간 결합의 유연성이 매우 낮아 거의 고착되어 있어 전기전도율은 매우 낮다.[120] 반도체나 부도체의 경우 온도가 높아질수록 저항이 감소한다. 이 경우 격자팽창으로 격자가 이완되어 유연성을 가지며 이 유연한 격자가 전기장에 반응한다면 전기전도율이 증가할 것이다.

그런데 전자가 없는 상태에서 전기가 흐르기 위해서는 전자가 담당하였던 전기장의 형성과 이동이 필수적이다. 전기가 흐르면 그 주위로 전류의 방향과 수직한 면에서 자기장이 형성된다. 전기장이 PeN간 왜곡된 결합이라면 자기장은 전기장과 수직한 면에서의 또 다른 왜곡이다. 수직한 면에서의 자기장이 잘 형성되는 방향으로 PeN간 결합의 배열이 형성되면 전기전도율이 높을 것이다. 전기가 흘러야 하는 또 하나의 조건은 이 전기장이 이동해야한다는 것이다. 즉, PeN간 왜곡된 결합이 이동해야 한다. 물 표면에서 물결이 이동하는 것은 수소결합으로 모든 물 분자가 연결되어 있기 때문이다. 외부전기장이 걸리면 최외곽 PeN의 배열은 평균적으로 특정방향을 가진 것이지만 끊임없이 진동할 것이다. 이 진동에너지의 한 방향으로의 전달이 전류이다.[121]

마지막으로 전기전도에 필요한 최외곽 PeN이 제1결합에 사용되느냐 아니면 제2결합에 사용되느냐에 따라 기계적 물성과 전기적 물성이 달라지는 것을 두 가지 구리산화물의 예에서 확인해 보자.[122] 그림 71은 두

---

120) 다이아몬드는 전기저항이 매우 높지만 흑연은 공유결합을 하더라도 이 결합에 참여하지 않는 잉여 PeN이 하나 존재하기 때문에 전기전도율이 다이아몬드에 비해 매우 높다.

121) 열에너지가 전기에너지로 바뀔 수 있음을 보여주는 것이 열전효과이다. 도체의 한쪽이 뜨겁고 다른 한쪽이 차가우면 고체의 결정구조는 열구배에 따른 방향성을 가질 것이며 열진동의 이동은 방향성을 가진다.

122) 구리산화물은 고온초전도에서 매우 중요한 물질이다. 제6장 참조.

Cu_2O, 띠 간격 2.137 eV; 융점 1232℃
(wikipedia.org)

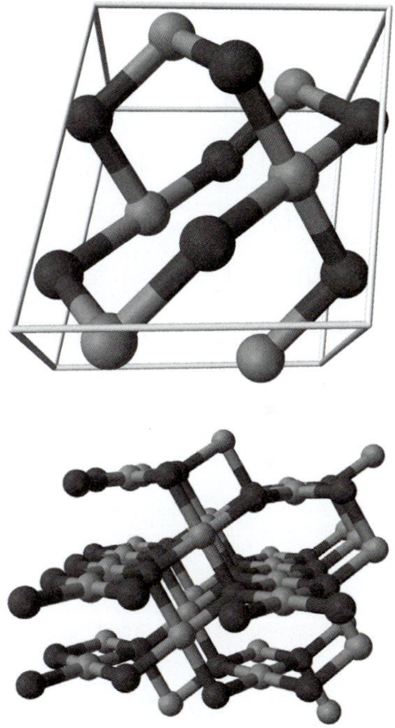

CuO, 띠 간격 1.2 eV; 융점 1326℃
(wikipedia.org)

[그림 71] 두 종의 구리 산화물의 결정구조

가지 안정한 구리산화물의 결정구조를 보여준다. Cu_2O(비중 6)는 산소원자 하나에 구리원자 4개가 다이아몬드 형식으로, 결합되어 있고 각각의 구리원자는 2개의 산소원자와 결합한다. CuO(비중 6.315)는 산소원자 하나에 구리원자 4개가 결합되어있지만 각각의 구리원자는 다시 4개의 산소원자와 결합한다. 제1결합수가 많은 CuO의 비중이 Cu_2O 보다 커야 할 것이다. 제1결합이 융점을 관장한다면, 융점은 당연히 CuO가 높아야

하며, 제2결합 측면에서 보면 2개의 여분의 PeN이 참여하는 Cu_2O가 띠간격(band gap)이 높아야 한다. 실제로 이 예측은 잘 맞고 있다. 결론적으로 최외곽 PeN이 제1결합에 참여하느냐 제2결합에 참여하느냐에 따라 결정구조가 달라지며 전자기특성도 달라진다. 제6장에서 다루게 될 초전도현상은 이러한 제1, 제2결합이 확실히 규정되지 않는 불안정한 결정구조에서 잘 나타난다. 이러한 불안정한 구조는 제2결합의 관점에서 매우 유연한 상태이나 임계온도이하에서 하나의 상으로 응고한다.

5.3 새로운 패러다임에서의 자기장

자기장의 기본단위는 전자스핀이다. 전자스핀은 무엇이며 실제로 존재하는 것인가? 양자역학과 입자물리학에서 스핀은 기본 입자, 복합 입자(하드론 또는 강입자) 및 원자핵이 가진 각운동량의 내적인 형태이다.[154] 양자역학에서는 두 종류의 각운동량이 있으며 그것은 스핀과 궤도 각운동량이다. 궤도 각운동량은 원자핵의 궤도를 도는 전자와 같이 입자가 회전 하는 또는 꼬이는 궤적을 그릴 때 발생한다.[155] 스핀 각운동량은 궤도 각운동량만으로 설명되지 않는 각운동량을 가진 입자를 관찰한 슈테른-게를라흐 실험 등에서 확인할 수 있다.[156]

슈테른-게를라흐 실험

이 실험은 1922년 슈테른[123])과 게를라흐[124])가 처음으로 수행한 것으로 각운동량의 공간 방향이 양자화된 것을 확인하였다. 이들은 그림 72와 같이 전기로(1)에서 증발되는 은 원자 빔(2)이 자기장(3)을 통과한 후의 궤적을 검출 스크린으로 측정하였다. 입자가 스핀과 관련한 자기모멘트를 가진다면 자기장에 영향을 받을 것이다. 실험결과 스크린에는 은 원자의 최종 정착지가 자기장의 세기에 따라 연속적이지 않고 특정한 위치를 차지하였다. 1927년에 수소원자에 대한 실험에서도 그림 72와 같은 결과가 나타났다.[157] 이것은 양자 특성을 나타내는 스핀 때문이며 원자 단위에서

---

123) Otto Stern (1888.2 – 1969.8) 독일 물리학자. 1933년 이후 미국에서 활동. 슈테른-게를라흐 실험으로 1943년 노벨물리학상을 받았다.

124) Walther Gerlach (1888.8 – 1979.8) 독일 물리학자.

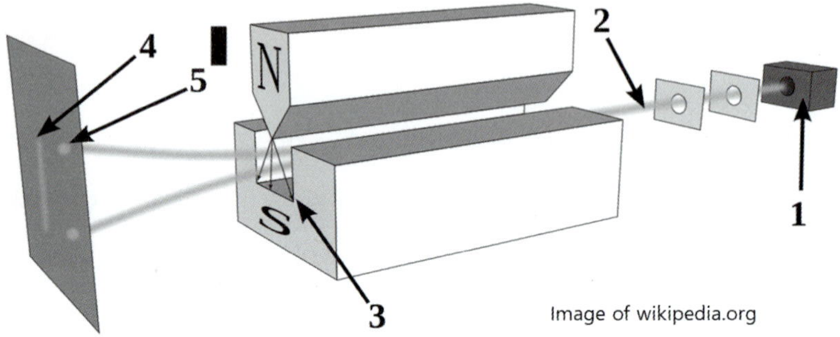

[그림 72] 슈테른-게를라흐 실험: 은 원자가 균일하지 않은 자기장을 통과하면 스핀 영향으로 위 또는 아래쪽으로 휨: 1. 전기로; 2: 은 원자 빔; 3: 자기장. 4: 예상 궤적; 5: 실측 궤적.

각운동량이 양자화된 것이 증명되었다.[158] 스핀은 벡터양의 일종으로 크기와 방향을 가지며 그 방향이 양자화된 것이 확고해졌다. 한 종류의 모든 기본입자들은 스핀 각운동량의 값이 동일하다.[159] 스핀-통계학 이론과 연계하여 전자스핀은 파울리 배타원리를 낳고 이것은 다시 원소 주기율표의 기초가 되었다. 파울리가 가장 먼저 스핀 개념을 도입하였고 1927년에 수학적으로 이론화하여 1928년에 자신의 상대론적 양자역학에 포함시켰다.[160]

새로운 패러다임에서의 전자기장

이전에는 전기와 자기가 분리된 물리적 현상으로 알려졌다. 맥스웰의 전자기 이론과 그 검증으로 전기와 자기는 분리할 수 없는 물리적 특성이 되었다.[161] 광학, 전자기학, 전기회로 등에 이 이론은 완벽하게 적용된다. 전기장의 변화가 자기장의 변화를 유발하며, 자기장의 변화가 전기장의 변화를 유도한다. 자기장을 알기 위해서는 전자의 이동(또는 전자로 대변되는 전기에너지의 이동)에 대해 고찰해야한다. 새로운 패러다임에서는 고체 내에서 독립된 입자로서의 전자는 없다.[125] 도체 내에서의 자유전자란 PeN간의 들뜬 왜곡된 결합상태이고 전자의 이동은 이 들뜬 결합구조, 즉 높은 에너지의 왜곡상태의 이동, 즉 파동이다. 새로운 패러다임에서는 독립된 전자가 없기 때문에 도체 내에서 전자의 이동은 원자–원자간 (결합)에너지가 주기적으로 변하는 상태로 해석된다. 원자–원자간 결합은 PeN간 결합이며 전기의 흐름이란 PeN간 제2결합의 왜곡상태가 이동하는 것이다.

그럼 도체 내 원자들이 제2결합을 형성하는 이유는 무엇인가? 위의 슈테른–게를라흐 실험에서 알 수 있듯이 도체 내부에서도 원자 단위에서의 양자화된 각운동량이 존재하며 이들이 합친 원자군이 개개의 원자(원자단위의 자기장)의 최외곽 PeN의 거동에 영향을 미쳐 일정한 질서를 유지하려 할 것이다. 이것이 제2결합의 실체이며 열진동에 의해 끊임없이 와해되고 재결합을 반복한다. 슈테른–게를라흐 실험에서와 같이 외부전자기장이 존재하면 최외곽 PeN들이 이를 추종하여 움직일 것이다. 이를 통해 어떤 한 방향으로 제2결합이 배열하여 임의 진동이 방향성을 가지며 이와 수직한 면에서의 추가진동이 생겨 동심원을 그리면 펴져나갈 것이다. 이것이 자기장이다.

자기장은 항상 전기장에 수직한 면에서 형성된다. 마치 한 방향 응력이 작용하여 인장 또는 압축할 때, 수직방향에서는 반대로 압축, 또는 인장되

125) 이미 언급하였지만, 자유전자는 그림 3과 같은 전자기파의 특수한 형태이다.

는 고체역학적인 거동과 유사하다. 인장에 대한 수축의 비를 푸아송[126] 비라 한다(그림 73 참조). 푸아송 비는 원자의 제1결합에 작용하는 응력의 반작용이라면, 전기장에 의한 자기장의 생성은 제2결합의 변형에 따르는 반작용이다.

전자의 에너지 준위의 형상은 금속 내 전위 주위의 응력장과 매우 유사하다(그림 25 및 그림 26). 전자의 에너지 준위는 에너지를 가진 입자의 진공매질에 대한 응력의 크기나 상태를 나타낸다고 할 수 있다. 따라서 전자

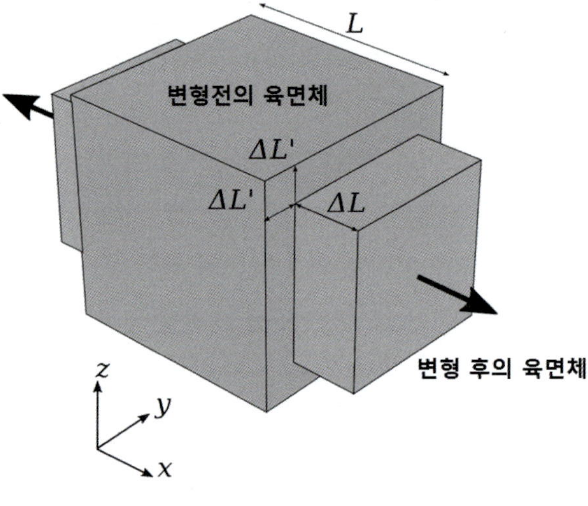

[그림 73] 푸아송 비: 한 방향으로 물질이 인장(또는 압축)될 때, 그 방향과 수직한 면에서 수축(인장)이 발생한다. 인장에 대한 수축의 비이다. 정육면체 한 변의 길이가 탄성변형으로 x방향으로 늘어날 때 수직한 방향(y, z)에서 변의 길이가 줄어든다. 변형이 적은 경우 푸아송 비는 $-\Delta L'/\Delta L$이다(wikipedia.org).

---

126) Siméon Denis Poisson (1781.6 – 1840.4), 프랑스 수학자, 엔지니어, 물리학자. 당시 빛의 파동성을 최후로 반대한 인물이다.

가 이동한다는 것은 이 응력장의 주기적인 변화를 의미한다. 한 지점에서 응력장이 변하면, 주위 응력장도 변한다. 이 응력장의 변화가 방향성을 가지면 주위의 응력장도 그에 상응하여 변할 것이다. 전자의 흐름이 에너지 흐름이고 그 에너지는 응력장에 의해 나타나기 때문에 자기장도 주위 응력장의 변화로 해석할 수 있다. 도체 내의 전자는 PeN간의 제2결합으로 대체되어 원자단위로 그 결합의 왜곡에 따른 주기적 응력변화가 전류이다.

5.4 새로운 패러다임에서의 맥스웰 이론

맥스웰 방정식은 편미분 방정식으로 로렌츠 법칙[127)]과 함께 고전적인 전자기, 광학, 전기회로의 기본을 이룬다. 맥스웰 방정식은 전기 및 자기장이 전류와 전기부하에 의해 생성되는 것을 설명하며 전기장과 자기장의 파동이 빛의 속도로 전파한다는 것을 증명한다. 이 방정식은 맥스웰이 1861년경에 최초로 발표했으며 빛이 전자기파의 일종임을 예고하였다. 맥스웰 방정식은 물질의 전자기적인 거시적인 거동을 물질의 총 전기부하 및 총 전류와 연계하여 설명한다. 4.1절에서 소개한 바가 있지만 한 번 더 서술하고자 하며 새로운 패러다임에 의한 해석을 덧붙인다. 이 방정식은 다음과 같은 4가지 법칙에 기반을 둔다.

맥스웰 방정식과 재해석

- 가우스 법칙(Gauss's law): 한 공간을 벗어나는 전류는 그 부하의 양과 동일하다.

  해석 전류는 PeN간 제2결합의 왜곡된 상태의 이동이다. 공간을 벗어나는 전류라는 것은 왜곡상태의 PeN간 결합구조가 외부로 전파해나가는 것이다. 양자화된 부하란 PeN의 왜곡된 구조이며 부하는 바로 왜곡된 구조에 의한 위치에너지이다. 제2결합의 왜곡상태는 수량으로 나타낼 수 있으며 이것이 부하의

---

127) Lorentz force law. 전하를 띤 물체가 전기장과 자기장에서 받는 힘을 기술하는 것으로 양의 입자는 전기장 안에서는 가속되며 자기장을 통과할 때는 나선형을 그리며 움직인다. 네덜란드 물리학자 Hendrik Antoon Lorentz (1853.7-1928.2)가 유도하였다.

양이다.

- **가우스의 자기 법칙(Gauss's law for magnetism)**: 자기장의 단극은 없다. 닫힌 표면을 통한 자기흐름은 0이다.

해석 자기장이란 전류(전기장의 흐름)에 의해서만 형성되는 유도된 응력장이다. 따라서 독립된 극이 존재할 수 없다. 전기장에 반응하여 생성하기 때문에 닫힌 표면(제한된 공간)에 출입하는 자기장은 그 합이 0일 수밖에 없다. 자체로 생성, 소멸되지 않는다. 전기장이란 PeN간 제2결합의 왜곡이고 자기장은 이에 따르는 PeN간 유도변형이기 때문이다.

- **패러데이 전자기 유도 법칙(Faraday's law of induction)**: 폐회로에서 유도된 전압은 폐회로가 싸고 있는 자기장의 변화율에 비례한다.

해석 자기장 세기가 변한다는 뜻은 그 수직한 방향에서 왜곡상태가 세지거나 약해지는 것이다. 자기장에 의한 왜곡상태의 증가한다는 것은 폐회로의 도체내 원자의 PeN가 제2결합이 왜곡된 상태가 많아진다는 뜻이다. 이 상태가 즉시 해소되지 않으면 전압으로 나타나는 것이다.

- **앙페르-멕스웰 회로 법칙(Ampére's circuital law)**: 폐회로 주변에 유도된 자기장은 전류와 (폐회로가 싸고 있는) 전기장 변화율에 비례한다.

해석 이것은 패러데이 전자기 유도 법칙에 대응하는 법칙이다. 전류는 전기장의 이동이다. 전기장은 PeN간 제2결합의 왜곡된 상태이며 이 상태의 이동은 수직한 면에서의 자기장이라는 2차 왜곡상태를 형성한다. 전기가 흐른다는 것은 PeN간 결합상태가 이동하는 것이고 자기장이라는 유도된 왜곡상태의 세기로 나타난다.

맥스웰 방정식은 아인슈타인의 상대성 이론과 잘 어울린다. 실제로 아인슈타인은 맥스웰 방정식의 결과로 나온 빛의 절대속도를 이용하여 오직 상대적인 움직임만 물리적인 결과를 나타낸다는 상대성 이론을 개발하였다.[162] 맥스웰 방정식은 상대성 이론을 포함한 거시적인 다양한 물리현상을 잘 설명하지만 완벽하지 않으며 어떤 경우에는 매우 부정확하기도 하다. 매우 강한 전자기장과 매우 짧은 거리(진공분극, vacuum polarization)에서는 성립하지 않는다. 비 고전적인 빛128)이나 전자기장의 양자얽힘(quantum entanglement)과 같은 현상은 해석조차도 불가능하다. 개개의 광자가 관련된 현상, 즉 광전효과, 플랑크 법칙129) 등에 대해서는 설명이 어렵거나 불가능하다. 이러한 현상은 양자 전자기학이 다루고 있다. 맥스웰 방정식은 광자–광자 산란, 양자광학 등 광자와 관련된 현상에서 불일치를 나타내며 뉴턴 역학과 함께 고전이론의 한계를 보인다.

기존의 물리학에서는 자기는 전자의 움직임에 의해 발생하는 것이다. 전자가 생성되거나 소멸하는 경우 맥스웰 이론은 성립될 수 없을 것이다. 새로운 패러다임에 의하면 전자는 원형의 전자기파로서 진공매질의 왜곡이다. 이 왜곡상태가 이동할 경우 진공매질에 영향을 미친다. 정지한 전자

---

128) 비고전적인 빛(nonclassical light)은 맥스웰의 전자기학으로 설명할 수 없고 양자 전자기장과 양자역학으로 설명한다. 대표적인 비고전적인 빛은 쥐어짠 빛(squeezed light)으로 진폭과 파장의 변화를 고전적으로 설명할 수 없다.

129) Planck's law. 일정한 온도의 흑체에서 나오는 전자기파(복사파)의 스펙트럼 밀도를 설명하는 법칙으로 1900년에 플랑크(Max Planck, 1858.4 – 1947.10)가 제안하였으며 현대물리 및 양자역학의 태생에 크게 기여하였다. 플랑크는 1918년 노벨 물리학상을 받았다.

도 원형의 정상파에 의한 스핀으로 자기장을 발생한다. 진공매질의 왜곡이라는 관점에서 맥스웰 방정식을 확장하면 전자가 생성 또는 소멸하는 과정도 해석이 가능할 것으로 생각된다. 맥스웰 방정식만으로는 설명하지 못하는 양자역학적인 현상들을 몇 가지 소개하고 새로운 패러다임에서의 진공매질의 특성과 연관하여 해석하고자 한다.

양자얽힘과 진공분극

양자얽힘은 그 어떤 시스템(양자역학 시스템)에서 개개의 양자상태가 서로 얽혀있으며 하나의 양자상태가 변하면 곧바로(빛의 속도 또는 그 이상으로) 얽혀있는 다른 양자상태가 변한다는 현상이다. 이 현상은 대상 시스템 내의 두 양자상태 사이의 거리가 물리적으로 매우 클 경우에도 얽힌 시스템에서 재현된다. 그 거리가 서울에서 남미의 브라질 수도 간 거리만큼 큰 거리일 수도 있다. 양자얽힘 현상은 광자 뿐 만아니라 전자쌍에서도 확인되었다.[163] 한 전자의 스핀상태가 전자가 정지한 상태에서는 무한대 속도로 전달될 것이며 얽힌 다른 전자에도 즉시 전달된다.130)

최근 중국은 양자얽힘 현상을 이용하여 먼 거리(1,200km) 데이터 전송을 성공하였다고 밝혔다.131) 800만 쌍의 광자가 이 현상에 참여하였으며 속도는 기존의 광케이블에 의한 데이터 전송속도보다 1조배 빨랐다고 한다. 그런데 이런 얽힌 쌍은 왜 발생하는가? 이 광자 쌍들은 어떻게 서로 연결되었던 것인가? 이것은 진공이 뭔가로 꽉 채워진 공간이라는 것을 의미한다. 전달속도가 무한대이라는 것은 정보의 전달방식이 일반적인 파동이

130) 양자얽힘에 대해서는 차기작 "미립자들"에서 상세히 다룰 것이다.

131) "中 양자통신 실용화 진척… 세계 첫 양자얽힘 전송 성공", 연합뉴스 2017/06/17 11:03.

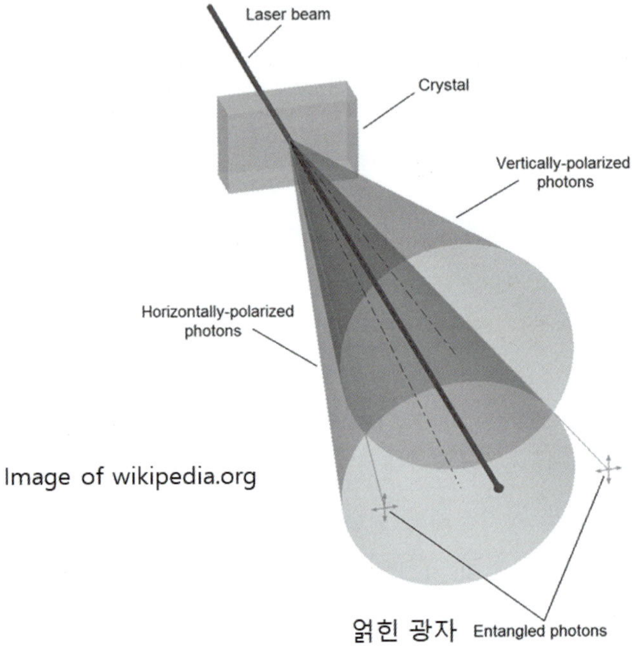

[그림 74] 자발 매개 하향 변환(spontaneous parametric down-conversion)으로 서로 직각으로 분극화한 한 쌍의 얽힌 광자가 생성됨.

아님을 의미하며 물질파를 연상하게 한다. 물질파는 저자가 "중력의 기원과 새로운 우주"에서도 언급한 바와 같이 물질이 정지하고 있을 때 그 속도가 무한대이다. 양자얽힘은 먼 거리에서 양자상태의 변화를 보여주는

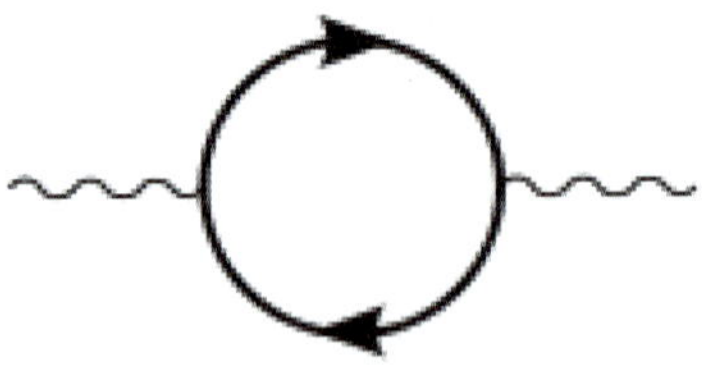

[그림 75] 진공분극 개념

것이라면 진공분극은 매우 짧은 거리에서의 진공의 편광에 관한 것이다. 양자장 및 양자전자기학 이론에서 진공분극은 전자기장이 가상의 전자-양전자 쌍을 생산하여 전하의 분포와 전류를 바꾸는 것을 의미한다. 힘을 가지는 입자(gauge boson, 광자 등)132)의 자체에너지(self-energy)라 불리기도 한다. 양자론에 의하면 두 상호작용하는 입자 사이의 진공에서 수명이 짧은 "가상의" 입자-반입자 쌍이 에너지-시간에 관련한 하이젠베르크의 불확정성 원리133)를 따르는 시간에 해당하는 만큼의 에너지가 생성되고 그 시간이 지나면 소멸한다. 이 입자-반입자 쌍은 쿼크, 글루온, 전자 등이 될 수 있다. 가상의 전자-양전자 쌍은 전극으로 작용하여 전기장 내에서 (전자 주위의 전자기장 내에서) 이 쌍은 재배치한다. 이런 재배치로 인하여 외부에 가해진 전자기장은 진공에 아무것도 없다고 할 때에 비해 그 세기가 약해진다. 이것이 진공분극이다.[164] 하이젠베르크 불확정성의 원리에 따르는 시간-에너지의 상관관계로부터 전자-양전자 쌍의 시간과 에너지가 국부적으로 결정되는 것이다.

맥스웰 이론에 의거 두 양자에 연결된 선을 포함하는 것을 하나의 계로 본다면 양자얽힘도 이 이론을 적용할 수 있을 것이며, 이 선은 마치 (진공

---

132) 입자물리에서 게이지 보손은 힘을 매개하는 입자로 스핀이 1이다. 게이지 이론으로 설명되는 기본입자는 가상입자로 불리는 게이지 보손의 교환을 통해 상호작용한다. 가상입자는 불확정성의 원리에 의거 그 존재가 찰라적인 양자요동으로 어느 정도 통상의 입자의 특성을 갖추고 있다. 양자장 이론에서 통상의 입자 사이의 상호작용은 가상입자의 교환으로 설명된다. 가상입자에 해당하는 통상의 입자는 질량이 같을 필요는 없지만 가상입자의 수명이 길수록 통상의 입자의 특성에 근접한다. 양자장 이론에서는 두 개의 전하를 가진 입자 사이의 인력과 척력조차도 가상의 광자의 교환으로 생각한다. 가상의 광자는 전자기 상호작용에서 교환되는 입자이다.

133) 독일의 물리학자 Werner Karl Heisenberg(1901.12 – 1976.2, 1932년 노벨물리학상 수상)가 발견한 원리로 서로 연관된 두 물리량을 동시에 측정할 때, 둘 사이의 정확도에는 물리적 한계가 있다. 예로 입자의 위치와 운동량을 동시에 측정할 수 없다. 위치의 정확도가 높아질수록 운동량의 정확도는 낮아진다.

매질의 특성을 나타내는) 고체 막대와 같은 것이라 할 수 있다. 한 쪽의 변화가 곧바로 다른 쪽의 변화로 연결되기 때문이다. 진공분극은 불확정성 원리에 의거 생성되는 현상으로 국부적으로 맥스웰 이론을 적용하면 성립할 것이며 매우 짧은 시간동안만 존재하기 때문에 거시적인 맥스웰 이론과는 상관이 없다. 그런데 진공매질을 그림 1과 같은 그 어떤 규칙적인 격자를 가진 것이라고 한다면 매우 짧은 파장의 빛을 흡수하면 진공분극현상을 관찰할 수 있을 것이다. 이것은 진공매질 구조에 따르는 빛의 회절현상을 측정하는 것이며 진공매질 구조를 알 수 있는 것이다. 진공분극은 진공이 단지 빈 공간이 아니고 매우 밀도가 높은 매질인 것으로 진공매질의 구조의 의한 것이라 상상할 수 있다. 빛과 진공매질의 상호작용에 대한 연구는

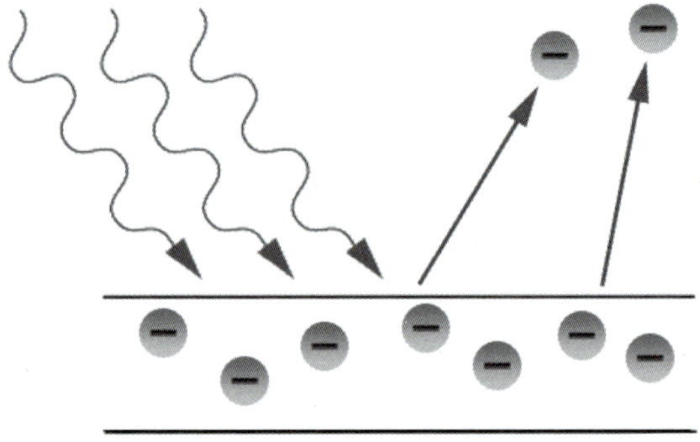

[그림 76] 광전효과로 전자가 방출한다.

찾아보기 쉽지 않지만 2016년 한 학술대회에서 "레이저 빛과 진공의 비선형 상호작용"이라는 발표가[165] 있는 것으로 미루어 현재 이 방면에서 연구가 꽤 진행되고 있을 것으로 생각된다.

광전효과

광전효과는 맥스웰 법칙이 성립하지 않는 현상으로 빛이 물체에 조사될 때 그림 76과 같이 전자나 다른 전하를 띤 입자가 방출되는 현상이다. 방출된 전자를 광전자라고 한다. 19세기 말에 처음으로 발견된 이 현상에 대해 1905년 아인슈타인은 빛 에너지는 양자 상태로 되어 있어 광전효과를 설명할 수 있다는 논문을 발표하였다. 1914년 밀리칸[134]은 그림 77과 같은 장치를 이용한 기름방울 실험[135]으로 아인슈타인 모델을 검증하였다.

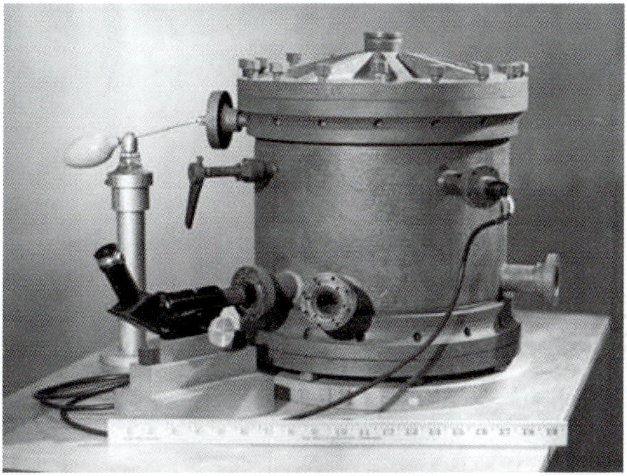

[그림 77] 1914년의 밀리칸의 기름방울 실험 장치

134) Robert Andrews Millikan (1868.3 - 1953.12) 미국 실험 물리학자. 1923년 "전기의 기본 전하와 광전효과에 대한 업적"으로 노벨물리학상을 수상하였다.

135) (oil drop experiment) 수평으로 두 개의 금속판을 두고 상판의 작은 구멍으로 기름 안개를 흘리면서 x-선으로 이온화하여 음전기를 띠도록 한다. 두 금속판 사이에 전압을 걸어주어 전기를 띤 기름방울이 상판에 이끌리도록 하면 중력에 의한 힘과 평형을 이루는 전압을 찾을 수 있다. 이를 통해 기름방울의 전하를 알 수 있으며 측정된 전하값이 $1.5924(17) \times 10^{-19}$ C의 배수인 것을 확인하였다. 이 값은 현재의 공인 값 $1.6021766208(98) \times 10^{-19}$ C와 0.6%밖에 차이가 나지 않았다. 이것이 전자의 전하이다.

고전적인 전자기 이론에 의하면, 광전효과는 빛 에너지가 물체 내의 전자에 전달되어 나타나는 현상이다. 빛의 강도가 변하면 금속에서 나오는 전자의 운동에너지를 바꿀 수 있으며 아무리 희미한 빛이라도 오래 비추면 전자가 에너지를 축적하여 튀어 나올 수 있다. 이것은 실제 광전효과와는 달랐다. 대신 그 어떤 임계 주파수 이상의 빛에서만 전자가 방출되었고 그

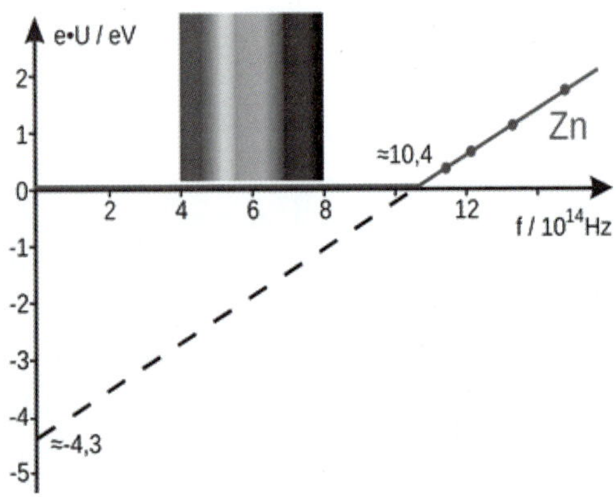

[그림 78] 아연에 주사되는 빛의 주파수의 함수로서의 최대 운동에너지(wikipedia.org)

이하에서는 빛의 강도, 조사 시간에 상관없이 전자가 방출되지 않았다. 빛의 강도가 낮아도 전자를 방출하기 위해서는 아인슈타인은 빛은 그 어떤 파동이 아니고 파동의 덩어리(광자)이며 이것은 이전에 발견된 플랑크의 에너지 양자에 힘을 실어주는 것이었다.[166]

광자는 빛의 주파수에 비례하는 특정 에너지를 갖는다. 물질의 전자가 하나의 광자에너지를 흡수하고 소재의 일함수(work function, 전자 결합 에너지)를 초과하면 방출된다. 방출된 전자에너지는 빛의 강도와 무관하고 개개의 광자에너지, 즉 주파수에만 의존한다. 이것은 빛과 최외곽 전자와

의 상호작용이라는 것이 양자역학의 생각이다. 한 광자의 모든 에너지가 흡수되어 전자를 방출하는데 사용되어야 하며 그렇지 않으면 에너지는 반사된다. 전자가 방출하는데 쓰인 에너지보다 광자에너지가 크면 나머지는 전자의 운동에너지가 된다.[167] 금속 표면에서 광전효과를 일으키는 최소 빛의 주파수가 있다. 광자수를 고정하고 주파수를 올리면 그림 78과 같이 광전자의 최대 운동에너지가 증가한다.

입사 빔의 강도를 높이면 이로 인한 전류가 증가한다. 방출되는 전자수가 증가하기 때문이다. 빛이 주사되고 전자가 나오는데 걸리는 시간은 10^{-9}초 이하이다. 전자가 방출되는 방향은 전자기파의 분극(직선으로 분극된 경우 전기장 방향)에 따른다.[168] 방출된 전자의 최대 운동에너지는 다음과 같다.

$$K_{max} = hf - \phi \tag{5.3}$$

여기서 h는 플랑크 상수, f는 입사 빔의 주파수이다. ϕ는 일함수라고 하며 전자를 도체 표면에서 방출하기 위한 최소 에너지이다. 이것을 임계 주파수 f_0로 표시하면

$$\phi = hf_0 \tag{5.4}$$

따라서

$$K_{max} = h(f - f_0) \tag{5.5}$$

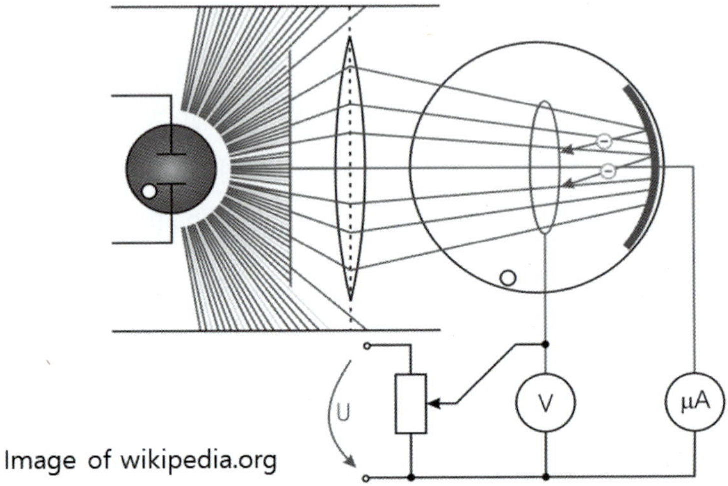

[그림 79] 광전효과를 검증하는 실험장치 개요도. 램프에서 나온 빛이 필터를 통과하여 곡면의 전극에 부딪히면 전자가 나온다. 전극에 가변적으로 전압을 가하면 전기가 흐르지 않는 전압, 즉, 정지전압을 얻을 수 있다.

그림 79와 같은 장치를 이용하면 방출되는 전자의 최대 운동에너지를 얻을 수 있다. 램프에서 나온 빛이 필터를 통과하여 곡면의 전극에 부딪히면 전자가 나온다. 이 전극에 음의 전압을 가하면 광전효과에 의한 전류가 줄어들고 특정 값에서 0이 된다. 이 전압을 정지전압(stopping voltage)이라 한다.[169] q_e가 전자부하이고 V_0가 정지전압이면 전자를 잡아두는 일은 $q_e V_0$이며 인가전압이 0일 때 방출된 전자의 최대 운동에너지이다. 즉,

$$K_{\max} = q_e V_0 \tag{5.6}$$

위식과 (5.5)식으로부터 정지전압은 빛의 주파수에 선형적으로 변하고 소재의 종류 즉, 일함수에 의존함을 알 수 있다.

광전효과는 빛의 양자 즉, 광자의 도입으로 설명되면서 양자역학의 태동을 야기한 매우 중요한 발견이었다. 이 효과를 설명하는 가장 기본적인 전제는 빛이 고체에 조사되어 고체를 구성하는 원자에 "귀속된" 전자가 방출하는 것이다. 전자가 외부에서 관찰 또는 측정되었지만 그것이 구성 원자에 귀속된 것인지는 알 수 없다. 해당 시스템의 총 전자수가 보존된다고 한다면 방출된 전자 수만큼 고체 내에서의 전자가 결핍될 것이다. 그런데 (빛 에너지가 고체에 전달되는 것이 아니고 고체로부터 에너지를 얻어) 빛으로부터 전자가 만들어졌다고 하면 어떨까? 빛은 중성이므로 전자가 만들어지면 양전자도 형성되어야 할 것이다. 고체 내 전자는 PeN간 왜곡된 결합상태이라고 한다면 양전자 또한 이 결합과 대칭되는 결합상태이다. 빛이 조사되어 전자를 방출하든 전자가 빛으로부터 만들어지든 총 부하의 합이 0이 되는 것이다. 전자가 고체에서 방출되지 않고 표면에서 만들어 진다는 가설은 우리의 새로운 원자 모델과 전자가 없는 전류의 개념에 부합하는 것이며 전자는 빛의 특수한 형태라고 한 그림 3의 개념과도 일치한다. 고체로부터 방출되는 전자와 빛의 조사로 표면에서 만들어지는 전자는 구분할 수 없다. 직진하는 빛이 그림3과 같은 원형의 정상파가 되기 위한 조건이 고체 표면에서 충족된다고 할 수 있다. 특정 파장의 빛과 고체 내의 어떤 결합의 진동이 공명을 일으킨다면 빛의 에너지가 그 결합에 흡수되고 그 결합의 에너지가 다시 전자 형태로 방출된다는 상상을 해본다. 이것은 물론 기존의 양자역학과는 다른 개념이 이지만 최근의 몇 연구는 레이저 빔으로부터(레이저–전자 충돌,[170] 광자–광자 충돌)[171] 전자와 양전자 쌍이 형성되는 것을 보고하고 있다. 광전효과는 빛이 고체 내의 PeN간 결합의 진동과의 상호작용으로 자유 전자를 만드는 과정이라고 생각할 수 있는 근거이다.

플랑크 법칙

플랑크 법칙(Plank's Law)은 어떤 온도에서 열평형상태에 있는 흑체(black-body)에서 나오는 전자기 복사파의 스펙트럼 밀도에 관한 법칙으로 이때 흑체와 주위 환경과 어떠한 물질이나 에너지 교환이 없어야 한다.[172]

19세기 말 흑체에서 나오는 스펙트럼이 높은 주파수(짧은 파장)에서의 거동은 그 당시 이론으로는 설명할 수 없었다. 그림 80과 같이 고전이론이

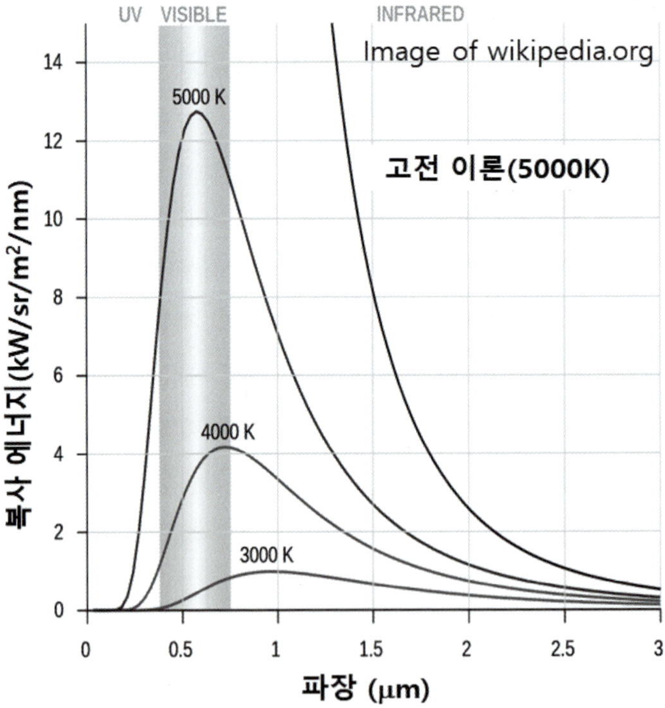

[그림 80] 플랑크 법칙에 따르는 흑체 복사 에너지 밀도

예측하는 짧은 파장에서의 복사에너지 밀도가 실제 관찰되는 값과 매우 큰 차이를 나타낸다. 이는 자외선 문제(ultraviolet catastrophe)라고 알려진 현상이다. 1900년 막스 플랑크는 흑체 스펙트럼에 대한 어떤 경험 법칙을 유도한 바, 흑체복사를 하는 구멍에 존재하는 전기부하를 띤 진동자는 그 에너지가 연속적으로 변하지 않고 어떤 최소량의 배수로 변한다고 하였다. 이 최소량은 해당 전자기파의 에너지에 비례하는 양이다. 이 법칙으로 그 당시의 자외선 문제가 해결되었으며 양자이론의 기반이 된 선구자적인 통찰이었다.

모든 물체는 자발적으로 복사열을 방출하는데 그 휘도(spectral radiance)는 물체의 면적, 방출각도, 주파수 당 에너지 밀도로 나타낸다. 온도 T와 주파수 ν에서 방출되는 스펙트럼의 에너지 밀도 B_ν는 다음과 같다.

$$B_\nu(\nu, T) = \frac{2h\nu^3}{c^2}\left(e^{\frac{h\nu}{k_B T}} - 1\right)^{-1} \tag{5.7}$$

여기서 k_B는 볼츠만 상수, h는 플랑크 상수, c는 물체 내에서의 빛의 속도이다. 주파수 대신 파장 λ로는 다음과 같다.

$$B_\lambda(\lambda, T) = \frac{2hc^2}{\lambda^5}\left(e^{\frac{hc}{\lambda k_B T}} - 1\right)^{-1} \tag{5.8}$$

따라서 온도가 높을수록 파장이 짧아지고 에너지 방출속도가 빠르게 증가함을 알 수 있다.[173]

흑체는 모든 파장의 복사를 흡수하거나 방출하는 이상적인 물체이다. 열역학 평형상태에서 나오는 복사열은 플랑크 법칙으로 설명되며 물체의 온도가 높을수록 모든 파장에서 더 많은 복사열이 나온다. 최대 복사열이 나오는 파장은 그림 80과 같이 물체의 온도에 의존한다. 상온(~300 K)에서 나오는 복사열은 대부분 적외선 영역이기 때문에 보이지 않는다. 온도가 높아지면 열로 감지되고 붉은 빛을 볼 수 있다. 고온에서는 밝은 황색이나 하늘색으로 바뀌고 파장이 짧아지며 자외선과 x-선까지 방출한다. 태양표면은 그림 81과 같이 자외선, 적외선을 다량 방출하며 최대치는 가시광선 영역에 있다.

플랑크 복사는 열역학 평형상태에 있는 어떤 물체의 표면으로부터 나오는 최대 복사열로서 화학조성이나 표면구조와 관련이 없다.[174] 매질의 계면을 통과하는 것은 그 계면의 방사율(플랑크 복사 대비 실제 복사량) ϵ에 의존하며 화학조성, 물리구조, 온도, 파장, 복사파의 각도, 분극의 함수이다.[175] ϵ는 0과 1사이의 값을 갖는다. 흑체는 ϵ가 1이며 모든 복사파를 흡수한다. 흑체의 표면은 불투명한 벽으로 둘러싸여 있고 일정한 온도로 유지되는 큰 용기에 난 구멍이라 생각할 수 있다. 이 용기 안에서의 복사는 플랑크 법칙을 따르며 이 구멍을 나오는 복사도 동일하다. 맥스웰-볼츠만 분포136)가 열평형 상태에 있는 입자의 최대 엔트로피 에너지 분포인 것처럼 플랑크 분포는 광자에 대한 것이다.[176] 기체상태의 물질입자의

136) (Maxwell-Boltzmann distribution) 확률분포의 일종. 열역학적으로 평형상태에 있는 이상기체의 입자(원자나 분자)의 속력 분포를 나타내기 위해 최초로 도입되었다. 이 분포에서 속력의 통계학적 분포는 입자 에너지와 운동에너지의 등식으로부터 구할 수 있다.

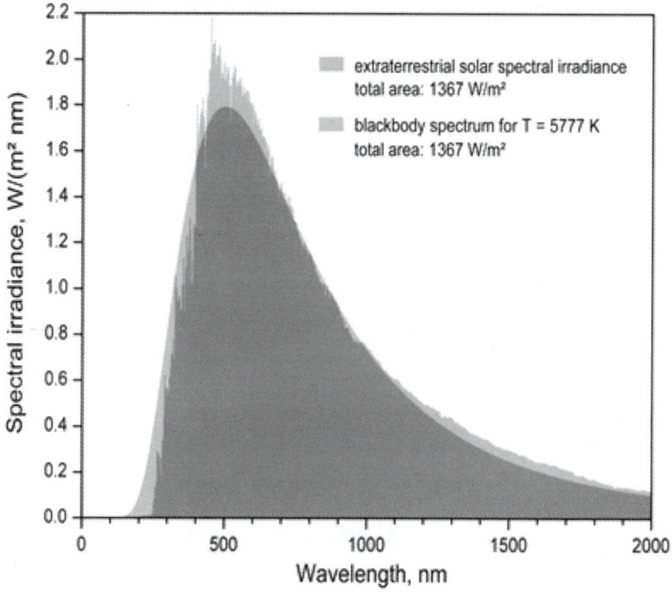

[그림 81] 태양에 나오는 에너지는 온도 5,777 K에서 나오는 흑체복사와 유사하다(wikipedia.org).

경우 입자수와 질량이 중요하지만 복사파의 경우 열평형 상태의 광자의 압력과 에너지 밀도는 온도만의 함수이다. 광자의 분포가 플랑크 법칙에 벗어나 있으면 열역학 제2법칙에 의거 광자와 다른 입자와의 상호작용으로 광자는 생성 또는 소멸하여 열역학 평형을 이룬다. 이때의 분포가 플랑크 분포이다.

고전역학은 균등분할 정리137)에 의거 흑체의 총 복사량은 무한하다는

137) (equipartition theorem) 이 정리는 계의 온도와 평균 에너지와의 관계를 다룬다. 계가 열평형 상태에 있을 때, 에너지는 어떤 형태로든 균일하게 배분된다는 것이다. 예로 병진운동에서의 자유도 당 평균 운동에너지는 회전운동의 그것과 동일해야하는 것이다. 이 정리를 이용하면 어떤 온도에서 총 위치에너지와 총 운동에너지의 평균을 알 수 있고 이를 통해 계의 열용량을 알 수 있다. 열역학 평형상태의 그 어떤 복잡한 시스템에도 적용할 수 있고 이상기체 법칙이나 별의 특성을 예측할 수 있다.

자외선 문제를 야기하기 때문에 플랑크 법칙은 고전역학으로 다룰 수 없다. 질량이 있을 경우 양자역학으로 다룰 수 있지만 광자와 같이 질량이 없을 경우 양자역학으로는 충분히 설명되지 않아 양자장 이론이 대신한다. 양자장 이론에서 광자는 질량과 전하가 없는 보손입자이며 전하를 띤 입자 사이의 전자기력을 매개하는 것으로 본다. 광자의 수량은 보존되지 않는다. 광자는 플랑크 분포에 따라 흑체를 채우기 위해 생성 소멸한다. 광자가 열역학 평형을 이룰 때, 내부 에너지 밀도는 완전히 온도로 결정된다. 그리고 압력은 내부 에너지 밀도에 따라 정해진다. 이것은 일반적인 열역학 평형과는 다르다. 일반적인 열역학에서는 내부 에너지는 온도뿐만 아니라 독립적으로 서로 다른 분자의 각각의 수량과 이들 분자 특성에 의존한다. 개개의 분자들은 서로 독립한 에너지 체계(비열)를 갖고 있기 때문이다.

새로운 패러다임에서는 도체 내 전자는 왜곡된 PeN간 결합의 진동이고 열진동은 왜곡되지 않은 PeN간 결합의 진동이다. 왜곡되지 않은 PeN간 결합이 진동할 때 압전효과와 같이 외부에서 인위적인 왜곡이 가해지면 전기가 흐른다. PeN간 결합이 왜곡되기 때문이다. 외부전기장이 가해지면 방향성이 없는 열진동은 전기장의 세기에 의존하여 PeN간 왜곡된 결합의 밀도가 증가하여 전기가 흐르는 것이다. 외부전기장이 없는 상태에서 복사파는 플랑크 법칙을 따르지만 외부전기장이 걸릴 경우 복사파도 왜곡이 될 것이며 이것이 열전자의 형태로 방출된다. 전자라는 것은 결국 빛의 특수한 형태이고 이러한 개념을 맥스웰 방정식에 포함한다면 그 한계를 극복할 수 있을 것이다.

Ⅵ
새로운 초전도 패러다임

VI

새로운 초전도 패러다임

전기가 저항 없이 흐른다는 꿈의 소재인 초전도체는 그 현상이 나타나는 온도가 매우 낮다. 최소 액체질소의 비등점까지 낮아져야 한다. 상온에서도 구현되는 초전도체가 발견 또는 합성되어 실생활에 응용된다면 전기저항으로 야기되는 발열문제가 자연스럽게 해결되어 큰 파급효과를 기대할 수 있다. 상온 초전도체를 얻기 위해서는 초전도 현상에 대한 근본적인 기구(메커니즘)를 아는 것이 매우 중요하다. 불행이도 현대 물리학은 아직 제대로 된 답을 내놓지 못하고 있다. 금속에서 주로 나타나는 저온초전도 현상에 대한 이론은 성공적으로 보였지만, 산화물 초전도체에서 나타나는 고온초전도 현상과 괴리를 나타낸다. 우리는 앞선 장에서 전기와 자기에 대해 새롭게 규정하였듯이 전기흐름을 전자가 없는 전자기장의 이동, 전자기장를 야기하는 원자구조의 국지적 변화 및 전달이라는 패러다임으로 초전도 현상을 새롭게 해석하고 상온초전도체의 가능성을 논의하고자 한다.

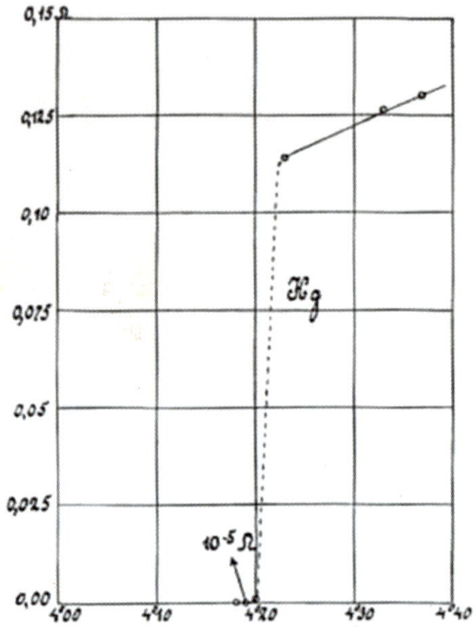

[그림 82] 초전도현상 : 임계온도이하에서 저항이 0이 되는 현상(1911년 오네스에 의해 최초로 발견됨)

6.1 초전도현상과 BCS 이론

초전도현상은 도체(고온초전도체일 경우 반도체 또는 부도체)가 충분이 낮은 온도에서 저항이 0이 되고 (그림 82 참조) 내부 자기장이 축출되는 현상을 말한다(그림 83 참조). 금속원소나 합금으로 구성된 물질은 30 K이하의 매우 낮은 온도(임계온도)에서 초전도 현상이 나타난다. 이 현상은 1911년 네덜란드 물리학자 오네스138)가 수은에서 최초로 발견하였다.[177] 이후 그림 84와[178] 같이 임계온도가 높은 초전도체가 지속적으로 발견되었으며 현재는 200 K에 육박하고 있다.

[그림 83] 초전도체는 내부의 자기장을 배척한다. 현상적으로 초전도체가 영구자석을 중력의 힘 이상으로 밀어내어 부양하게 한다.

---

138) Heike Kamerlingh Onnes (1853.9 - 1926.2) 네덜란드 물리학자. 1908년 최초로 헬륨을 액화하였고 이를 이용하여 1911년 수은에 대해 초전도 현상을 발견하였다. 이 공로로 1913년 노벨 물리학상을 수상하였다.

새로운 패러다임에 의하면, 전기의 흐름은 전자라는 입자의 이동이 아니고 한 원자에 귀속된 최외곽 PeN과 다른 원자의 PeN과의 왜곡된 결합상태(즉 들뜬 상태의 높은 위치에너지)의 이동이다. PeN간 결합이 상대적으로 위치에너지가 높은 들뜬 상태라는 것은 국부적으로 PeN이 변위하여 해당 원자나 인근원자의 부피변화나 왜곡을 수반한다. 이러한 왜곡은 필

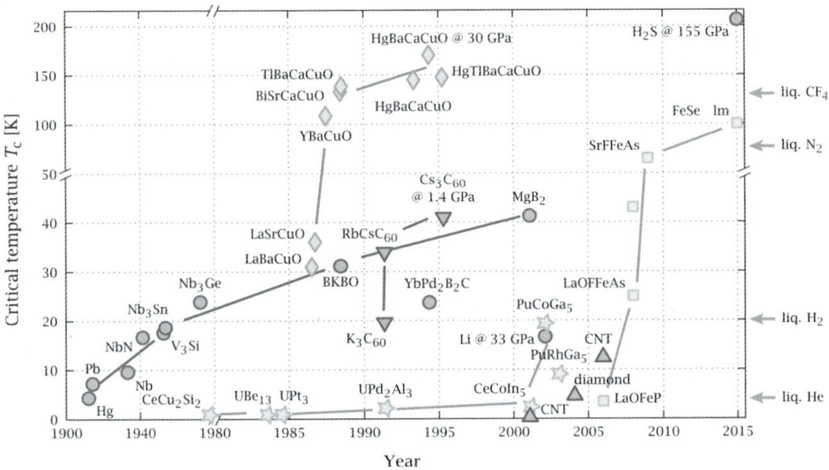

[그림 84] 초전도체의 발전 (P.J. Ray)

연적으로 주변의 응력장에 영향을 미친다. 이러한 상태가 한 방향으로 전파할 경우 이 방향과 수직한 면과 평행으로 응력장이 전파할 것이다. 마치 이것은 잔잔한 수면에 돌이 낙하할 경우 생성하는 파동과 유사하다. 우리가 그림 85와 같이 물수제비를 할 때 이러한 파동이 연속적으로 일어나는 것이 전류이고 이 전류의 주변에 발생하는 파동이 자기라고 비유해 본다.

BCS 이론

이러한 관점에서 먼저 저온초전도체에 대한 양자역학적 해석인 BCS 이론에 대해 알아본다. BCS 이론은 1957년 미국의 바딘, 쿠퍼, 슈리퍼가 제안했으며, BCS는 이 세 사람 이름의 첫 알파벳 글자를 나타낸다.[139)]

[그림 85] 물수제비가 만드는 물결(wikipedia.org). 물수제비의 이동(또는 돌)이 전류이고 물결이 진공매질에 형성된 자기장이다. 이것이 초전도체 표면에서의 전기흐름과 유사하다.

---

139) BCS (Bardeen-Cooper-Schrieffer) 이론은 초전도에 대한 최초의 미시적 이론이다. 이 이론은 초전도를 보손과 유사한 상태로의 쿠퍼쌍의 응축에 의한 미시적 효과로 설명하고 있다.

1. John Bardeen (1908.5 - 1991.1). 미국 물리학자 겸 엔지니어. 노벨물리학상을 유일하게 2회 수상하였다. 1956년에 트랜지스터 발명으로 W Shockley, W Brattain과 공동수상; 1972에 BCS 이론으로 LN Cooper, JR Schrieffer와 공동수상.
2. Leon N Cooper (1930.2-). 미국 물리학자. BCS 이론으로 노벨물리학상 공동수상. BCS 이론의 쿠퍼쌍의 이름을 제공하였다.
3. John Robert Schrieffer (1931.5-). 미국 물리학자. BCS 이론으로 노벨물리학상 공동수상.

BCS 이론은 주로 금속원소나 합금으로 구성된 저온(30 K이하) 초전도체의 현상을 잘 설명할 수 있다고 알려져 있으나 산화물 중심의 고온초전도체에 대해서는 잘 맞지 않는 이론이다.

BCS 이론은 초전도 현상을 양자역학의 관점에서 설명하는 이론이다.[179] 전자가 도체를 통해 움직이면 근처 격자의 양이온이 전자의 영향으로 그 위치가 왜곡된다. 이 격자 왜곡으로 근처 양이온의 전하밀도가 변하며 이때 스핀이 다른 전자가 이 지역으로 이끌려 들어온다. 이러한 현상을 전자-포논(양이온 격자의 변형) 상호작용이라고 하며 이때 형성된 전자쌍을 쿠퍼쌍이라 한다. 이것은 동시에 두 전자가 서로 끌어당기는 현상이 아니고, 한 전자의 영향이 양이온에 전달되고, 또 그 영향이 다른 전자에게 전달될 수 있는 시간이 필요한 상호작용인 것이다. 이렇게 두 개의 전자가 포논과의 상호작용에 의해 쿠퍼쌍을 이루며 이 쌍이 저항 없이 전기를 전도한다는 것이 BCS 이론의 핵심이다. 기존의 물리학에서는 두 개의 전자는 쿨롱의 법칙에 의해 서로 밀어내려는 척력을 가진다. 그런데 초전도체의 온도를 충분히 내리면, 초전도체 내부의 전자들은 서로 밀어내기보다는, 서로 끌어당겨서 쿠퍼쌍을 이루면 더 안정된 상태가 된다고 한다. 이러한 상호작용이 나타나는 온도가 초전도체의 임계온도이다. 초전도체 내에서는 이러한 쿠퍼쌍이 많기 때문에 하나의 응집된 상태를 이룬다. 임계온도 이하에서 쿠퍼쌍을 와해시키기 위해서는 전체 응집체를 상대해야 하며 그만큼 큰 에너지가 필요하다. 온도가 낮으면 격자의 진동이 충분하지 않아 이 응집체의 전자쌍을 깰 수 없다는 주장이다. 전자는 개별적으로 이동하는 것이 아니고 응집체로 움직이기 때문에 저항이 없다는 것이다.

이런 BCS 이론은 원자두께 정도의 얇은 박막에서도 초전도현상이[180]

관찰됨으로써 쿠퍼쌍이 초전도의 원인이라면 설명이 불가능하여 그 신뢰성이 떨어졌다. 또한 유기선형물질(폴리머,[181] 버키볼(buckyball))에서[182] 초전도현상은 오래전부터 알려져 왔다. 이 또한 BCS 이론으로 설명이 불가능하다. 이 이론은 고온초전도현상을 설명하기 위해선 2개의 전자를 묶어주는 강한 힘이 필요하다고 주장하나 아직 그런 힘을 찾지 못하고 있다. 고온초전도체에 BCS 이론을 적용하지 못하는 가장 큰 이유는 이 이론이 명확히 규정할 수 없는 란다우 준입자(Landau quasiparticle) 개념에 기반하고 있다는 것이다. 즉, BCS 이론은 전자의 자유도에 대한 평균장 이론140)에서 출발한다. 평균장 내에서의 전자를 포논과 결합시킴으로써 온도와 같은 물리조건에 의존하는 초전도 상태에 도달할 수 있다. 고온초전도체에서는 이러한 계층적인 자유도의 분리는 불가능하다.[183] 이런 연유로 BCS 이론은 반쪽이론에 불가하며, 근본적으로 전기전도에 대한 새로운 패러다임이 필요할지 모른다. 이 책은 전류, 전기전도는 도체가 저온 또는 고온초전도체, 일반 전도체와 상관없이 동일한 통일된 이론으로 해석해야 한다는 생각에서 출발한다.

140) (mean field theory) 물리학에서 평균장 이론은 크고 복잡한 확률 모델을 보다 단순한 모델을 이용하여 다룬다. 이를 위해 많은 수의 상호작용하는 개개의 구성요소들을 이용한다. 한 개별 요소에 대한 다른 모든 요소들의 영향을 하나의 평균값으로 대체하여 다원계의 문제를 단일계의 문제로 단순화시킨다.

6.2 새로운 패러다임에 의한 초전도 현상

초전도 현상을 설명할 때, 원자핵을 구성하는 양성자나 중성자의 이동에 대한 언급이 전혀 없다.[141] 원자 내에서 하나의 전자는 하나의 양성자에만 귀속되어 있다고 한다면, 전자의 에너지 준위 변화는 필연적으로 양성자의 이동(또는 위치변동)이 수반되어야 한다. 원자핵이 모두 중심에 모여 있다고 가정할 때 추론할 수 없는 상황이다. 방사성 붕괴의 일종인 베타 붕괴[142] 시 발생하는 전자로 인하여 원자핵 내에 전자가 존재하는 것이 아닌가하는 것이 한때 논란이 되었고 이것은 현재의 원자모델에 대한 의구심을 일으켰다. 물론 이것에 대하여 스웨덴 물리학자인 클라인이 양자역학적으로 핵 내에서의 전자의 존재를 부정하는 설명으로 해결한 바가 있다.[143] 이러한 설명은 단지 현재의 원자모델에서 원자핵 내에 전자를 포함하느냐 아니냐 하는 양자역학적 계산이며 원자 내 양성자와 전자가 1:1로 수소원자 형식으로 되어있는 새로운 패러다임의 원자모델과는 전혀 다르다. 새로운 패러다임에 의거 원자중심에는 최소한의 핵물질이 존재하고 (주로 잉여중성자) 원자가 그림 20과 같이 포도송이처럼 개별적으로 부풀려져 있다면, 최외곽에 있는 포도알갱이가 위치를 바꾸면 해당 원자의 에너지가 바뀐다. 여기서 포도알갱이는 앞선 절에서의 전양자(전자-양성자 쌍)이며 중성자 또한 동반된다. 이를 우리는 PeN이라하였다. 이 PeN이 서로 상대적 위치를 바꾸면 주위의 응력상태, 즉 결합상태가 변화하는 것

---

141) 물론 BCS 이론은 이온의 변위에 대해서는 언급하고 있다.

142) (beta decay) 음의 베타붕괴 시 중성자가 양성자와 전자 및 전자 반 중성미자를 생성한다. 이 반응이 기존의 원자핵 내에서 발생할 때, 한 원소가 다른 원소로 바뀐다.

143) 각주 32 참조.

이다. 따라서 통상의 전기전도와 마찬가지로 임계온도 이하에서의 초전도체에서도 전자와 양성자, 중성자가 한 몸체로 원자 내에서(원자의 표면에서) 위치를 바꾸면서 초전도 현상을 일으킨다고 가정한다. 기존의 BCS 이론이나 그 외 전기전도 이론에서의 전자(또는 쿠퍼쌍)라는 입자의 이동이 아니라 전자가 귀속된 PeN의 위치변화(주로 제2결합의 변형)에 의한 에너지 상태, 즉 왜곡상태의 이동이라는 관점에서 초전도를 생각한다.

원자주변의 편향된 뒤틀림

기존의 물리학 개념에서 전자가 이동하는 것과 동일한 것이 새로운 패러다임에서는 최외곽 PeN간 제2결합의 왜곡된 상태가 이동하는 것이다. 외부자기장에 의해 최외곽 PeN들이 위치를 바꾸기 위해서는 주위의 기존의 원자간 결합을 바꾸어야하기 때문에 에너지가 필요하다.[144] 부도체의 경우 이 최외곽 PeN간 결합이 고착되어 있어 그 변형이나 이동에 소요되는 에너지가 높아 전기전도율이 낮다. 온도가 높아지면, 열에너지의 도움을 받아 활성화 에너지를 일부 충당할 수 있기 때문에 부도체의 전기전도율은 증가한다. 전도체는 PeN간 결합이 유연하기 때문에 (또는 유용 가능한 PeN이 많기 때문에) 열진동으로 방향성이 없는 PeN간 결합의 들뜬상태가 항상 존재한다. 전기는 음과 양이 뚜렷이 구분되지만 열은 본질적으로 중성이다(방향성이 없다). 제5장에서 소개한 바가 있는 플랑크 법칙에서 열은 복사파라는 중성의 전자기파를 발생한다. 그 파장과 진동수는 온도에

144) 도체는 열진동에 의해 임의의 방향으로 진동한다면 전기장이 걸릴 경우 이 임의성의 없어지고 방향성을 가진다. 한 원자의 진동이 방향성을 가지면 인접 원자의 진동도 영향을 받아 대응하는 방향으로 진동의 이방성이 형성될 것이다.

의존하며 플랑크 분포를 한다. 전기의 음과 양이 합쳐 복사파가 생성, 즉 발열한다고 할 수 있으며 이것은 전자와 양전자가 합쳐 감마선이 발생하는 이치와 동일하며 도체 내에서의 미세한 전기단락과 같은 것이다.

그런데 이러한 미세한 전기단락이 어떻게 발생하는가? 왜곡된 PeN간 제2결합이 한 방향으로 이동하면, 그 수직한 면에서 자기장이라는 변형의 발생하며 이 변형의 반작용으로 왜곡된 PeN간 결합과 반대의 왜곡구조를 가진 PeN간 결합이 형성되고 이러한 구조가 합치면 중성의 들뜬 상태, 즉 열에너지가 된다고 생각할 수 있다. 이것은 (4.5)식의 패러데이 법칙과 같이 외부자기장으로 유도된 전기로부터 형성된 자기장이 외부자기장에 반대하는 방향으로 형성되는 것과 같은 이치이다. 유도기전력이 하나의 도체 내에서 발생하기 때문에 전기장에 의해 방향성을 가진 PeN간 왜곡된 결합이 지워지며 (전기적으로 단락되며) 열이 발생한다. 이것이 저항열이다. 임계온도 이하에서 초전도체가 되기 위해서는 전기장에 의해서 형성되는 PeN간의 왜곡된 결합을 지우는 (자기장 발생의 반작용으로 형성되는) 유도된 PeN간 결합의 형성이 억제되어야 한다. 즉, 도체 내에서 자기장 형성이 억제되어야 한다.

전류는 필연적으로 자기장을 수반한다. 제5장에서 다루었듯이 새로운 패러다임에서의 자기장은 전기장에 의한 제2결합의 인장 또는 수축에 의해 유도되는, 전류의 진행방향과 수직한 면과 교차하는 점을 중심으로 동심원 형태로 나타나는 수축 또는 인장 (전자기) 응력장이다. 도체 내에서 자기장이 형성되지 않는다는 것은 PeN간 제2결합의 밀도가 높고 교차결합(cross-link)이 이루어져 도체가 전자기적으로 응고된 상태이다. 이 상태에서는 외부전기장에 의해 PeN간 결합의 왜곡이 쉽지 않고 수직한 면

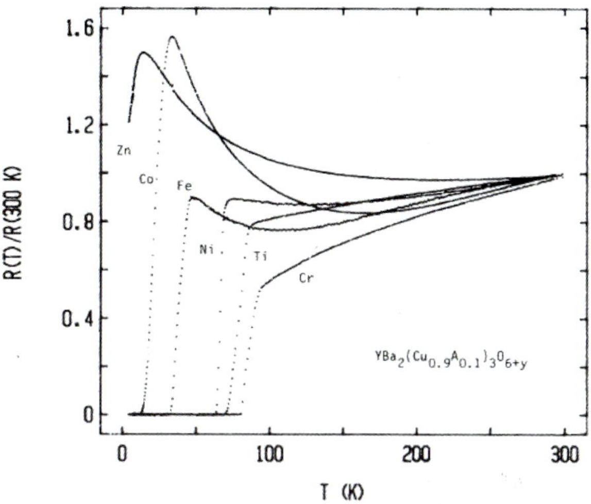

[그림 86] 임계온도 근방에서 급격한 저항 증가를 보이는 초전도체 $YBa_2(Cu_{0.9}A_{0.1})_3O_{6+y}$, A=Ti, Cr, Fe, Ni, Zn (G. Xiao 외)

에서의 자기장이라는 유도된 왜곡이 불가능하기 때문에 왜곡된 상태가 이동할 수 없다. 따라서 전기저항은 무한대가 될 것이다. 그림 83과 같이 내부에 자기장이 형성될 수 없으면 온도가 낮아질수록 저항이 급격히 증가할 가능성이 있다. 그림 86은 이러한 가능성을 보여주는 것으로서 일부 도핑된 초전도체는 온도가 낮아져 임계온도에 접근하면 저항이 급속히 증가하고 있다.[184]

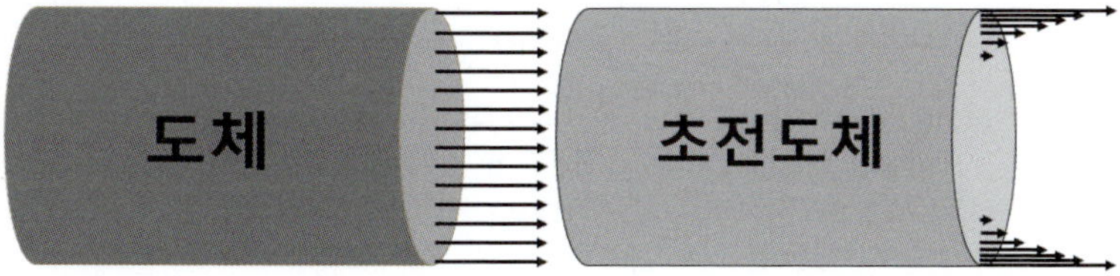

[그림 87] 정상적인 전도체(좌)는 도체 전구역에서 전기가 흐르지만 초전도체(우)는 표면과 그 근방에서만 전기가 흐른다. 전기가 흐르는 초전도체의 표면 두께를 런던침투깊이라 한다.

그런데 진공매질과 접하는 표면층에서는 진공매질이 전류(전기장의 흐름)에 따른 변화에 대응할 수 있기 때문에 (PeN 간 왜곡된 결합에 대응하는 자기장이 진공매질에서 형성될 수 있기 때문에) 초전도체의 전류는 그림 87과 같이 표면층에서만 저항 없이 흐른다. 초전도체는 임계온도 이하에서 역설적으로 완벽한 부도이지만 진공매질과의 상호작용으로 초전도체가 되는 것이다. 이것은 또한 임계온도 이하에서는 초전도체 내에서 열적인 활성도 어렵다는 뜻이다. 복사열도 전자기파의 일종이기 때문에 도체 내부에

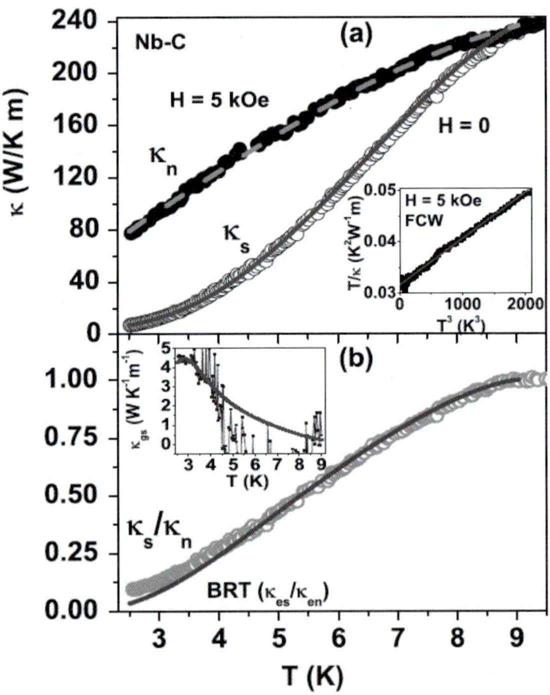

[그림 88] 초전도 상태와 외부자기장이 있어 초전도가 아닌 상태의 Nb-C의 열전도율의 차이: 초전도 상태에서 열전도율이 현저히 감소한다. (a) 열전도율의 온도의존성, (b) 두 상태의 비 (LS Chandra 외)

자기장이 억제되면 열전도율도 감소할 것임을 예측할 수 있다. 그림 88에 한 예를 나타내었다.[185] 열전도율은 온도가 내려가면 감소하지만, 초전도체의 열전도율은 더 급속히 감소함을 알 수 있다. 일반적으로 도체의 전기전도율이 높으면 열전도율 또한 높다. 초전도체의 경우 이러한 경향은

[표 6] 초전도 원소주기율표(wikipedia.org)

H			상압 초전도체				고압 초전도체										He
Li 0.0004 14 30	Be 0.026 3.7 30			T_c(K) T_c^{max}(K) P(GPa)				T_c^{max}(K) P(GPa)				B 11 250	C	N	O 0.6 100	F	Ne
Na	Mg											Al 1.14	Si 8.2	P 13 30	S 17.3 190	Cl	Ar
K	Ca 29 217	Sc 19.6 106	Ti 0.39 3.35 56.0	V 5.38 16.5 120	Cr	Mn	Fe 2.1 21	Co	Ni	Cu	Zn 0.875	Ga 1.091 7 1.4	Ge 5.35 11.5	As 2.4 32	Se 8 150	Br 1.4 100	Kr
Rb	Sr 7 50	Y 19.5 115	Zr 0.546 11 30	Nb 9.50 9.9 10	Mo 0.92	Tc 7.77	Ru 0.51	Rh .00033	Pd	Ag	Cd 0.56	In 3.404	Sn 3.722 5.3 11.3	Sb 3.9 25	Te 7.5 35	I 1.2 25	Xe
Cs 1.3 12	Ba 5 18	La–Lu	Hf 0.12 8.6 62	Ta 4.483 4.5 43	W 0.012	Re 1.4	Os 0.065	Ir 0.14	Pt	Au	Hg α 4.153	Tl 2.39	Pb 7.193	Bi 8.5 9.1	Po	At	Rn
Fr	Ra	Ac–Lr	Rf	Ha													

Lafcc 6 13 15	Ce 1.7 5	Pr	Nd	Pm	Sm	Eu 2.75 142	Gd	Tb	Dy	Ho	Er	Tm	Yb	Lu 12.4 174
Ac	Th 1.368	Pa 1.4	U 0.8(β) 2.4(α) 1.2	Np	Pu	Am 0.79 2.2 6	Cm	Bk	Cf	Es	Fm	Md	No	Lr

역전된다. 결국 초전도체는 그 어떤 구조가 외부전기장에 추종하여 표면 근방에서 진공매질과의 상호작용에 의한 것임을 알 수 있다.

그렇다면, 표 6의[186] 개개의 금속은 초전도 임계온도가 왜 다를까? 몇 가지 금속원소의 예로부터 고찰해 보자. 이 고찰에서의 핵심은 어떤 결정 구조를 가진 도체가 제2결합이 가능한지, 그 결합력이 얼마나 높은지 하는 것이다.

금속원소의 초전도

리튬(Li)과 같이 최외곽 PeN이 하나인 금속은 이 PeN이 제1의 결합에 전부 사용되기 때문에 제2의 결합을 이룰 수 없다(또는 제1, 제2결합의 구분이 없다고 할 수 있다). 따라서 대부분의 1족 원소의 금속은 초전도 현상이 나타나지 않을 가능성이 높다. 단, 리튬과 같이 아주 낮은 온도에서(0.0004 K) 초전도 현상이 나타나는 것은 내부의 헬륨(He)의 PeN 구조가 완전히 구형이지 않고 그 어떤 방향성이 있어 리튬의 초전도는 헬륨의 거동과 연관되어 생각할 수 있다(참고로 헬륨은 4 K에서 액화한다). 리튬은 아주 낮은 온도에서나마 초전도 현상이 나타나며 표 6과 같이 30 GPa에서 임계온도가 14 K로 비교적 높다. 나트륨(Na)의 경우 내부구조인 네온(Ne)이 헬륨보다 구형에 가깝다. 초전도현상이 고압에서도 나타나지 않는다. 베릴륨(Be)은 $2s^2$ 두 개의 PeN이 제1결합에 관여할 것이며 따라서 내부 헬륨구조에 보다 가까워질 수 있기 때문에 초전도임계온도는 더 높다(0.026 K). 반면 가압 시에 2개의 결합 때문에 내부의 헬륨의 방향성 구조에 접근하기 어렵고 고압에서 임계온도는 오히려 리튬 보다 낮다(3.7 K). 마그네슘(Mg)은 $3s^2$ 두 개의 PeN이 12개의 결합에 참여하며 베릴륨(Be)과 동일한 hcp구조를 하고 있다. 제2결합의 가능성이 없어 초전도가 발현하지 않는다. 알루미늄(Al)은 임계온도가 상압에서 1.14 K로 리튬보다 훨씬 높다. $3s^2$ $3p^1$ 3개의 PeN이 결합에 관여할 수 있다. 알루미늄은 fcc구조로 hcp 구조의 마그네슘과 같이 배위수(최인접 원자수)가 12이다. $3s^2$ 두 개의 PeN이 12개의 결합을 담당한다면 $3p^1$이 제2결합을 구성할 수 있어 초전도 현상이 1.14 K에서 나타난다. 실리콘(Si)은 $3s^2$ $3p^2$가 결합에 관여할 수 있으며 실제로 4개의 PeN이 모두 제1결합에 참여하여 다이아몬드 결정구조를 하고 있고 이로 인해 밀도가 알루미늄 보다 낮지만 융점이 훨씬 높다. 제2결합을 할 수 없어 대기압에서 초전도 현상이 나타나지 않는다. 단 고압에서는 결정구조가 왜곡되면서(다른 구조로 바뀌면서)[187] 초전도 현상이 나타난다.[188] 표 7과 그림 89를 비교해보면, 압력에 따라 일관적으로 임계온도가 증가하지 않고 특정 결정구조(체심 사방정계)가 형성되는 압력에서 임계온도가 가장 높음을 알 수 있다. 최외곽 PeN 수가 실리콘과

[표 7] 압력에 따르는 실리콘의 결정구조(M. Debessai 외)

표기	결정 구조	압력범위(GPa)
I	입방정계 (cubic, 다이아몬드)	0 → ~11
II	체심 사방정계 (body-centered tetragonal, β-Sn)	~11 → 15
III	체심 입방정계 (body-centered cubic)	~10 → 0
V	단순 육방정계 (primitive hexagonal)	~14 → 40
VII	조밀 육방정계 (hexagonal close-packed)	~40

동일한 납(Pb)은 결정구조가 fcc이고 임계온도는 7.193 K로 상당히 높은 편이다. $6p^2$에 의한 제2결합이 뚜렷이 존재하고 결합력이 강하다는 반증이다. 반면 구리는 초전도 현상이 나타나지 않는다. 구리 산화물은 CuO, CuO_2, Cu_2O 세 가지이다. 즉, 구리는 1, 2, 4개의 PeN이 제1결합에 참여할 가능성이 있다. 구리는 fcc 구조를 하고 있기 때문에 2개의 PeN이 제1결합에 참여한다면, 나머지 2개가 제2결합에 참여할 수 있다.

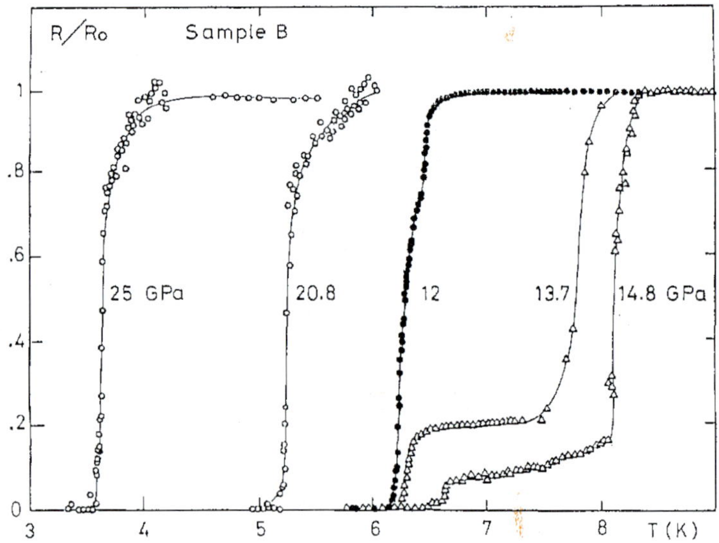

[그림 89] 압력에 의존하는 실리콘 초전도(G Martinez 외)

구리의 PeN 구조는 [Ar] $3d^{10}$ $4s^1$과 같은데 fcc 구조로 인하여 [Ar] $3d^9$ $4s^2$의 구조인 것이 최적일 것이며 초전도 현상이 나타나기 위해서는 $3d^9$ PeN이 제2결합에 관여해야하지만 그 결합력이 매우 낮거나 결합을 이루지 않는다고 추정할 수 있다.

초전도 기구

임계온도이하에서 도체 내에서 제2결합이 완성되어 (제2결합의 관점에서 액상에서 고상으로의 상변태. 전자기적인 응고) 표면에서만 전기장에 의해서 PeN간 제2결합이 왜곡된다.[145] 표면에서 이러한 결합에 의한 전기장이 형성되고 이에 상응하는 진공매질의 왜곡에 의한 자기장이 유도된다. 열진동이 약해 제2결합을 와해시키지 못하며 도체 내부에서는 자기장이 형성되지 않고 표면을 통한 초전도 현상이 나타난다. 진공매질에서 형성되는 자기장은 반대부호의 기전력을 유도하지 않기 때문에 저항이 0이다 (전자기적인 측면에서 진공매질은 완벽한 탄성체이다).

BCS 이론에서 임계온도 이하에서 쿠퍼쌍이 방해를 받지 않고 저항 없이 흐른다고 하는 초유체가 거론되었다. 새로운 패러다임에 의거 전자쌍, 또는 그 흐름을 해석하면, 서로 인접한 원자로부터 제공된 한 쌍의 PeN과 그 결합이 존재해야한다는 것과 유사하다. 이것은 초전도와 상관없이 새로운 패러다임에 의한 전기흐름의 하나의 조건이다. 외부전기장에 의해 하나의 PeN이 들뜨고 이 들뜬 PeN과 호응하여 인접원자의 최외곽 PeN 구조가 변형된 한 쌍의 PeN간 결합을 구성한다. 이러한 외부전기장에 추종하는 새로운 인접 PeN간 결합구조의 이동(실제로는 이동이 아니고 상대적 변위가 주기적으로 변하는 파동의 형식)으로 전기가 흐른다. 전류라는 에너지의 이동이 가능한 것은 열에 의한 임의 진동이 항상 존재하기 때문이다. 외부전기장이 가해지면 이러한 임의진동이 억제되어 방향성을 가진 진동이 파동의 형식으로 전파하는 것이다. BCS 이론의 전자쌍 초유체는 초전

145) 도체 내부에 비해 표면이 보다 유연한 결합을 하고 있다.

도 현상과 관계없는 인접한 PeN간 제2결합인 것이다.

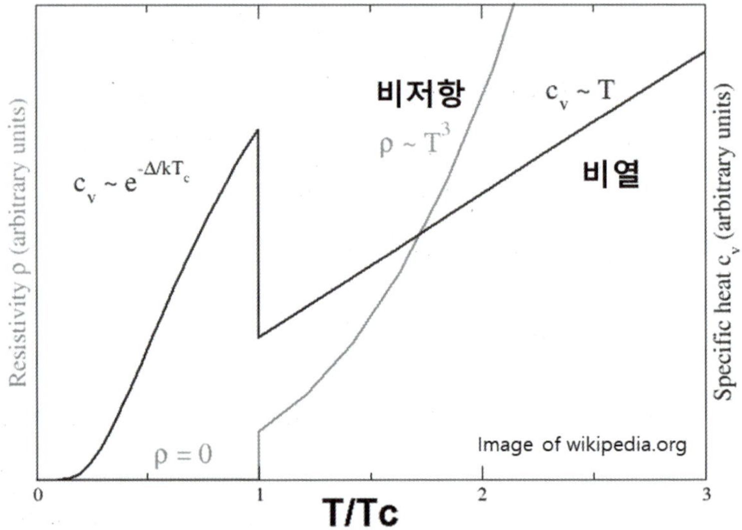

[그림 90] 임계온도 부근의 초전도체의 열용량과 저항 변화

한편 임계온도 이하에서는 열진동에 의한 들뜬 PeN간 결합이 초전도체 내부에서 형성될 수 없다. PeN간 결합이 열진동 하기 위해서 이에 상응하는 (비록 방향성은 없지만) 전자기장의 형성이 필수적이기 때문이다. 표면 근방에서만 진공매질의 의한 자기장이 형성될 수 있기 때문에 외부전기장에 추종하는 PeN간 결합의 왜곡상태가 가능한 것이다. 그림 90의 임계온도 부근에서의 초전도체의 열용량과 저항변화를 보자. 임계온도 전후에서 열용량이 급격히 변하고 있다. 제2결합에 의한 상변태임을 알 수 있다. 임계온도 이하에서 원자나 분자에 귀속된 PeN간 결합이 (전자기적으로) 응고된 상태에서 외부온도에 반응하는 것이다. 따라서 임계온도 전후의 열

[그림 91] A15 구조를 가진 Nb_3Sn

용량 변화는 완전히 다르다. 그림 91과 같은 A15 구조를[146] 가진 A_3B 합금의 최외곽 PeN 수에 따르는 전자비열과 초전도 임계온도 변화의 경향은 거의 유사하다(그림 92 참조).[189] 제1결합에 참여하지 않은 가용 PeN이 많을수록 임계온도가 높다는 추측이 가능한 자료이다.

금속과 같은 저온초전도체에서 임계온도를 결정하는 인자는 무엇일까? 저온에서 형성되는 제2결합을 와해시키는 에너지가 크면 임계온도가 높을 것이다(결합력이 커야한다). 결합력은 두 쌍 이상의 PeN간 결합이 있을 경우 더 커질 것이다. 또한 제1결합에 의한 결정구조가 변하여 제2결합에 유용한 PeN이 추가될 경우 임계온도가 높아질 것이다. 높은 압력은 이런 조건을 제공하기 때문에 저온초전도체의 경우 압력이 높을수록 임계온도가 높다. 그림 93을 참조하면,[190] 도체의 결정구조가 bcc-fcc, bcc-hcp

146) A15(β-W 또는 Cr_3Si 구조)는 금속간 화합물로서 화학식인 A_3B(A는 전이금속이고 B는 어떤 원소도 가능)이고 그림 91과 같은 결정구조를 가지고 있다. ~20 K의 비교적 높은 임계온도를 가지고 있으며 수십 테슬라에서도 초전도를 유지한다. 이를 II-형 초전도라 한다.

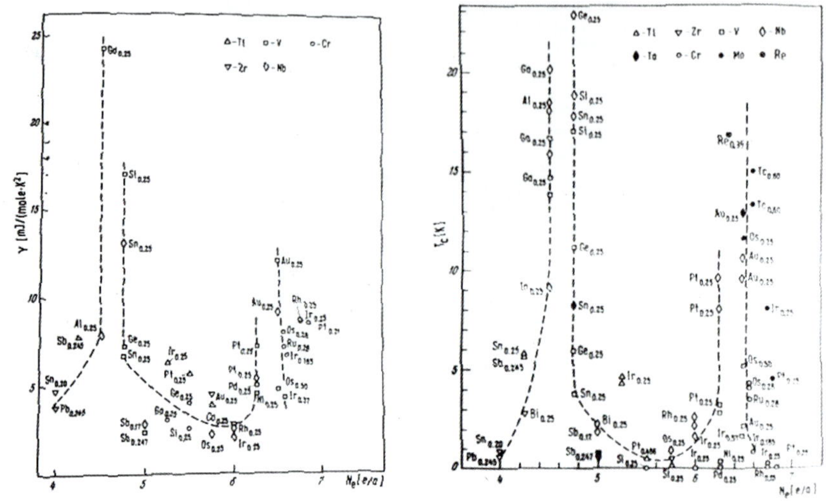

[그림 92] A15 구조의 A_3B 합금의 최외곽 PeN의 수에 따르는 전자비열 γ와(좌) 초전도 임계온도(우) (Vonsovsky, Izyumov, Kurmaev)

중간쯤에 있는 전이금속이 임계온도가 높다. 이것은 제1결합에 의한 결정구조가 불안정하고 많은 수의 PeN이 제2결합에 참여할 수 있음을 의미한다. 또 하나 고려할 사항은 제2결합이 가능한 PeN간 거리이다. 이 거리가 짧으면 제2결합의 가능성이 높아 많은 금속의 경우 가압할 때 임계온도가 높아짐을 표 6으로부터 알 수 있다. 하지만 표 7과 그림 89의 실리콘의 경우와 같이 금속이나 합금의 압력에 대한 거동으로부터 임계온도가 압력에 대해 일관적으로 변화하는 것이 아님을 알 수 있다.

요약하자면, 제2결합이 가능한 PeN 개수가 많아야 보다 높은 온도에서 임계결합밀도에 도달하기 때문에 임계온도가 높다. 제1결합에 의한 결정구조가 불안정한 경우 가용 PeN 개수가 많아진다. 또한 제2결합의 결합력이 크면 이 결합을 와해시키기 위한 에너지가 높기 때문에 임계온도가

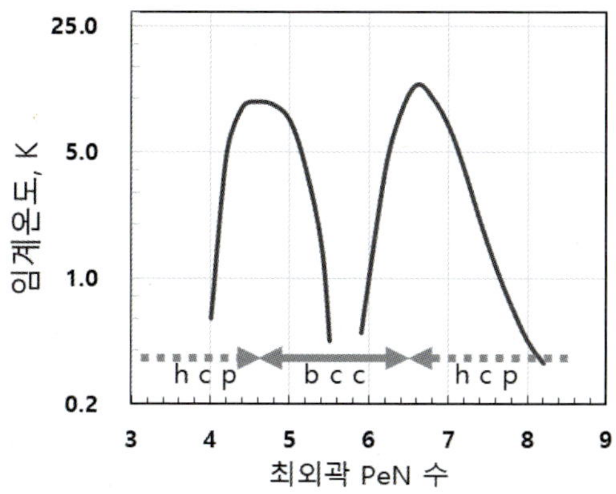

[그림 93] 전이금속 합금의 초전도 임계온도 변화: 두 결정구조 사이에서 최고값을 갖는다.

높을 것이다. 가압할 경우 PeN간 거리가 줄어들어 제2결합이 결합력이 커지거나 결정격자의 왜곡으로 가용 PeN이 많아지거나 적어지기도 한다.

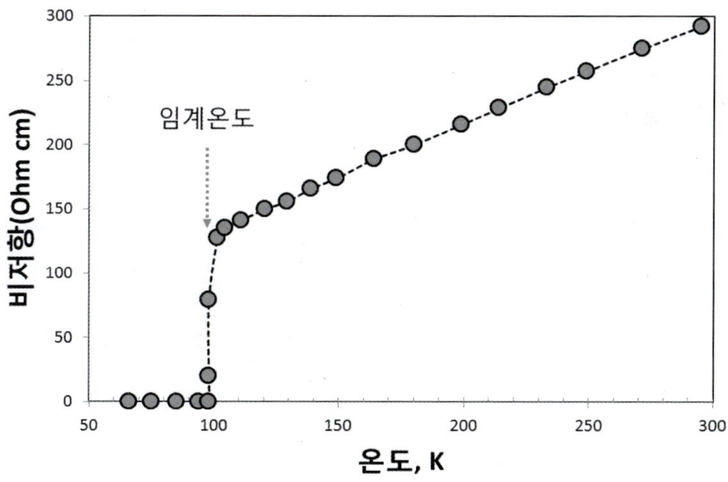

[그림 94] 고온초전도체의 초전도 현상과 저항값

6.3 고온초전도체의 종류와 특성

고온초전도체는 상온에서의 전기전도율은 낮다. 그림 94의 고온 초전도체의 임계온도 근처에서의 최소 저항은 100 Ωcm으로 표 4의 통상의 전도체의 저항보다 턱없이 높다. 고온초전도체는 금속성 I형 초전도체와 달리 높은 온도(77 K, 질소 액화온도)에서 초전도 현상이 나타나며 상온에서의 전기전도율은 금속도체와 비교하면 부도체에 가깝다. 또한 임계자기장에서 초전도가 불연속적으로 없어지지 않고 일정 자기장 범위에서 자기장이 내부로 침투하는 현상이 있다. 이를 II-형(Type II) 초전도체라 칭한다.[191] 먼저 이에 대해 알아보자.

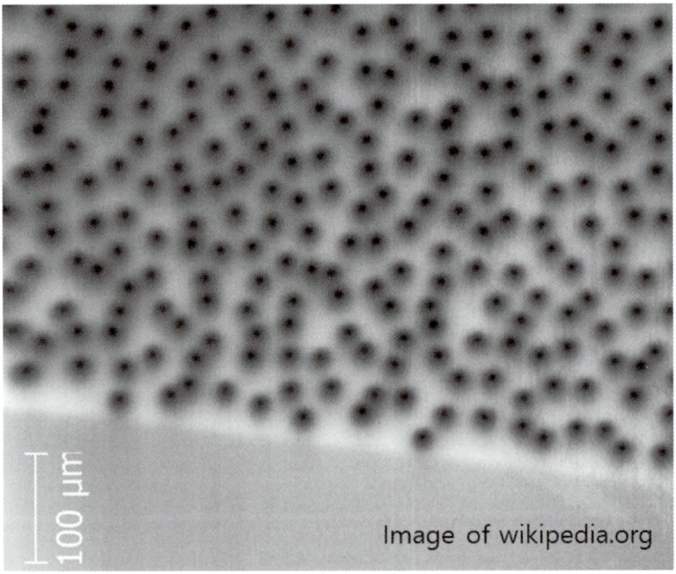

[그림 95] 고온초전도체인 YBCO 박막에서 관찰된 자기 소용돌이(흑점).

II-형 초전도체

II-형 초전도체는 특정 자기장 세기 H_{c1} 이상에서 그림 95와 같이[192] 자기 소용돌이를 형성한다. 이 소용돌이 밀도는 자기장의 세기가 높아지면 증가한다. 자기장 세기가 H_{c2} 이상이면 그림 96과 같이 초전도가 없어진다. 따라서 II-형 초전도체에서는 자기장이 완전히 축출되는 마이스너 효과는 제한적으로만 나타난다.[193] 자기 소용돌이는 초전도 구역이 아닌 곳으로 초전도 구역의 회전하는 초전류에 의해 둘러싸인다. 이를 아브리코소브147) 소용돌이(Abrikosov vortex)라고도 한다. 이 소용돌이는 그림 95와 같이 어느 정도 규칙성을 가진 격자를 구성한다.[194] 자기 소용돌이

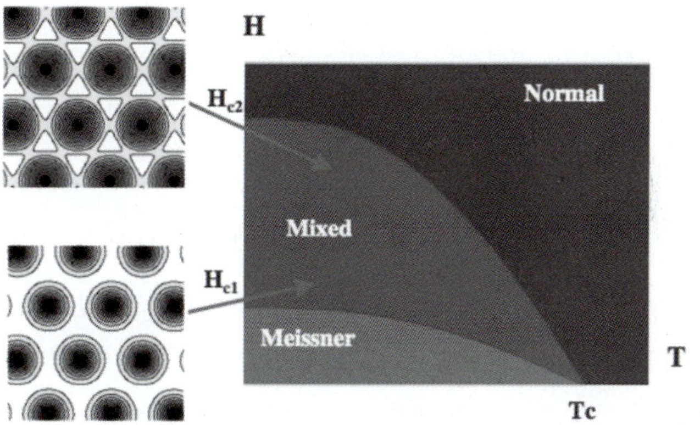

[그림 96] II-형 초전도체의 특성(출전: X. Yu, "Vortices in Type-II Superconductors", @guava.physics.uiuc.edu)

---

147) Alexei Alexeyevich Abrikosov (1928.6 - 2017.3) 러시아와 미국 이론 물리학자. 고체 물리학에 많은 공헌을 하였다. 2003년 V.L Ginzburg, A.J. Leggett와 함께 극저온에서의 물질 거동에 관한 이론으로 노벨물리학상을 수상하였다.

상태에서 초전도체가 영구자석 위의 한 공간에서 고정되는 자기선속고정(flux pinning)이 가능하다. 이때 마찰 없는 접합이 가능하며 이를 이용하여 승강기, 무마찰 접합, 자기부장열차 등에 사용할 수 있다. 초전도체의 두께가 얇을수록 자기선속고정이 강해진다.

고온초전도체의 종류

최초의 고온초전도체는 1986년 베드노르츠와 뮐러148)가 발견하였고,[195] 임계온도가 138 K(−135 °C)로 높기 때문에 액체질소로 냉각하면 초전도 현상이 나타난다. 2008년까지는 구리산화물("cuprate")이 주성분인 것만 알려졌고 고온초전도체는 곧 구리산화물계 초전도체를 의미하였다. 이후 철계 화합물에서도 고온초전도 현상이 발견되었다.[196] 2015년, 황화수소(H_2S)가 초고압(~150 GPa)에서 약 203 K(−70 °C)에서 H_3S가 생성되며 이때 초전도 현상이 나타났다. 이것이 지금까지 알려진 임계온도가 가장 높은 초전도체이다.[197]

구리산화물계 초전도체는 결정구조가 찌그러지고 산소가 결핍한 다중층의 페로브스카이트 구조이다. 다중의 이산화구리(CuO_2)층 사이에서 초전도가 일어난다. 이러한 구조로 인하여 전기전도 거동에 큰 방향성을 가지며 CuO_2 층이 많을수록 임계온도가 높다. CuO_2 층의 산소 위치에서의 정공(electron hole)에 의해 전기가 흐르기 때문에149) CuO_2 층과 평행한

148) Johannes Georg Bednorz (1950.5-) 독일 물리학자. 고온초전도체를 발견한 공로로 K. Alex Müller(1927.4-, 스위스 물리학자)와 함께 1987년 노벨 물리학상을 수상하였다.

149) 정공이라는 것은 PeN이 부족한 상태이다. Cu와 O사이의 부족한 결합이 전기장에 반응하는 것처럼 보이는 것이다. Cu의 최외곽 PeN간 유용한 제2결합이 많다는 뜻이다.

면에서의 전기전도율이 수직한 방향에서 보다 훨씬 높다.

액체질소 비등점인 77 K 이상에서 초전도현상이 나타나는 최초의 초전도체가 $YBa_2Cu_3O_{7-x}$이며 YBCO123 또는 단순히 YBCO라고도 한다. $YBa_2Cu_3O_7$ 단위격자는 3개의 페로브스카이트 단위격자가 겹친 구조이다. 그림 97을 참조하면, 각 단위격자에는 Y나 Ba 원자가 중심에 있다.

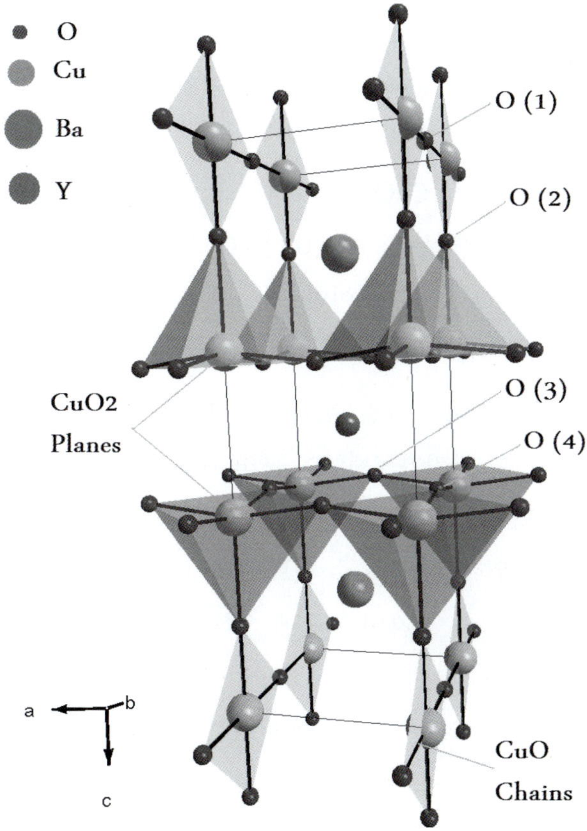

[그림 97] YBCO 단위격자(wikipedia.org)

Ba가 바닥격자에, Y가 중간격자에, 그리고 Ba가 꼭대기격자에 위치한다. 따라서 Y와 Ba가 c축(종축)에서 [Ba−Y−Ba] 배열을 하고 있다. 단위격자 모서리는 산화도에 따라 Cu(1)와 Cu(2) 두 종류의 구리원자가 접한다. 산소는 4곳 O(1), O(2), O(3)와 O(4)에 위치한다.[198] 3개의 페로브스카이트 단위격자는 9개의 산소원자를 가질 수 있지만 실제 $YBa_2Cu_3O_7$은 7개의 산소가 있어 산소가 결핍된 페로브스카이트 구조이다. 적층은 다음과 같다.

$$(CuO)(BaO)(CuO_2)(Y)(CuO_2)(BaO)(CuO)$$

이 초전도체에서 두 층의 CuO_2가 구조적으로 핵심요소이며 Y는 두 CuO_2 층을 분리한다. 임계온도는 x ~ 0.07일 때 최고인 95 K이고 그 구조는 사방정계150)이다.[199] x ~ 0.6이면 그 구조가 정방정계151)로 변하고 초전도 특성을 상실한다.[200]

산화구리계 초전도체는 그림 98과 같이 도핑에 따라 임계온도가 달라진다. 도핑이 없으면 반강자성체(AF, antiferromagnetic)이며 퀴리온도가 가장 높다.[201] YBCO로 대표되는 산화구리 초전도체는 일반적으로 전기전도 측면에서 2차원 소재라 할 수 있으며 초전도는 약하게 결합된 복수의 이산화구리(CuO_2) 층의 전자의 거동에 의해 결정된다고 한다. 산화구리 층은 O^{2-} 이온이 정사각형을 이루고 Cu^{2+} 이온이 중앙에 위치한 서양 장기판 모양이다. 단위격자는 이 사각형과 45° 각을 이룬다. 란탄(La), 바륨

150) (orthorhombic) 직사각형을 밑면으로 하는 사각기둥의 모양의 결정구조이며, 밑면의 양변의 길이가 서로 다르다.

151) (tetragonal) 정사각형을 밑면으로 하는 직사각기둥 모양의 결정구조.

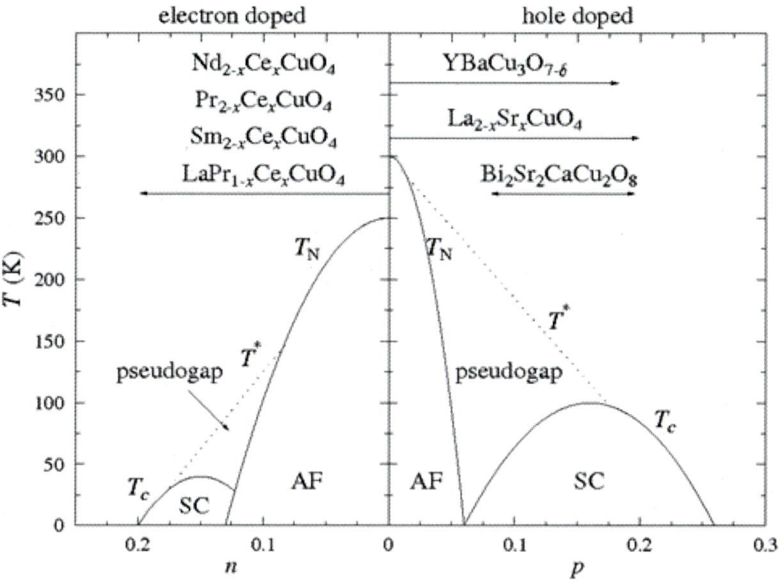

[그림 98] 산화구리 초전도체에서 임계온도에 미치는 전자(n)와 정공(p) 도핑효과(C. Hartinger).

(Ba), 스트론튬(Sr) 등의 이온을 가진 인접한 층은 구조를 안정화시키고 산화구리 층의 전자와 정공을 제공한다.

Bi−, Tl− 및 Hg−계 고온초전도체는 그 결정구조가 유사하다.[202] YBCO와 같이, 페로브스카이트가 있으며 CuO_2 층도 있지만, YBCO와 달리, Cu−O 사슬이 존재하지 않는다. YBCO 초전도체가 사방정계인 반면 이들은 정방정계이다.

Bi계 초전도체는 그 화학식이 $Bi_2Sr_2Ca_{n-1}Cu_nO_{4+2n+x}$(BSCCO)이며 n=1, 2 및 3으로 3종류가 있다. Bi−2201, Bi−2212 및 Bi−2223로 구분하며 각각 임계온도가 20, 85 및 110 K이다.[203] 이중에 둘은 구조가 정방정계로서 두 개의 비스듬한 단위격자로 구성되어있다. 이 단위격자에는

Bi−O 이중층이 있는데 한 층의 Bi 원자가 인접하는 층의 산소원자 아래에 위치한다. Ca 원자는 Bi−2212와 Bi−2223에서 CuO_2 층의 중간에서 한 면을 이룬다. Bi−2201에는 Ca가 없다. Bi−2201, Bi−2212 및 Bi−2223에는 각각 하나, 둘 및 3개의 CuO_2 층이 있다. CuO_2 층이 많으면 c축 결정상수가 커진다. Cu 배위수152)도 다르다. Bi−2201은 Cu 원자가 산소원자에 대해 팔면체 배위수를 가지며 Bi−2212는 Cu 원자가 5개의 원자로 둘러싸여 피라미드 구조를 하고 있다. Bi−2223은 배위수가 2로 한 원자는 4개의 산소와 결합하여 사각 면을 구성하고 다른 원자는 5개 산소와 피라미드 구조를 한다.[204]

최초의 Tl−계 산화물 초전도체(TBCCO)는 하나의 Tl−O 층을 가지고 있는 것이 $TlBa_2Ca_{n-1}Cu_nO_{2n+3}$이며 두개의 Tl−O 층을 가진 것은 $Tl_2Ba_2Ca_{n-1}Cu_nO_{2n+4}$로 n =1, 2 및 3이다.[205] $Tl_2Ba_2CuO_6$은 Tl−2201이라 하며 CuO_2 층이 하나이며 다음과 같은 적층구조를 하고 있다.

$$(Tl-O)(Tl-O)(Ba-O)(Cu-O)(Ba-O)(Tl-O)(Tl-O)$$

$Tl_2Ba_2CaCu_2O_8$, 즉, Tl−2212는 두개의 CuO_2 층이 있으며 그 사이에 Ca 층이 있다. Tl−2201과 유사하게 Tl−O 층은 Ba−O 층 밖에 있다. Tl−2223($Tl_2Ba_2Ca_2Cu_3O_{10}$)에는 3개의 CuO_2 층이 Ca 층들을 사이에 끼고 있다. Tl−계 초전도체에서, 임계온도는 CuO_2 층의 수가 많으면 높아진다. 하지만 $TlBa_2Ca_{n-1}Cu_nO_{2n+3}$에서는 이 층의 수가 4개 이상이면 오히려 임계온도가 낮아지며 $Tl_2Ba_2Ca_{n-1}Cu_nO_{2n+4}$에서는 3 이상이면 임계온

152) (coordination) 한 원자를 둘러싸는(배위하는) 가장 가까운 거리에 있는 원자 수.

도가 낮아진다.[206]

Hg-계 초전도체는 Hg-1201($HgBa_2CuO_4$), Hg-1212($HgBa_2CaCu_2O_6$) 및 Hg-1223($HgBa_2Ca_2Cu_3O_8$)이 있으며 그 결정구조는 Tl-1201, Tl-1212 및 Tl-1223과 유사하다. Hg가 Tl로 바뀐 것뿐이다. CuO_2 층이 하나인 Hg-1201의 임계온도는 같은 Tl-1201 보다 훨씬 높다. Hg-계 초전도체에서도 임계온도는 CuO_2 층이 많을수록 높다. Hg-1201, Hg-1212 및 Hg-1223의 임계온도는 각각 94, 128 및 134 K이다.[207] Hg-1223은 고압에서 임계온도가 153 K까지 높아지는데 화합물의 결정구조에 민감함을 알 수 있다.[208]

철계 초전도체는 철과 원소주기율표에서의 5A족(비소나 인) 원소 또는 6A족 원소를 함유한다. 산화구리계 다음으로 임계온도가 높다. 최고 임계온

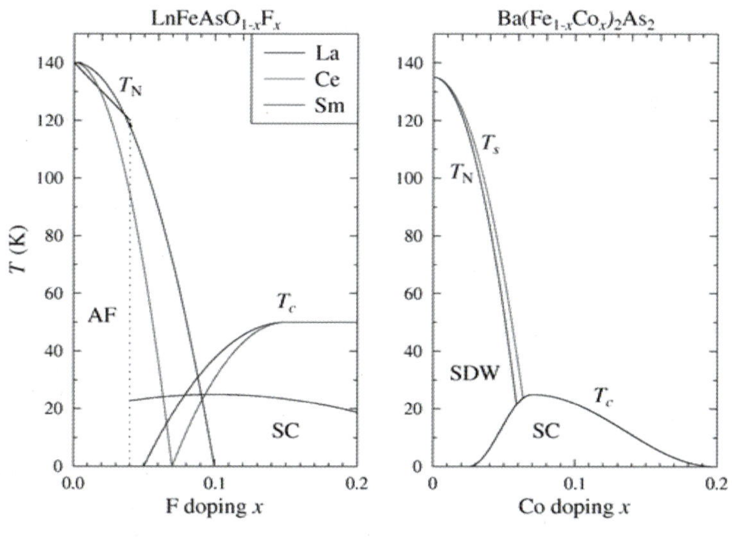

[그림 99] 철계 초전도체인 Ln-1111과 Ba-122에서의 도핑에 따르는 상태도(wikipedia.org).

도는 FeSe 박막에서 100 K 이상인 것이 2014년 보고되었다.[209] LnFeAs(O,F) 또는 $LnFeAsO_{1-x}$(Ln=란탄계 원소)는 임계온도가 56 K 정도이며 1111 소재라 불린다.[210] $(Ba,K)Fe_2As_2$ 초전도체는 철-비소 층이 쌓으로 있으며 122 화합물이라 하며 임계온도는 38 K이다.[211] 111 화합물인 LiFeAs과 NaFeAs는 임계온도가 최고 20 K이다.[212]

도핑하지 않은 대부분의 철계 초전도체는 산화구리계 초전도체와 유사하게 정방정계-사방정계 상변태 후 낮은 온도에서 자기정렬이 일어난다.[213] 하지만 이들은 모트153) 부도체154)라기보다는 금속에 가까우며 페르미 표면155)에서 5개의 에너지띠를 가진다.[214] 그림 99와 같이 비소를 함유한 철계 초전도체에서 도핑에 따르는 상태도는 구성 원소에 상관없이 매우 유사하다(La[215], Sm[216], Ce.[217], Ba-122[218]). 초전도 상이 자기상의 구역과 인접하거나 중첩한다. 임계온도 값이 As-Fe-As 결합각도에 따라 변하고 뒤틀리지 않은 $FeAs_4$ 사면체에서 임계온도가 가장 높다는 강력한 증거가 있다.[219]

한편 기압 90 GPa 이상에서 황화수소는 금속성 도체가 되며 압력이

---

153) Nevill Francis Mott(1905.9 - 1996.8) 영국물리학자. 자성체와 비정질 반도체의 전자구조에 대한 연구로 PW Anderson, JH Van Vleck와 함께 1977년 노벨물리학상을 수상하였다. Mott와 Anderson은 자성체와 비정질체가 때론 도체, 때론 부도체가 되는 이유를 밝혔다.

154) Mott insulator. 기존의 띠 이론으로는 도체이어야 하나 실제로는 부도체이다. 이것은 기존 이론에서 다루지 않았던 전자-전자 상호작용 때문이다. 모트 부도체에서의 띠 간극은 3d 특성과 같은 유사한 특성의 띠 사이에 존재한다. NiO에서 O 2p와 Ni 3d 띠 사이와 같은 음이온과 양이온 상태에서의 부도체 띠 간극과는 다른 것이다.

155) Fermi surface. 역격자 공간에서의 표면이며 절대온도 0도에서 채워진 전자에너지 준위와 채워지지 않은 준위를 구분한다. 그 형상은 결정의 단위격자의 대칭성과 채워진 전자에너지 띠에 의해 결정된다. 페르미 표면이 존재한다는 것은 하나의 양자상태에 최대 하나의 전자만 허용하는 파울리 배타원리로부터 직접적으로 귀결된다.

증가하면 임계온도가 증가하여 100 GPa에서 23 K, 200 GPa에서 150 K가 된다.[220] 높은 온도에서 가압된 후 냉각되면 203 K(−70 °C)까지 상승한다. 2015년도 현재 최고치이다. 황을 인으로 대체하고 좀 더 가압하면 섭씨 0도 이상의 상온에서도 초전도가 될 것이라는 예측도 있다.[221]

기존이론에 의한 고온초전도 기구

고온초전도의 기구는 불분명하지만 공통의 특징은 있다.[222] 도핑 없는 소재에서의 저온 반강자성과 도핑에 따라 초전도가 나타나는 현상, Cu^{2+} 이온의 궤도상태가 주로 d_{x2-y2}인 것(그림 100 참조) 등은 전자−포논보다 전자−전자 상호작용이 중요한 것으로 여겨지며 저온초전도와는 다른 특징이라고 해석되고 있다. 페르미 표면에 대한 연구에서 스핀파동이

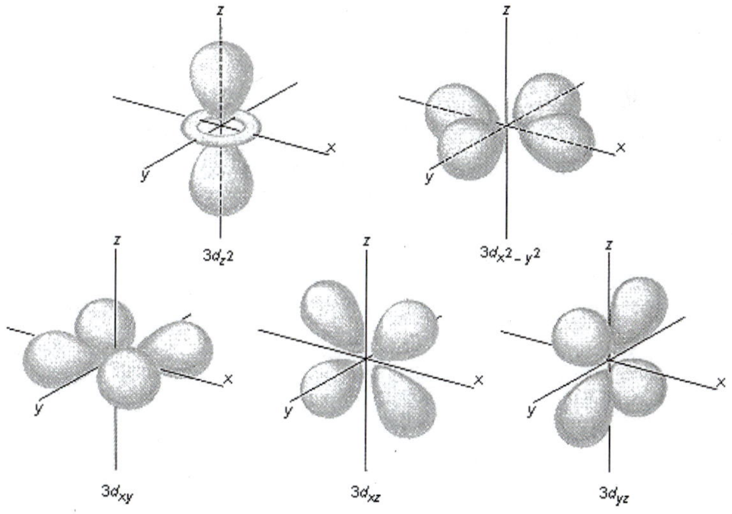

[그림 100] 5개의 궤도를 가진 d 하부 껍질 : d_{xy}, d_{yz}, d_{xz}, d_{x2-y2}, dz_2(wikipedia.org).

존재하는 반자성 브릴루앙[156] 구역[157]의 4 지점에서 중첩이 발생하고 초전도 에너지 간극은 이들 지점에서 보다 큰 것으로 밝혀졌다. 대부분의 산화구리 초전도체에서는 동위원소 효과가 약하며 이것은 BCS 이론으로 설명할 수 없는 것이다.

도핑이 없는 고온초전도체에서 임계온도는 런던 침투깊이[158]의 제곱에 반비례하며 비례상수는 정공과 전자 도핑에 대해 달리 나타난다. 이것은 이 소재에서의 초전도는 2차원이라는 것을 의미한다. 네른스트 효과[159]가 초전도나 유사간극(또는 준간극, pseudogap)상에서 뚜렷하다. 유사간극은 소재의 페르미 표면에 부분적으로만 형성된 에너지 간극을 말한다. 페르미 표면에 간극이 있는 특정한 지점에서의 띠구조이다.[223] 이러한 간극은 전자가 격자와의 상호작용으로 형성된다. 유사간극은 실제 에

---

156) Léon Nicolas Brillouin (1889.8 – 1969.10) 프랑스 물리학자. 양자역학, 공기 중 라디오파의 전파 등 고체물리학 발전에 기여하였다.

157) Brillouin zone. 역격자 공간에서만 규정되는 기본 단위격자이다. 이 단위격자의 외면은 역격자상의 점과 연계한 평면으로 구성된다. 브릴루앙 구역은 구조가 반복되는 결정에서의 파동의 거동을 묘사하는데 중요하다. 제1의 브릴루앙 구역은 역격자의 원점에 보다 가까운 점들의 위치이다. 이보다 넓은 제2, 제3의 구역이 규정되지만 제1의 구역이 주로 사용되고 브릴루앙 구역은 제1의 구역을 의미하기도 한다.

158) λ_L(London penetration depth)은 초전도체에 침투하는 자기장의 깊이로서 초전도 표면에서의 자기장 세기의 e^{-1} 배가 되는 깊이이다. 대개 50에서 500 nm 정도이다. 표면의 자기장은 표면에서 초전도체 내부로 x만큼 들어가면 $\exp(-x/\lambda_L)$의 비로 감소한다. λ_L은 고온초전도체에서 임계온도와 밀접한 관계가 있는 초유체 밀도로부터 결정된다. λ_L은 뮤온스핀 분광기로 측정할 수 있는데, 이때 초전도체는 고유한 자기구조가 없어야 한다. 뮤온스핀에 의한 분극이 없어지는 속도로부터 구할 수 있다.

159) Nernst effect. 열전(열자기)현상의 일종으로 도체가 자기장 속에 있고 온도구배가 자기장에 수직한 방향에서 형성될 때 자기장과 온도구배의 방향과 수직한 방향에서 전기장이 형성되는 효과이다. 반도체에서 전기를 이송하는 전자는 온도에 따른 운동에너지의 증가로 통계적으로 온도에 영향을 받는다. 이때 온도구배와 수직으로 자기장이 존재하면 전자를 비롯한 전하입자는 자신의 운동방향과 자기장의 수직한 방향에서의 힘을 받는다. 이로 인해 전기장이 형성되는 것이다.

너지 간극과 유사하며 중간에 허용되는 에너지 준위가 없다. 간극이라 함은 부도체 상태를 의미하는데 구리–산소 결합과 평행하여 전자가 이동할 때 존재한다.[224] 45° 각을 이루면 전자가 자유롭게 이동한다. 따라서 페르미 표면은 브릴루앙 구역의 모서리에 포켓을 형성하는 페르미 아크로 구성된다. 유사간극 상에서 이 아크는 온도가 낮아지면 브릴루앙 구역의 대

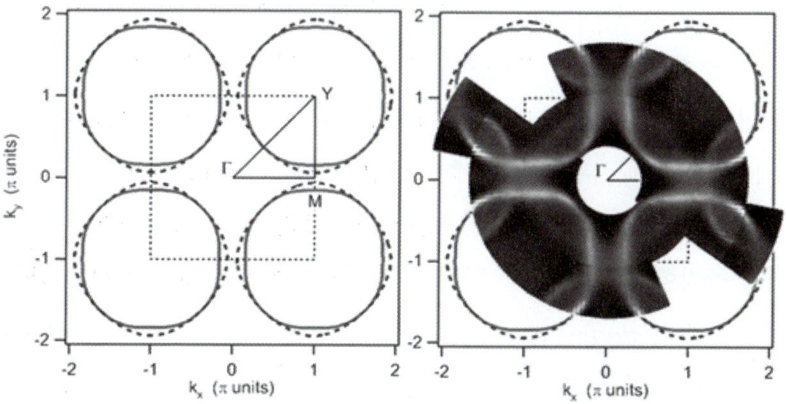

[그림 101] 이중 BSCCO의 페르미 표면, 계산(왼쪽)과 ARPES(angle resolved photoemission spectroscopy) 측정(오른쪽). 작은 점선 사각형은 제1의 브릴루앙 구역이다(wikipedia.org).

각선상의 4개 지점만 제외하고 간극이 형성되면서 점차 사라진다. 이것은 가능한 에너지 상태가 없어지고 전자가 쌍을 이루어 초전도하는 완전히 새로운 전자 상(electronic phase)을 의미한다. 또한 이 부분적인 간극과 초전도 상태의 간극사이의 유사성으로부터 유사간극이 존재한다는 것은 전자가 쿠퍼쌍을 형성했음을 의미할 수도 있다.

산화구리계 초전도체의 전자구조(즉, PeN)는 방향성이 크다. 따라서 페르미 표면은 도핑된 CuO_2 층과 아주 가깝고 CuO_2 격자의 2차원 역공간

(또는 운동량 = 진동수 공간)상에 존재한다. 1차 CuO_2 브릴루앙 구역 안에서의 전형적인 페르미 표면이 그림 101(왼쪽)이다. 그림 98과 같이 정공(p)이 도핑될 경우 초전도 현상이 주로 나타나는데 이때 페르미 표면은 정공에 의한 것과 같고(그림 101과 같이 열려있고) 이로 인해 고온초전도체가 가지는 고유한 전자특성인 2차원 이방성이 나타난다.

약한 결합(weak-coupling) 이론에160) 의하면 초전도는 도핑된 상태에서 반강자성 스핀요동에서 온다.[225] 산화구리계 초전도체에서의 파동함수가 쌍을 이루면 d_{x2-y2} 대칭이어야 한다. 따라서 이 쌍을 이루는 파동함수가 d-파동 대칭을 가지는지 확인하는 것이 스핀요동 기구를 검증하는데 아주 중요하다. 두 번째로 층간결합(interlayer coupling) 모델에 의하면 BCS-형(s-파동 대칭)으로 구성된 층 구조를 통해 초전도체는 초전도 특성을 증강할 수 있다.[226] 각 층 사이에서의 터널링 효과를 부가하면 이 모델은 정렬인자(order parameter)161)의 이방대칭(anisotropic symmetry)뿐만 아니라 고온초전도 현상을 설명할 수 있다. 광전 광도계162), NMR, 비열 등의 측정을 통해 일부 d 대칭을 확인했지만 s 대칭도 확인되어 일관성이 결여된다.

이산화구리 층은 부도체이다. 도핑하면 도체가 되며 그 농도를 조절하면 임계온도를 극대화할 수 있다. La_2CuO_4는 CuO_2와 LaO 층이 교대로 반복되는 구조로 부도체이다. La 8%를 Sr로 도핑으로 대체하면 Sr이 층

---

160) 약한 결합 이론은 우리의 전기전도를 위한 제2결합 개념과 유사하다.

161) 하나의 상태에서 다른 상태로의 변화에서 두 상의 차이 나타내는 인자이며 액체가 기체로 상변태할 경우 정렬인자는 밀도의 차이이다.

162) (photoemission spectroscopy PES) 광전효과를 이용하여 고체, 액체, 기체에서 방출되는 전자의 에너지를 분석하여 모재와의 결합에너지를 얻어내는 장치.

간결합을 매개하여 CuO_2 층이 도체가 된다. 이 때문에 초전도의 기본 상호작용이 쿠퍼쌍과 같은 포논과의 상호작용이라 주장되기도 한다. 도핑되지 않은 소재는 반강자성체인 반면 몇% 도핑으로 CuO_2 층에서 작은 에너지 유사간극이 생기지만 이것은 포논에 의한 것도 된다는 것이다. 전하 수송자의 수가 증가하면 이 간극은 줄어들어 초전도 간극에 접근한다. 따라서 임계온도가 높은 것은 전하수송자의 퍼콜레이션 거동163) 때문이라 한다. 수송자는 주로 CuO_2 층의 도체 구역에서 지그재그로 움직이고 도핑이 된 경우 이것을 지렛대로 인접한 도체구역으로 이동한다. 주 격자의 결합이 유연하면 층간 도핑물에서 강한 전자-포논 상호작용을 일으키기 때문에 높은 임계온도를 얻는다고 한다.[227]

정렬인자의 대칭성은 쿠퍼쌍이 조셉슨 접합(Josephson junction)164)을 가로지르거나 약한 링크가 있을 때 가장 잘 확인할 수 있다.[228] 자발적인 자화가 d 대칭 초전도체의 접점에서만 일어난다고 예상되었지만 실험결과는 불확실하였다. 이것은 초전도체 내의 불순물 때문이라 여겨지며 불순물의 영향을 평가하는 실험이 고안되었다.[229] 이 실험에서 YBCO에서 자발적 자화가 확실히 관찰되어 정렬인자의 d 대칭을 방증하였지만 YBCO

---

163) (percolating behaviour) 필터를 통하여 스며드는 거동.

164) 조셉슨(Brian David Josephson, 1940.1 –)은 웨일즈 물리학자이며 캠브리지 대학의 물리학 교수이다. 1973년 본인 이름을 딴 조셉슨 효과를 이론적으로 증명한 공로로 웨일즈 출신으로 유일하게 노벨물리학상을 수상하였다. 이 이론은 그가 22살 박사과정 학생일 때 수립한 것이다. 조셉슨 접합은 조셉슨 효과가 나타나는 소자를 말한다. 이 소자는 여러 초전도체로 구성되었으며 그 사이에 부도체 막이 있다. 외부 전압이 없어도 이 소자를 가로질러 흐르는 초전류 현상, 즉 조셉슨 효과가 나타난다. 이 효과는 거시적 양자역학의 현상으로 조셉슨이 1962년 예측하였다. 이 효과는 1962년 이전에 관찰되었지만 "초 단락"에 의해 부도체 막이 깨져 전자가 이동하는 것으로 생각되었다. 이전에는 도체의 전자는 양자 터널링으로 부도체를 통과할 수 있었다. 조셉슨이 처음으로 쿠퍼쌍의 터널링을 예측한 것이다.

가 정방정계라 기본적으로 s 대칭성이 포함될 수도 있다. 추후 실험을 통해 s 대칭은 3%인 것으로 확인되었다.[230] 또한 사방정계 $Tl_2Ba_2CuO_6$에서 순수한 d_{x2-y2} 정렬인자가 발견되기도 하였다.[231]

고온초전도 기구는 아직 모호하다. 하지만 대부분의 이론적이 계산은 전자 간의 상호작용이 자기요동(magnetic fluctuation)에 의한 것임을 지적하고 있다. 그 이유는 다음과 같다.

초전도체에서 전자의 흐름은 개개의 전자에 의한 것이 아니고 다수의 결합된 전자쌍 즉 쿠퍼쌍에 의한 것이다. 저온초전도체에서는 하나의 전자가 움직일 때 주위 결정격자를 왜곡하고 이것이 다른 전자를 끌어들여 두 전자 사이에 결합을 만든다. 각 쿠퍼쌍은 최소의 왜곡 에너지를 가져야 형성되며 결정격자에서 열요동이 이 에너지보다 작으면 에너지 손실 없이 쿠퍼쌍에 의한 전기가 흐른다. 이것이 초전도이다.165)

고온초전도의 기구는 저온초전도 기구와 매우 유사하다. 단, 고온초전도의 경우 포논의 역할은 없고 이 역할은 스핀-밀도파166)가 대신한다. 저온초전도체가 강한 포논 시스템이듯이 고온초전도체는 반강자성체로의 자기변태 근처에서의 강한 스핀-밀도파 시스템이다. 하나의 전자가 고온초전도체에서 움직일 때 전자스핀은 스핀-밀도파를 주위에 모인다. 이 파동

---

165) 이것은 새로운 패러다임에서는 일반적인 전기흐름 개념과 유사하다.

166) Spin-density wave (SDW)는 charge-density wave (CDW)와 함께 고체의 저온 규칙배열상태이다. 이 상태는 페르미 준위에서 상태밀도가 높은 금속이나 낮은 차원의 이방성 고체에서 형성된다. 이러한 소재에서 생기는 다른 저온 상태는 초전도, 강자성, 반강자성이다. 정렬상태로의 전환은 응축에너지에 의한 것으로 대략 $N(E_F)\Delta^2$이다. 여기서 $N(E_F)$는 페르미 준위이며 Δ는 이 상태전환의 에너지 간극이다. SDW는 강자성체와 반강자성체의 들뜬 상태인 스핀파동에서 뚜렷하다. 근본적으로 SDW와 CDW는 전자스핀과 전하밀도가 주기적으로 변조(modulation)하는 초구조를 동반한다. 이 초구조는 이온의 위치를 규정하는 대칭 그룹에 따라 변환되지 않는다.

은 다시 근처의 전자 하나를 첫 번째 전자가 생성한 스핀에 귀속시킨다. 따라서 쿠퍼쌍이 형성된다. 온도가 낮아지면 더 많은 스핀-밀도파와 쿠퍼쌍이 형성되고 초전도가 나타난다. 고온초전도체는 쿨롱 상호작용에 기인한 자성체이기 때문에 전자 사이에 강한 반발력이 있다. 이 반발력 때문에 동일한 격자점에서는 쿠퍼쌍이 형성되지 않고 인접한 격자점의 전자와 쿠퍼쌍을 형성한다. 이것이 소위 d-파의 조합이다. 이것이 현재까지의 고온초전도 현상에 대한 그림이다. 하지만 이러한 저온, 고온초전도 이론은 가장 중요한 사실을 무시하고 있다. 초전도는 표면(또는 그 근방)에서만 흐르는 전기전도라는 것이다. 임계온도 이하에서의 초전도체 내부는 제2결합의 밀도가 높아[167] 전자기적으로 응고된 상태로서 자기장의 형성이 억제되어 전기에너지가 파동의 형태로 전파하지 못한다. 새로운 패러다임에 의한 우리의 초전도는 다음 절에서 그 그림을 그려본다.

167) 기존이론에서 쿠퍼쌍의 밀도가 높다는 것과 유사한 의미를 갖는다. 단, 기존이론은 쿠퍼쌍 때문에 초전도가 나타나는데 새로운 패러다임에서는 반대로 이 때문에 전기전도가 완벽히 차단되고 표면에서만 전기가 흐른다.

6.4 초전도 통일 이론

고온초전도체는 그림 97의 YBCO123과 같은 산화물이 많다. 또한 주 구성원소로 구리가 자주 등장한다. 왜 부도체인 산화물이며, 왜 전도성이 좋은 구리인가?

앞서 저온초전도 현상을 해석하는 과정에서 초전도체가 되기 위해서는 화학결합(제1결합)이 아닌 제2결합이 필요하고 이를 위해 화학결합에 참여하지 않는 가용 PeN이 필요하다고 하였다. 제2결합의 결합력이 클수록(결합력을 와해시키는데 필요한 에너지가 클수록) 임계온도가 높아지며 일반적으로 높은 압력 하에서 임계온도가 높다. 구리는 뚜렷한 제2결합을 형성하지 않으며 그 결합력은 매우 미미하다고 하였다.168) 그렇다면 산화물 내에서 구리는 어떻게 초전도의 핵심 원소가 되었는가? 이것은 산소와의 결합으로 (산소원자에 의해 구리원자들이 이끌려) 구리의 3d PeN들의 위치가 왜곡되어 가용 PeN이 많아져 뚜렷한 제2결합을 형성할 수 있는 환경이 조성되었다고 해석할 수 있다. 이런 제2결합은 온도가 낮아지면(격자상수가 줄어들어) 그 밀도가 증가하여 전기전도에 따른 자기장의 발생을 억제할 것이며 그림 86과 같이 임계온도에 근접할수록 저항이 급속이 증가할 것이다. 임계온도 이하에서는 제2결합에 의한 전자기적인 응고가 이루어져 저항이 무한대가 될 것이나 저항이 없어지는 것은 표면(근방)에서의 외부 전기장에 의한 PeN간 왜곡된 결합에 상응하는 유도왜곡, 즉 자기장이 진공매질에서 형성되기 때문이다.

---

168) 이 결합이 생성과 소멸이 파동으로 형태로 움직이는 것이 전류이고 구리의 경우 제2결합의 에너지가 매우 낮다고 할 수 있다.

전기전도와 초전도는 동일한 현상

고온초전도체는 저온초전도체에 비해 제2결합의 결합력이 커 열진동에 의해 와해되기 힘들고 따라서 임계온도가 높다고 할 수 있다. 기존 이론에서는 전혀 고려하지 않지만 초전도체 내에서 자기장의 형성이 억제되는 것은 초전도를 이해하는 핵심이다. 저온초전도체에서는 자기장 형성(즉, 제2결합의 변형에 따르는 유도변형)에 의한 역변형(패러데이 법칙에 따르는 유도기전력)에 의해 제2결합의 변형이 상쇄되어 (미시적인 단락으로) 열에너지로 변환하는 것을 막는 것은 표면과 접하는 진공매질에서의 자기장 형성뿐이다. 하지만 YBCO와 같은 2차원의 이방성 구조를 가진 고온초전도체에서는 내부에도 충분한 빈 공간(진공매질)이 있어 제2결합의 왜곡에 따라 유도되는 자기장이 내부 진공매질에서도 형성되기 때문에 역변형에 의한 단락이 없고(열에너지로 소모되지 않고) 자기장 침투도 가능하다(이것에 대해서는 이후 보다 상세히 설명할 것이다).

요약하자면 외부전기장에 대해 (제1결합을 하지 않은) 최외곽 PeN이 반응하고 인접 원자들의 PeN간 제2결합은 위치에너지를 최적화하는 방향으로 변형된다(열에너지에 의한 등방성 진동이 전기장의 영향으로 이방성이 된다). 이러한 국부변형은 그 수직한 면에서 자기장이라는 유도변형을 초래하며 전기가 흐른다. 임계온도 이하에서는 응고된 제2결합 구조에서 유도변형이 불가능하기 때문에 도체 내에서의 전기전도는 차단되고 도체는 완벽한 부도체가 된다. 하지만 표면에서의 제2결합 구조는 유연하며(내부의 구조와 다르다) 표면과 접한 진공매질에서의 자기장의 형성이 가능하기 때문에 전기흐름에 저항이 없다. 즉, 초전도는 외부전기장에 추종하는 PeN간 결합의 재배열과 진공매질의 유도변형(자기장)의 이동이다.[169]

YBCO 초전도체가 말하는 것

전기화학적 관점에서 들뜬 상태(외부전기장에 추종하는 인접원자들의 PeN간 왜곡된 결합상태)는 환원된 상태이고 들뜬 상태의 이동은 일종의 연속적인 산화환원반응이라 할 수 있다. 저온초전도체와는 달리 고온초전도체에서는 산화물이 존재하고 이러한 산화환원반응에 산소가 관여할 것이며 금속원소의 산화도에 따라 그 결합(산화)구조가 달라지고 이것의 이동이 전류라는 관점에서 초전도를 해석해 본다.

대표적인 고온초전도체인 YBCO에서 전기전도를 야기하는 산화환원반응에 대해 살펴보자. YBCO는 Y와 B가 화학양론비로 산소를 취한다고 할 때 $YBa_2Cu_3O_7$의 7개의 산소에서 구리가 차지하는 산소는 3.5개 ($=\frac{1}{2}Cu_2O+CuO+CuO_2$)가 된다. 이 3종의 구리산화물 중에서 Cu_2O(cuprous oxide)는 정공(p)형 반도체이다. 즉, 산소원자가 제공하는 PeN이 부족한 상태이다. Cu_2O와 CuO(cupric oxide)는 안정한 산화물이며 그림 71과 같은 결정구조를 가지고 있다. 반면 CuO_2(copper peroxide)는 불안정한 구리산화물로 산소와 다른 구리산화물로 쉽게 분해된다.

개별 분자별로 보면, Cu_2O는 환원(구리기준, 잉여 PeN이 있는 상태), CuO_2는 산화(PeN이 부족한 상태)된 것이고 CuO는 상대적으로 산화 또는 환원된 상태이다. 구리원자가 환원되면 $CuO_2(Cu^{+4}) \rightarrow CuO(Cu^{+2}) \rightarrow Cu_2O(Cu^{+1})$로 변할 것이다. Cu는 PeN 구조가 [Ar] $3d^{10}\ 4s^1$인데 Cu_2O에서는 $3d^{10}\ 4s^1$, CuO는 $3d^9\ 4s^2$, CuO_2는 $3d^7\ 4s^2\ 4p^2$로 PeN이 이동해야

169) 이것을 비유적으로 설명하자면, 일반 전기전도는 수영선수가 액체인 물을 헤치고 이동하는 것이고 초전도는 응고된 물, 즉 얼음 위를 빙속선수가 이동하는 것이다. 선수 자체가 자기장인 셈이다.

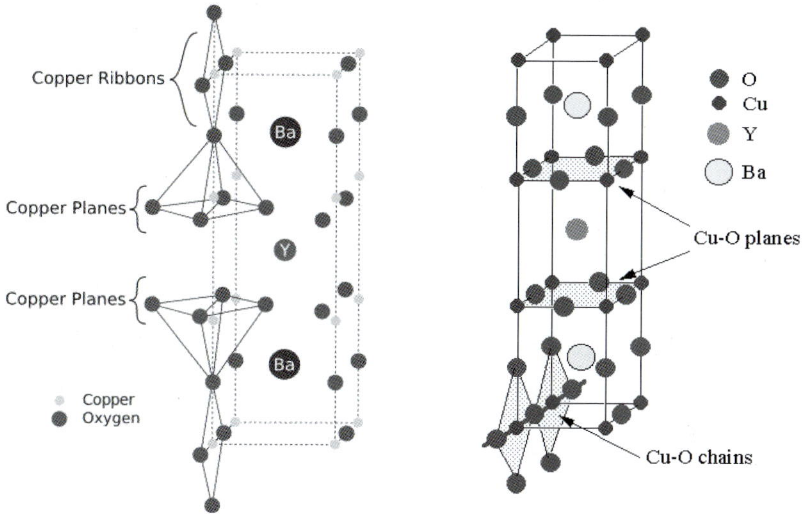

[그림 102] YBCO의 결정구조내의 구리-산소 배치(wikipedia.org)

한다. $\frac{1}{2}Cu_2O+CuO+CuO_2$ 구조는 Y나 Ba 존재 하에서 그 어떤 왜곡된 구조일 것이고 열진동으로 Cu가 산화와 환원을 반복하지만 방향성이 없는 동적 평형상태를 유지할 것이다. 전기장이 걸리면 이 진동이 방향성을 가지고 에너지가 전달된다. 전기전도가 일어나는 CuO_2 층만 국한하여 Cu_2O와 CuO_2 두 구리산화물의 동적 평형의 관점에서 보면 다음과 같다.

$$\frac{1}{2}Cu_2O+CuO_2 \Leftrightarrow 2CuO_{1.25} \Leftrightarrow CuO_2+\frac{1}{2}Cu_2O \qquad (6.1)$$

YBCO는 그림 102와 같이 두 CuO_2 층이 Y로 분리되어있다. Y도 산화물로 존재해야하기 때문에 CuO_2 층이 순수한 CuO_2로만 구성될 수 없다. 따라서 (6.1)식과 같이 다른 구리산화물과 공존하는 것은 당연하다.[170] 에너지가 전달되기 위해서는 두 상이 분리되었다가 합치고 합쳤다가 분리되는 과정이 반복되는 것을 상정할 수 있다. (6.1)식은 전기에너지 ΔE가 투입되면 두 상이 에너지가 높은 단일 상으로 바뀌는 것을 의미한다.[171] 이 단일 상이 두 상으로 분리될 때 에너지를 방출하고 이 과정이 한 방향으로 전달될 때 전기가 흐르는 것이다. 이때 구리원자의 산화도가 주기적으로 변하는 것이며 구리와 산소 원자의 PeN간 결합의 위치가 바뀌는 것이다.

온도가 낮아지면 5.2절에서 고찰한 바와 같이 도체의 경우 결정상수가 작아져 전기저항이 감소한다. 이것은 YBCO의 경우 $CuO_{1.25}$ 단일 상으로 존재하는 것이 어렵다는 뜻이다(물론 반대로 생각할 수 있다). 부도체의 경우 결합의 유연성이 감소하여 저항은 증가한다. 그림 103을 참조하면, 온

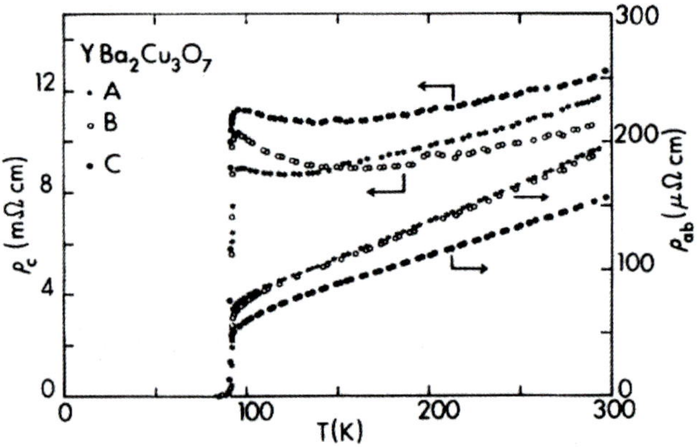

[그림 103] CuO_2 층과 평행(ρ_{ab}) 및 수직한 방향(ρ_c)에서의 저항 (A,B,C 세 가지 시편 사용, SJ Hagen 외)

170) CuO도 존재할 것이지만 논의를 단순화하기 위해 생략하였다.

171) (6.1)식에서 두 상이 분리된 것이 에너지가 높은 것인지, 단일 상이 에너지가 높은 것인지는 알 수 없지만(열역학 계산이 필요하다) 논의를 위해 단일 상이 일반 도체이고 두 상이 분리된 것이 초전도체인 것으로 상정한다. 단일 상이 에너지 측면에서 안정한 것이라면 임계온도 이하에서는 초전도체 내부에서는 $CuO_{1.25}$ 단일 상으로 존재하는 것이고 반대인 경우 두 상이 분리되어 있을 것이다.

도가 낮아지면 CuO_2 층과 평행한 면에서의 저항은 감소하지만 c축 방향(CuO_2 층과 수직한 방향)의 저항은 낮아지지 않고 임계온도에 근접할수록 오히려 증가한다.[232] 이 수직한 방향에 존재 하는 Y나 B의 산화물을 이루는 결합의 유연성이 더 급속히 감소하여 (6.1)식과 같은 산화–환원반응이 c축 방향에서 어렵고 따라서 저항이 증가한다고 해석할 수 있다.

YBCO의 전기저항은 그림 103과 같이 격자의 방향에 따라 매우 차이가 나는데 초전도의 임계온도는 방향에 관련이 없다. 초전도의 임계온도가 방향성이 없다는 것은 임계온도 이하에서는 초전도체 내 모든 방향에서 자기장 형성이 억제된다는 뜻이다. (6.1)식과 같은 상전이에 수반하는 PeN간 왜곡상태에 대응하는 유도변형이 초전도체 내부에서는 완전히 차단되지만 표면이나 그 근방에서는 결정의 방향에 상관없이 방해를 받지 않는다는 뜻이다. c축 방향에서는 초전도가 나타나지 않거나 임계온도가 낮을 것으로 생각되지만 이해하기 힘들다. 하지만 초전도가 없어지는 최고 임계 자기장은 CuO_2 층과 수직한 방향에서 120T, 평행면에서 250T이다.[233] 격자 방향에 따라 차이가 있다. 전자기적으로 응고된 PeN간 결합 구조가 YBCO 결정구조와 같이 이방성을 가진 것이며 한 방향에서 그 결합력이 약하다는 것을 알 수 있다.

고온초전도체는 II–형 초전도체로 1차 임계자기장과 2차 임계자기장 사이에서 자기장이 초전도체 내로 침투한다. 이런 현상을 어떻게 해석할 것인가? 앞에서도 잠시 언급했듯이 초전도 상태에서 외부자기장이 침투하는 것은 자기장이 내부 진공매질(빈 공간)에서 형성된다는 것으로 해석된다. 이것은 초전도체와 자성체가 공존하는 상태인 것이다. 외부자기장의 세기가 그 한계를 초과하면 초전도체의 PeN간 결합에 영향을 미쳐(역변형, 즉 유도전기를 발생시켜) 임계온도 이하에서 형성된 제2결합의 응고조직이 와해되어 초전도체가 일반도체로 바뀐다. 2차 임계자기장 이하에서 형성되는 자기장은 내부 진공매질이 충분히 수용할 수 있기 때문에 초전도가 유지된다. 내부에 진공매질의 공간이 많다는 것은 초전도체의 질량밀도가 낮다는 의미로 해석될 수 있으나 대부분 초전도체는 고압에서 임계온도가 낮기 때문에 문제는 단순하지 않다. 그림 89의 실리콘의 경우와 같이 고압에서 무조건 초전도 임계온도가 높아지지 않는다. 이런 사정을 종합하면,

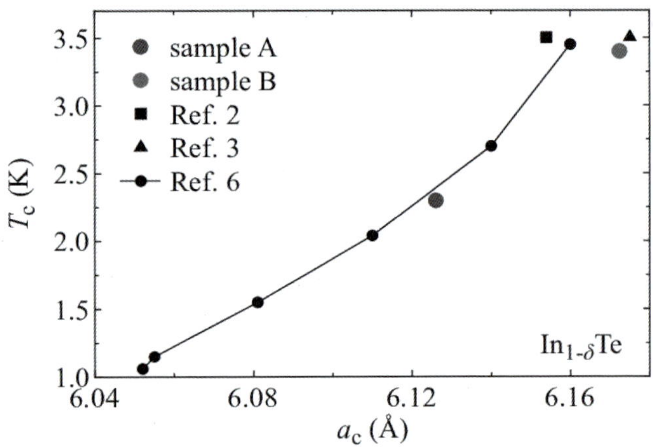

[그림 104] 등축정계의 c축의 격자상수 a_c와 초전도 임계온도 T_c (M. Kriener et al.)

초전도체가 한 방향으로는 외부자기장을 충분히 수용하는 진공매질을 확보하고 다른 방향에서는 PeN간 유효결합 수를 높이는 매우 이방성이 높은 구조를 가져야 할 것으로 보인다. 이러한 의미에서 등축정계 초전도체 결정에서 c축의 격자상수가 상대적으로 크면 초전도체 내에서의 진공매질이 차지하는 비중이 높아져 초전도의 임계온도가 높아지는 것을 예상할 수

있다. 그림 104에 한 예를 도시하였다. InTe의 c축의 격자상수가 커질수록 임계온도가 증가함을 알 수 있다.[234] YBCO 제외한 대부분의 구리산화물계 초전도체는 정방정계로서 c축 결정상수가 크면 임계온도가 높다.[235] 하지만 그림 102와 같이 이미 이방성이 높은 YBCO는 c축 격자상수가 커지면 임계온도가 오히려 감소한다. YBCO에서 산소가 7−x(0≤x≤0.65)인 상태에서 초전도체가 되며, x = 0.07에서 임계온도가 95 K로 가장 높지만 x 값에 따라 c축 격자상수가 증가하면서 임계온도가 감소하며 x가 ~0.6이면 결정구조가 정방정계로 바뀌고 초전도 특성을 상실한다. 즉, YBCO의 경우 임계온도는 a와 b축(CuO_2 층과 평행) 격자상수 비에 민감하게 의존한다.

새로운 패러다임의 초전도 기구

지금까지의 전기전도 및 초전도 현상에 대한 것을 정리하면 다음과 같다.

- 먼저 전기전도는 고체(일부 액체포함)의 제2결합의 점탄성 거동이다. 외부전기장에 추종하여 인접하는 원자들의 PeN간 왜곡된 제2결합의 형성은 시간이 걸린다. 이것은 새로운 배열에 동반하여 유도되는 PeN간 결합의 재배열에 시간이 필요하며 이에 따른 저항으로 저항열이 발생한다.
- 저항열은 도체 내 미시 단락에 의한 것이며 외부전기장에 의한 자기장(유도된 PeN간 제2결합)이 유도한, 외부전기장과 반대부호의 전기장(PeN간 왜곡된 역결합)을 발생시키기 때문이다. 즉, 저항열은 원자단위에서의 패러데이 법칙에 의한 것이다. 열에 의한 임의의 진동이 외부자기장에 의해 이방성을 가지면 임의의 진동이 인접원자에 전

가되고 인접원자의 진동 또한 이방성을 가진다.

- 온도가 내려가면(원자간 평균 간격이 좁아져)[172] 고체가 단단해지듯이 전기장의 전파(진동의 전파) 측면에서 단단해진다. 도체의 경우, 최외곽 PeN의 재배치는 순수 탄성에 의한 것이 강해지고 점성에 의한 것이 억제되어 저항이 감소한다. 반도체나 부도체의 경우 (제2결합이 없거나 제1결합이 제2결합을 담당하기 때문에) 외부전기장에 대해 반응이 어려워진다. 반도체나 부도체는 온도가 올라가야 최외곽 PeN의 재배치가 용이해져 전기전도율이 높아진다.
- 도체의 경우 온도가 극저온으로 가면 제2결합의 밀도의 증가로 인한 상변태(전자기적 응고)로 도체 내에 자기장 형성(PeN간 유도결합)이 불가능하여 완벽한 부도체가 되거나(예로 모트 부도체) 초전도체가 된다. 일부 초전도체는 임계온도 근방에서 저항이 급격히 상승한 후 0이 된다.
- 임계온도 이하에서는 표면 근처(런던 침투깊이)에서만 진공매질과의 상호작용으로 외부전기장에 추종하여 제2결합이 왜곡되고 진공매질에서 유도왜곡이 형성되어 표면과 그 근방에서만 저항 없이 전기가 흐른다.
- 압력이 높으면 원자간(최외곽 PeN간) 간격이 좁아 초전도의 임계온도가 변한다. 높은 압력에서 제2결합의 결합력이나 그 밀도가 높아지면 임계온도가 높아지나 원자간 간격이 지나치게 좁아지면 오히려 임계온도가 낮아진다. 제2결합의 결합력과 밀도가 높은 최적의

172) 물이 얼음이 되거나 철(Fe)가 fcc구조에서 bcc구조로 상변태할 경우 원자간 평균 간격이 커질 수 있다.

압력범위가 있으며 그것은 소재의 결정구조와 최외곽 PeN의 수에 의존한다.

- 압력의 영향으로 결정구조가 변할 수 있으며 초전도 임계온도가 높아지거나 낮아진다. 임계온도가 높아지는 경우는 결정구조의 변화로 제2결합을 할 수 있는 최외곽 PeN 수가 증가하기 때문이다. 반대로 임계온도가 낮아지는 경우는 제2결합을 형성하였던 PeN이 일부 제1결합에 참여하기 때문이다.
- 초전도 표면에서는 열진동에 의한 PeN간 결합이 들뜬 상태가 되지만 이 들뜬 상태로 유도되는 상태(자기장)는 전자기적으로 완벽한 탄성체인 진공매질만 관여하기 때문에 전기저항에 영향을 미치지 않는다.
- 고온초전도체는 제1결합이 저온초전도체에 비해 매우 강하며 견고한 2차원의 이방성 구조를 가진다. 제1결합은 결합력이 큰 공유결합이 주를 이루며 초전도체의 2차원 구조를 잘 유지할 수 있다. 이러한 이방성 구조로 인하여 전기전도율은 방향성을 가지며 특정한 면에서 제2결합을 할 수 있는 PeN의 밀도가 높고 PeN간 결합력이 커 초전도 임계온도가 높다.
- 전이금속 산화물은 제2결합에 참여하는 PeN 수와 결합력 측면에서 좋은 조건을 제공한다. 산화물계 초전도체는 산소와의 결합으로 전이금속의 d 궤도의 PeN이 제2결합을 할 수 있어 가용 PeN이 많고 가변적 산화상태가 2차원 평면에서 유지되는 이방성이 높은 3차원 결정구조를 하고 있다. 외부전기장에 추종하는 PeN간 결합의 왜곡상태와 유도 왜곡상태가 2차원 평면에서 쉽게 이루어지기 때문에

전기전도는 2차원 평면과 평행한 방향에서 원활하고 수직한 방향에서는 어렵다.

- 임계온도 이하에서는 3차원적으로 제2결합이 완성(전자기적 응고)되어 초전도는 방향성이 없다. 저온초전도체나 고온초전도체나 전자기적으로 완전한 탄성체인 진공매질에서만 자기장이 형성되어 표면층을 통해서만 전기가 흐른다. 고온초전도체는 PeN간 결합의 왜곡상태가 2차원에 구속되기 때문에 높은 온도에서도 제2결합의 밀도가 높다.

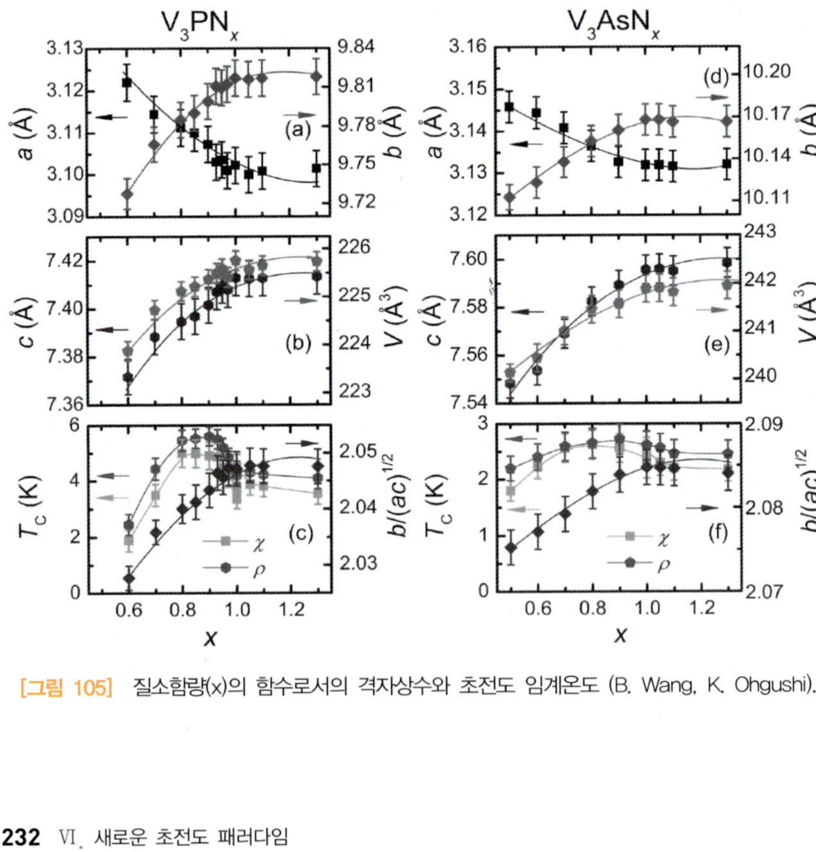

[그림 105] 질소함량(x)의 함수로서의 격자상수와 초전도 임계온도 (B. Wang, K. Ohgushi).

- 초전도체의 임계온도는 제1결합에 의한 결정구조에 민감하다. 고온 초전도체의 경우 내부에 빈 공간(진공매질)이 많은 이방성 결정구조를 가질 경우 임계온도와 임계자기장이 높다. 내부 진공매질이 PeN간 2차결합의 왜곡에 유도되는 자기장을 수용할 수 있기 때문이다. 결정격자가 정방정계나 등축정계인 경우 c축의 격자상수가 커지면 임계온도가 높아지지만 a축과 b축의 결정상수에 변화가 생기면 인접원자의 최외곽 PeN간 간격이 변하여 가용 PeN간 결합수에 영향을 미친다.
- 격자상수는 구성원소의 함량에 따라 달라질 수 있으며 그림 105와[236] 같이 V_3PN_x나 V_3AsN_x의 경우 질소함량의 변화로 야기된 격자상수가 초전도 임계온도와 밀접한 관계가 있음을 알 수 있다.

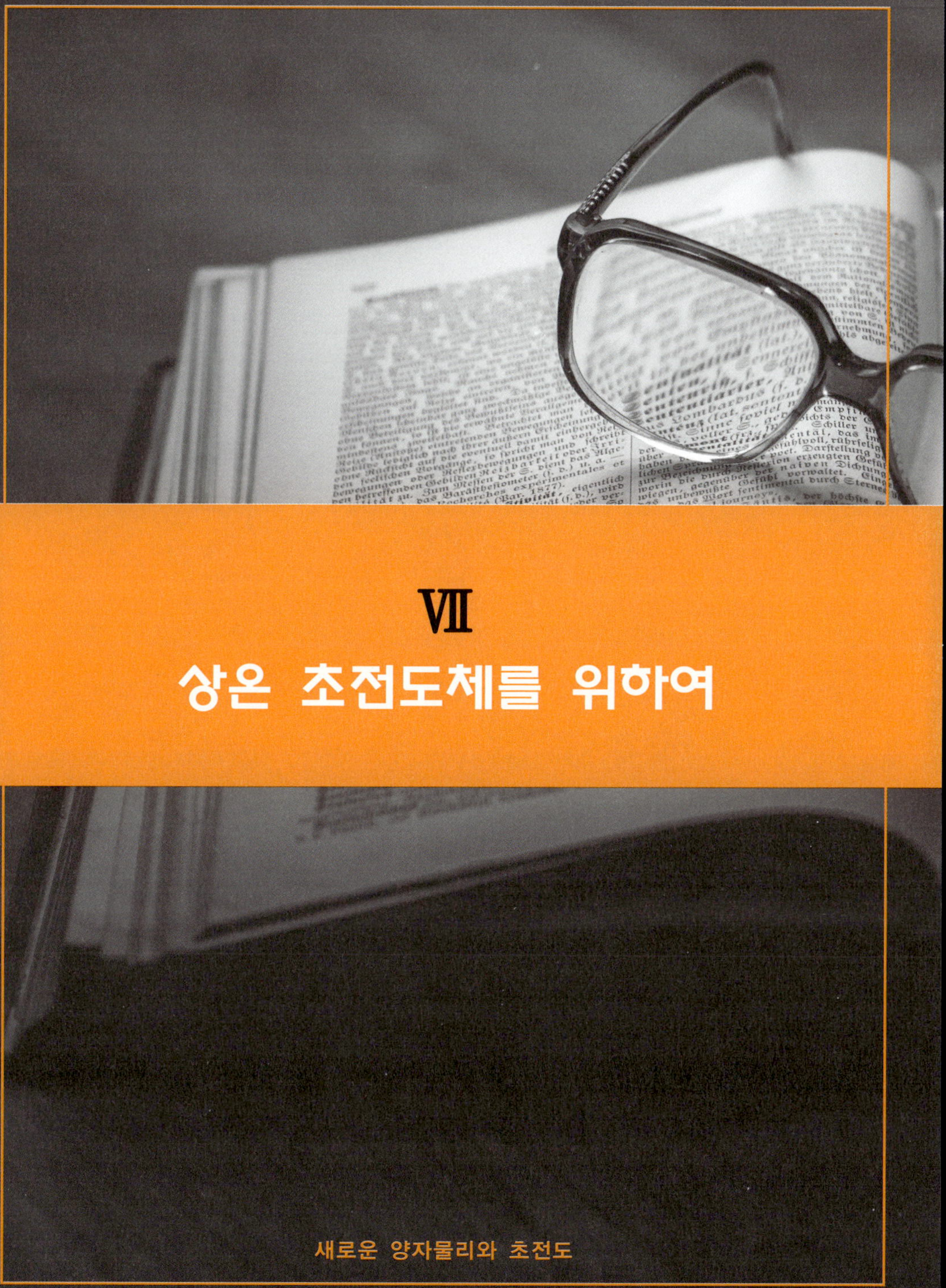

Ⅶ

상온 초전도체를 위하여

Ⅶ

상온 초전도체를 위하여

우리는 저자의 전작, "중력의 기원과 새로운 우주(홍릉과학출판사 2019)" 에서 진공을 밀도가 매우 높은 물질로 되어있고 에너지가 없는 상태라고 상정하여 중력의 기원을 추적하고 우주의 현상을 재해석하였다. 진공을 구성하는 물질에 에너지가 더해지면, 진공매질이 변형, 왜곡되어 진공매질과 통상의 물질에 응력을 야기하는 상태가 되며 이 상태의 변형, 이동 등이 현재 물리학에서 다루는 모든 자연현상의 기원이라 하였다. 진공매질은 그 자체가 변하는 것이 아니며, 구성 격자(아주 미세한 격자)의 위치변화로 상대적인 에너지 상태(위치에너지)가 변하는 것이며 물질이나 에너지 이동은 진공매질의 이러한 위치에너지의 이동으로 해석된다. 이 책은 진공매질을 기반으로 구성되는 물질의 거동을 진공매질과의 상호작용의 관점에서 고찰하고 새롭게 해석하고자 하였다. 새로운 원자모델을 제시하였고 이 모델에 의거 화학결합을 비롯한 고체물질 내에서의 결합특성을 재해석하고 그 해석에 의거 전기, 자기현상을 파악하고자 하였으며 초전도현상에 대한 새로운 패러다임을 제시하였다.

새로운 원자모델과 주기율

전자가 양성자에 포획되면 수소원자를 구성한다. 수소원자는 항성 내부의 고압과 고온 하에서 핵융합으로 중성자로 변하고 헬륨원자를 비롯한 무거운 원소들을 만들어 낸다. 핵융합으로 형성된 중성자는 수소원자의 에너지가 소진된 상태이기 때문에 두 중성자가 포함된 헬륨은 매우 안정한 원소이다. 기존의 수소와 헬륨에 대한 원자모델은 전자가 중성자와 양성자로 구성된 원자핵 주위를 배회하는 것이다. 전자의 정확한 위치는 특정하기 불가능하고 전자의 파동함수를 이용한 확률계산만 가능하다. 원자량이 큰 원소일 경우 수학적 해석조차 불가능하며 원자핵은 중심에만 있고 그 주위로 수많은 전자가 배회한다는 것은 상상하기 어렵다. 우리는 이 책에서 핵융합으로 생성된 중성자가 수소원자를 규합하여 무거운 원자를 구성한다는 가설 하에 수소원자(한 원자 내에서의 수소원자는 전자-양성자, 즉 전양자로 칭한다)와 중성자가 한 쌍으로 원자를 구성하는 빌딩블록이 되며 이 빌딩블록이 쌓여 무거운 원자가 되는 원자모델을 제시하였다. 이 모델에 의하여 원자 수는 구성 전양자 수이며 빌딩블록인 전양자와 중성자 쌍을 PeN이라 하였다. 빌딩블록인 PeN으로 구성되는 원자는 주위 진공매질에 미치는 응력을 최소화하기 위하여 구형이 되며, 이러한 배열규칙에 의거 원소주기율표가 완성된다. 주기율표에서 한 주기에 배치가 가능한 원자의 개수는 정확히 반경의 제곱에 비례하여 증가한다. 헬륨, 네온, 아르곤 ... 등이 PeN으로 구성되는 원자의 완전한 구체이며 이 구성에서 벗어날 경우 진공매질에 미치는 응력이 비대칭이 된다. 이러한 비대칭응력을 해소하기 위해 원자는 서로 결합하며 이것이 화학결합이다. 현재까지 발견되거나 합성된 원자는 7주기의 오가네손(Og, 원자번호 118)이 최대이지만, 더 원자수가 높은 원소가 발견될 수 있으며 중성자별은 질량이 아주 큰 원소라 할 수 있다.

원자 사이의 힘(결합)

중성자를 매개로 수소 이외의 원자가 탄생하였고 이 원자들은 기본 빌딩블록인 PeN을 쌓아 에너지 측면에서 안정한 구형을 만든다. 구형이 완성된 네온, 아르곤, 크립톤 등은 다른 원소와 화학적으로 반응하지 않는 안정한 원소들이다. 하지만 대부분의 원소는 구형이 아니며 따라서 진공매질을 비대칭적으로 왜곡하여 불안정하다. 불안정한 원자는 다른 원자와 결합하여 분자를 형성하거나 금속과 같이 서로 뭉쳐 보다 안정해진다. 한 원자의 최외곽 PeN이 인접 원자의 PeN과 상호작용하여 화학결합을 형성한다. 두 개의 인접 PeN의 조합은 헬륨원자의 구성성분과 동일하다. 화학결합은 두 PeN간의 결합강도에 따라 그 종류가 달라진다.

금속결합의 경우 원자는 인접한 동일한 원자로부터 충분한 최외곽 PeN을 공급받을 수 없기 때문에 결합에 참여하는 PeN은 한 곳에 정착하지 못하고 원자주변에서 끊임없이 이동하는 것으로 이해된다. 결합력이 약하며 가용 PeN 수가 많으면 결합력이 상대적으로 크다. 서로 다른 원자와 결합할 경우 한 원자가 부족한 PeN을 다른 원자가 공급하면 상대적으로 강한 결합을 형성한다. 이것은 이온결합이며 이 결합은 두 원자간 결합은 강하지만 덩어리를 형성할 경우 단단함이 약해진다. 한 원자가 하나의 PeN과 다른 원자의 PeN을 공유하고 그 위치가 고착될 경우 결합력은 매우 강하다. 공유결합이다. 이런 결합이 다이아몬드와 같이 4개의 PeN이 참여하여 그물망 구조를 하면 그 기계적 강도는 매우 높다. 수소와 다른 원소와의 결합도 공유결합의 일종이다. 이 경우 결합의 결과가 중성자 하나가 부족한 헬륨 동위원소인 ^3He이기 때문에 수소와 결합한 분자는 수소결합으로 알려진 추가결합을 형성한다. 이것은 제2결합의 일종이다. 판데르발스 힘은 수소결합보다 약한 결합으로 제1결합에 참여하지 못한 PeN 간에 형성하는 제2결합으로 이해할 수 있다. 금속과 같이 약한 제1결합이나 제2결합은 외부 환경(온도, 압력, 전자기장 등)에 민감하다. 이러한 외부 환경에 반응하는 정도에 따라 고체의 물성이 결정된다.

고체의 전자기 현상

물질의 전기 및 자기특성은 물질과 진공매질 사이의 상호작용의 결과이다. 소재의 전기전도 현상은 외부전기장에 의한 왜곡된 PeN간의 제2결합의 이동이다. 왜곡된 PeN간 결합은 하나의 원자의 최외곽 PeN과 인접 원자의 최외곽 PeN간에 형성되는 위치에너지가 높아진 (에너지가 집중된) 상태이며 끊임없는 열진동하는 매질을 통하여 이동한다. 열에너지에 의한 진동, 즉 (복사)열적인 들뜬상태는 방향성이 없으며 그 흐름도 방향성이 없고 그 진동은 3차원적이다. 외부전기장이 걸리면 방향성이 없는 진동은 외부전기장에 제약을 받아 방향성을 가진 진동으로 바뀐다. 한 원자의 이방성 진동은 PeN간 제2결합을 통해 인접원자에 전달되며 (열진동의 평형이 국지적으로 상실되어 나머지 구역에서 새로운 평형이 형성된다) 외부전기장에 의한 PeN간 왜곡된 결합상태가 이동한다. 이것이 전류이다. 이러한 왜곡된 PeN간 결합의 형성은 주위 원자와 그 원자들로 구성된 격자의 구조에 의해 방해받으며 이러한 방해가 점탄성적인 형태로 이루어져 저항이 발생한다.

고체 내에서 최외곽 PeN들의 상대적 위치가 바뀌면 주변 PeN들의 위치에도 영향을 미친다. 이들의 위치변화로 한 방향이 인장되면, 수직한 면에서는 수축이 발생하고 한 방향으로 수축되면 수직한 면에서 인장이 발생한다. 전기장과 수직한 면에서의 반응이 자기장이다. 전기장과 자기장은 분리될 수 없는 것으로 전자기장으로 통합된다. 빛은 진공매질의 왜곡이 주기적으로 변하면서 전파하는 파동으로 한 방향의 변화(전기장)는 수직한 면에서의 변화(자기장)를 동반한다. 이런 파동은 진공이나 물질 내에서나 동일하나 물질 내에서는 최외곽 PeN들이 그 역할을 담당하기 때문에 전파속도가 달라진다. 전기가 흐를 때는 PeN들의 위치변화가 수반되기 때문에 필연적으로 자기장이 발생한다. 전기의 흐름은 PeN간 결합의 위치에너지의 흐름이며 구조적으로 수축과 이완을 반복한다. 이러한 과정에서 변형이 순수한 탄성에 의한 것이면 전기저항은 없을 것이나 (전자기적인 관점에서) 모든 물질은 순수한 탄성체가 아니기 때문에 비탄성적인 거동에 의해 에너지가 열로 변환되는 저항이 발생한다.

전기가 잘 통하는 도체는 외부전기장에 추종하여 PeN간 결합의 왜곡이 용이하고 매우 빠르게 진행된다. 반면, 부도체는 이러한 변환이 매우 어렵다. 도체 중에 저항에 의한 발열이 높은 것도 있고 낮은 것도 있다. 외부전기장에 의한 PeN간 결합의 재배열에 시간이 필요하기 때문이다. 온도가 높아지면 도체의 경우 격자상수가 커져 들뜬 상태의 이동속도가 낮아져 저항이 증가하는 반면, 부도체는 PeN간 결합이 열진동으로 유연해져 전기장에 의해 왜곡된 상태로의 변환이 용이하기 때문에 온도가 증가하면 저항이 감소한다. 이런 의미에서 모든 고체는 극저온에서 온도가 증가하면 저항이 감소하다가 어느 온도에서 증가한다. 이 변환점의 온도가 아주 낮으면 도체, 중간이면 반도체, 아주 높으면 부도체이다.

고체의 초전도 현상

초전도는 임계온도 이하에서 저항이 없는 전기의 흐름이다. 온도가 내려가면 최외곽 PeN간 제2결합은 밀도가 높아지고 보다 단단해 진다. 그 밀도가 임계값 이상이면 전자기적으로 응고되어 열에너지로도 제2결합에 의한 응고상태를 와해시키지 못한다. 마치 액체가 고체가 되듯이 전자기적으로 단단한 고체가 되는 것이다. 고체-액체로의 상변태는 PeN간의 제1결합의 와해이며, 임계온도 이상에서 초전도 현상이 없어지는 것은 PeN간의 제2결합의 와해이다. 임계온도 이상에서 외부전기장이 걸리면 PeN간의 제2결합은 점탄성 거동에 의해 재배치(왜곡상태)된다. 점탄성 거동이라는 것은 제2결합의 재배치에 따른 새로운 평형상태로의 이전에 시간이 걸린다는 뜻이다. 전기가 흐르기 위해서는 외부전기장에 대응하여 전기장과 수직인 방향에서의 PeN 결합의 재배치, 즉 자기장의 형성이 필연적이다. 자기장이 형성되면 패러데이 법칙에 의한 부호가 반대인 전기장(외부전기장에 대응하는 PeN간 왜곡된 제2결합을 지우는 역결합)이 유도되어 미시단락이 생기고 발열한다. 초전도의 임계온도 이하에서는 PeN간 제2결합의 밀도가 높아져 전자기적으로 응고되면 도체 내에서 제2결합의 재배치가 불가능하고 (도체 내에서 외부전기장에 의한 자기장의 형성이 억제되어 외부전기장과 부호가 반대인 유도전기장이 형성되지 않는다) 표면에서만 진공매질의 순수 탄성에 의한 유도변형이 가능하다. 따라서 임계온도 이하에서는 표면과 접하는 진공매질에서만 자기장이 형성되고 저항 없이 전기가 흐른다. 단, 모든 고체는 내부의 모든 공간을 채우지 않고 빈 공간, 즉 진공매질이 있기 때문에 자기장이 어느 정도 침투하는 것처럼 보인다. 이것이 런던 침투깊이이다.

기본적으로 금속도체 중심의 저온초전도와 산화물 중심의 고온초전도는 동일한 현상이다. 고온초전도체는 구리산화물인 YBCO123과 같이 임계온도를 높이는 구조적인 장점이 있다. 전류는 CuO_2 층에서 우선적으로 흐른다. CuO_2 층에서 PeN간 제2결합이 전기장의 방향에 따라 재배치하면 이 전기장에 유도되는 변형인 자기장도 이 면에 구속되어 CuO_2 층과 평행한 방향에서 형성된다. 즉, 전기장과 자기장은 주로 동일 평면상에 존재한다. 이 면과 수직한 방향에서는 부도체의 저항으로 PeN 결합의 재배열이 쉽지 않기 때문이다. 따라서 전기전도율은 결정구조의 방향에 따라 다르다.

전기장에 반응하는 PeN간 제2결합이 2차원 평면에 구속되어 있기 때문에 저온초전도체 보다 결합밀도가 높고 그 결합력도 강하다. 구리산화물의 경우 제1결합(공유결합)이 있는 상태에서 구리의 산화상태가 변하면서 전기전도가 이루어진다. 즉, 산소가 결핍된 CuO_2 층에서 Cu와 O 사이의 세 가지 결합상태인 Cu_2O, CuO 및 CuO_2의 교환에 의해 전기가 흐른다. 결핍된 산소의 분율에 따라 평형상태에서의 이 세 산화물간의 비가 달라질 것이며 그 결합구조가 온도와 외부전자기장에 달리 반응한다. 임계온도 이상에서는 각 산화물 사이에 동적인 평형이 형성되어 하나의 상으로 존재하는 것처럼 보이지만 온도가 낮아지면 세 화합물이 분리되어 독립적으로 존재하므로 유동성이 저하하여 초전도체 내부에서는 전기의 흐름이 차단된다. 하지만 표면층의 결정구조는 에너지가 높은 상태이기 때문에 저온초전도체와 마찬가지로 PeN간 제2결합의 왜곡상태가 저항이 없이 이동한다.

제2결합이 전자기적으로 응고되는 임계온도 이하에서 도체는 모트 부도체이거나 초전도체가 된다. 어떤 것이 초전도체가 되는 것인가? 표면에서의 제2결합이 내부와 달리 왜곡상태가 가능한 유연한 구조이고 이 왜곡상태로 인하여 형성되는 자기장이 진공에서만 형성되어야한다. 일부 자기장이 초전도체내로 침투가 가능한 것은 구조적으로 내부에도 충분한 진공매질의 공간이 확보되어 전기장에 의해 왜곡된 PeN간 제2결합을 유지하는 (내부)진공매질에서의 유도변형, 즉 자기장이 형성되기 때문이다. 따라서 도체 내부에 빈 공간을 많이 확보하기 위해서는 결정구조의 비대칭성이 높아야 한다.

상온 초전도체를 위하여...

초전도는 저온(임계온도 이하)에서 도체의 표면층에서만 흐르는 저항이 없는 전기전도이다. 초전도체 내부에서는 전기장에 대응하는 자기장이 형성되지 않으며 표면근방의 진공매질에서만 자기장이 형성된다. 이를 위해서는 제1결합인 원자간 화학결합과는 다른 제2결합을 통한 전자기적인 응고가 임계온도에서 이루어진다. 초전도체는 임계온도 이하에서 외부전기장에 반응하여 표면에서만 제2결합이 왜곡되며(진공매질에서 자기장의 형성을 동반하여) 이 왜곡상태가 전기장의 방향으로 전파된다. 전자기학적으로 완벽한 탄성체인 진공매질에 자기장(유도변형)이 형성되기 때문에 저항 없이 전기가 흐른다. 초전도는 임계온도 이하에서 도체와 진공매질과의 계면에서 일어나는 전기전도 현상으로 상온초전도체라는 꿈의 소재는 다음과 같은 조건을 갖추어야 할 것이다.

가. PeN간 제2결합을 와해시키는 에너지가 높아야 한다. 이를 위해서는 제2결합을 위한 결합력이 큰 가용 PeN이 많아야 한다.

나. 진공매질이 도체의 결정구조에 많이 포함되어야 한다. 전기장에 추종하는 PeN간의 왜곡상태에 반응하여 유도되는 왜곡상태(자기장)가 내부 진공매질에 국한되도록 한다.

다. PeN간의 왜곡상태 전파되기 위해 불안정한(과도기적인 에너지가 높은) 결정구조(전부 또는 일부)가 되어야 한다.

위의 조건을 만족하는 상온초전도체는 결정구조의 이방성이 높아야 한다.

- "가" 조건을 만족시키기 위해서는 제1결합에 참여하지 않는 가용 PeN 수가 많은 전이금속원소가 결정에 포함되어야 한다.
- "나" 조건을 만족시키기 위해서는 한 방향(예, c축)의 결정상수가 다른 방향에 비해 가능한 커야 한다. 이 경우 가용 PeN간 결합수가 줄어들지 말아야 한다.
- "다"의 조건을 만족시키기 위해서는 제1결합에 의한 결정구조가 두 가지 이상인 것이어야 하며 외부 조건(온도, 압력, 전자기장)에 따라 가변적이어야 한다. 즉, 왜곡된 결정구조를 가져야 한다.

이러한 조건들을 만족하기 위해서는 구체적인 결정구조는

- 가능한 얇은 부도체 층과 전도체 층이 적층되며 (가용 PeN에 한 면에 집중되어 제2결합에 의한 전자기적의 응고가 용이하다) 부도체 층도 유연한 제1결합을 해야 하며
- 부도체 층은 공유결합이 강한 평면구조이고 상하의 부도체 층의 구성이 달라 전도체 층의 결정구조의 가변성을 높이며 (전도체 층이 왜

곡된 상태이며)

- 전도체 층은 제1결합 구조에 제2결합이 가능한 가용 PeN이 많은 전이금속 산화물이어야 하며 (전이금속의 산화-환원 상태가 가변적이어야 하며)
- 초전도체 내부에 빈 공간이 많아 내부 표면적이 넓어야 한다. (전도층과 수직한 c축의 격자상수가 커야하지만 a와 b축의 격자상수 변화로 가용 PeN 결합수를 저하시키지 말아야한다.)

참고문헌

[1] Diamond (C) – Properties, Applications
https://www.azom.com/properties.aspx?ArticleID=262.

[2] Broggini, C. (2003). Physics in Collision, Proceedings of the XXIII International Conference: Nuclear Processes at Solar Energy. XXIII Physics in Collisions Conference. Zeuthen, Germany. p. 21.

[3] Guth, A.H. (1998). The Inflationary Universe: The Quest for a New Theory of Cosmic Origins. Basic Books. p. 186. ISBN 978-0201328400. OCLC 35701222.

[4] Cirigliano, D.; de Vega, H.J.; Sanchez, N.G. (2005). "Clarifying inflation models: The precise inflationary potential from effective field theory and the WMAP data". Physical Review D. 71 (10): 77–115.

[5] Weinberg, S. (2002), Foundations, The Quantum Theory of Fields, I, Cambridge University Press, ISBN 0-521-55001-7.

[6] The University of North Carolina at Chapel Hill. "Nuclear Chemistry". Retrieved 2012-06-14.

[7] Gerald A. Miller, Charge densities of the neutron and proton, Phys. Rev. Lett. 99, 112001(2007).

[8] Leicester, H.M. (1971). The Historical Background of Chemistry. Courier Dover. pp. 221–222.

[9] Leicester, H.M. (1971). The Historical Background of Chemistry. Courier Dover. pp. 221–222. ISBN 0-486-61053-5.

[10] Frank Wilczek: "Happy Birthday, Electron" Scientific American, June 2012.

[11] Thomson, J.J. (1897). "Cathode Rays". Philosophical Magazine. 44 (269): 293–316.

[12] Myers, W.G. (1976). "Becquerel's Discovery of Radioactivity in 1896". Journal of Nuclear Medicine. 17 (7): 579–582.

[13] Curtis, L.J. (2003). Atomic Structure and Lifetimes: A Conceptual Approach. Cambridge University Press. p. 74. ISBN 0-521-53635-9.

[14] 1. Agostini M. et al. (Borexino Coll.) (2015). "Test of Electric Charge Conservation with Borexino". Physical Review Letters. 115 (23): 231802.

2. J. Beringer (Particle Data Group); et al. (2012). "Review of Particle Physics: [electron properties]". Physical Review D. 86 (1): 010001.

3. Back, H.O.; et al. (2002). "Search for electron decay mode e → γ + ν with prototype of Borexino detector". Physics Letters B. 525: 29–40.

[15] Greiner, W. (2000). Relativistic Quantum Mechanics. Wave Equations (3rd ed.). Springer Verlag. ISBN 3-5406-74578.

[16] Dirac, P.A.M. (1930). "A Theory of Electrons and Protons". Proc. R. Soc. Lond. A. Royal Society Publishing. 126 (801): 360–365.

[17] Anderson, C.D. (1933). "The Positive Electron". Physical Review. 43 (6): 491–494. doi:10.1103/PhysRev.43.491.

[18] Bland, E. (1 December 2008). "Laser technique produces bevy of antimatter". MSNBC. Retrieved 6 April 2016. "The LLNL scientists created the positrons by shooting the lab's high-powered Titan laser onto a one-millimeter-thick piece of gold."

[19] Palmer, J. (11 January 2011). "Antimatter caught streaming from thunderstorms on Earth". BBC News. Archived from the original on 12 January 2011. Retrieved 11 January 2011.

[20] Engelkemeir, D.W.; Flynn, K.F.; Glendenin, L.E. (1962). "Positron Emission in the Decay of K40". Physical Review. 126 (5): 1818. doi:10.1103/PhysRev.126.1818.

[21] Nishino, H.; et al. (2009). "Search for Proton Decay via $p \to e+\pi^0$ and $p \to \mu+\pi^0$ in a Large Water Cherenkov Detector". Physical Review Letters. 102 (14): 141801.

[22] – Weise, W.; Green, A.M. (1984). Quarks and Nuclei. World Scientific. pp. 65–66.

– Ball, P. (Nov 20, 2008). "Nuclear masses calculated from scratch". Nature. Retrieved Aug 27, 2014.

– Reynolds, M. (Apr 2009). "Calculating the Mass of a Proton". CNRS international magazine. CNRS (13). ISSN 2270–5317. Retrieved Aug 27, 2014.

[23] Antognini; et al. (Jan 2013). "Proton Structure from the Measurement of 2S–2P Transition Frequencies of Muonic Hydrogen". Science. 339 (6118): 417–20.

[24] – Bothe, W.; Becker, H. (1930). "Künstliche Erregung von Kern-γ-Strahlen" [Artificial excitation of nuclear γ-radiation]. Zeitschrift für Physik. 66 (5–6): 289–306.

– Becker, H.; Bothe, W. (1932). "Die in Bor und Beryllium erregten γ-Strahlen" [Γ-rays excited in boron and beryllium]. Zeitschrift für Physik. 76 (7–8): 421–438.

[25] Chadwick, J. (1933). "Bakerian Lecture. The Neutron". Proceedings of the Royal Society A: Mathematical, Physical and Engineering Sciences. 142 (846): 1–25.

[26] Mohr, P.J.; Taylor, B.N. and Newell, D.B. (2014), "The 2014 CODATA Recommended Values of the Fundamental Physical Constants" (Web Version 7.0). The database was developed by J. Baker, M. Douma, and S. Kotochigova. (2014). National Institute of Standards and Technology, Gaithersburg, Maryland 20899.

[27] Povh, B.; Rith, K.; Scholz, C.; Zetsche, F. (2002). Particles and Nuclei: An Introduction to the Physical Concepts. Berlin: Springer–Verlag. p. 73.

[28] Basdevant, J.–L.; Rich, J.; Spiro, M. (2005). Fundamentals in Nuclear Physics. Springer. p. 155.

[29] Greene, G.L.; et al. (1986). "New determination of the deuteron binding energy and the neutron mass". Phys. Rev. Lett. 56: 819–822.

[30] Basic Ideas and Concepts in Nuclear Physics: An Introductory Approach, Third Edition; K. Heyde Taylor & Francis 2004.

[31] Gell, Y.; Lichtenberg, D.B. (1969). "Quark model and the magnetic moments of proton and neutron". Il Nuovo Cimento A. Series 10. 61: 27–40.

[32] Alvarez, L.W.; Bloch, F. (1940). "A quantitative determination of the neutron magnetic moment in absolute nuclear magnetons". Physical Review. 57: 111–122.

[33] G.A. Miller, Charge densities of the neutron and proton, Phys. Rev. Lett. 99, 112001(2007).

[34] "Pear–shaped particles probe big–bang mystery" (Press release). University of Sussex. 20 February 2006. Retrieved 2009–12–14.

[35] Rutherford, E. (1920). "Nuclear Constitution of Atoms". Proceedings of the Royal Society A. 97 (686): 374–400.

[36] Klein, O. (1929). "Die Reflexion von Elektronen an einem Potentialsprung nach der relativistischen Dynamik von Dirac". Zeitschrift für Physik. 53 (3–4): 157–165.

[37] Daya Bay Collaboration (2016–02–12). "Measurement of the Reactor Antineutrino Flux and Spectrum at Daya Bay". Physical Review Letters. 116 (6): 061801.

[38] Berryman, S., "Ancient Atomism", Stanford Encyclopedia of Philosophy (Fall 2008 Edition), Edward N. Zalta (ed.).

[39] Thomson, J.J. (1897). "Cathode rays" ([facsimile from Stephen Wright, Classical Scientific Papers, Physics (Mills and Boon, 1964)]). Philosophical Magazine. 44 (269): 293.

[40] Whittaker, E.T. (1951), A history of the theories of aether and electricity. Vol 1, Nelson, London.

[41] Thomson, J.J. (1904). "On the Structure of the Atom: an Investigation of the Stability and Periods of Oscillation of a number of Corpuscles arranged at equal intervals around the Circumference of a Circle; with Application of the Results to the Theory of Atomic Structure". Philosophical Magazine. 7 (39): 237.

[42] Geiger, H. (1910). "The Scattering of the α–Particles by Matter". Proceedings of the Royal Society. A 83: 492–504.

[43] Rutherford, E. (1911). "The Scattering of α and β Particles by Matter and the Structure of the Atom" (PDF). Philosophical Magazine. 21 (4): 669.

[44] Bohr, N. (1913). "On the constitution of atoms and molecules" (PDF). Philosophical Magazine. 26 (153): 476–502.

[45] Schrodinger, E. (1926). "Quantisation as an Eigenvalue Problem". Annalen der Physik. 81 (18): 109–139.

[46] Mahanti, S. "Max Born: Founder of Lattice Dynamics". Archived from the original on 2009-01-22. Retrieved 2009-08-01.

[47] Heisenberg, W. (1927). "Über den anschaulichen Inhalt der quantentheoretischen Kinematik und Mechanik". Zeitschrift für Physik (in German). 43 (3–4): 172–198.

[48] Palmer, D. (13 September 1997). "Hydrogen in the Universe". NASA. Retrieved 5 February 2008.

[49] Stern, D.P. (13 February 2005). "Wave Mechanics". NASA Goddard Space Flight Center. Retrieved 16 April 2008.

[50] – P. Atkins, J. de Paula, Atkins' Physical Chemistry, 8th edition (W.H.Freeman 2006), p. 451–2 ISBN 0-7167-8759-8.

– Matthews, M.J.; Petitpas, G.; Aceves, S.M. (2011). "A study of spin isomer conversion kinetics in supercritical fluid hydrogen for cryogenic fuel storage technologies". Appl. Phys. Lett. 99 (8): 081906. doi:10.1063/1.3628453.

[51] Tikhonov, V.I.; Volkov, A.A. (2002). "Separation of Water into Its Ortho and Para Isomers". Science. 296 (5577): 2363. PMID 12089435.

[52] Hritz, J. (March 2006). "CH. 6 – Hydrogen" . NASA Glenn Research Center Glenn Safety Manual, Document GRC-MQSA.001. NASA. Retrieved 5 February 2008.

[53] Miessler, G.L.; Tarr, D.A. (2003). Inorganic Chemistry (3rd ed.). Prentice Hall. ISBN 0-13-035471-6.

[54] Salaris, M.; Cassisi, S. (2005), Evolution of stars and stellar populations, John Wiley and Sons, pp. 119–121, ISBN 0-470-09220-3.

[55] I. Ahmad, The Nucleus, 1: 42, 59, (1971), The Proton type–nuclear fission reaction.

[56] K.S. Krane, Introductory Nuclear Physics, Wiley, 1987, p. 537.

[57] Chase, C.E.; Zimmerman, G.O. (1973). “Measurements of P–V–T and Critical Indices of He3”. Journal of Low Temperature Physics. 11 (5–6): 551. doi:10.1007/BF00654447.

[58] Nash, C.S. (2005). “Atomic and Molecular Properties of Elements 112, 114, and 118”. Journal of Physical Chemistry A. 109 (15): 3493–3500.

[59] Ehrhart, P. (1991) “Properties and interactions of atomic defects in metals and alloys“, chapter 2, p. 88 in Landolt–Börnstein, New Series III, Vol. 25, Springer, Berlin.

[60] University of Virginia, MSE 6020: Defects and Microstructure in Materials, Leonid Zhigilei.

[61] J.C.M. Li, in Electron Microscopy and Strength of Crystals, eds. G. Thomas and J. Wschbum (New York: Interscience Publishers, 1963.

[62] http://chemwiki.ucdavis.edu/Physical_Chemistry/Quantum_Mehns/Quantum_Theory/Trapped_Particles/Atoms/Quantum_Numbers

[63] Halpern, P. (2017–11–21). “Spin: The Quantum Property That Should Have Been Impossible”. Forbes. Starts With A Bang. Retrieved 2018–03–10.

[64] Chemical Bonds. chemguide.co.uk

[65] Metallic bonding. chemguide.co.uk

[66] Elastic Properties and Young Modulus for some Materials. The Engineering ToolBox. Retrieved 2012–01–06.

[67] http://periodictable.com/Elements/011/data.html

[68] http://periodictable.com/Elements/011/data.html

[69] http://periodictable.com/Elements/012/data.html

[70] Elastic Properties and Young Modulus for some Materials. The Engineering ToolBox. Retrieved 2012-01-06.

[71] http://periodictable.com/Elements/013/data.html

[72] Arther Beiser, Concept of modern physics. 6th ed. McGraw-Hill (2003) p. 342

[73] https://www.korth.de/index.php/162/items/24.html

[74] "Chemical Bonds". Hyperphysics.phy-astr.gsu.edu. Retrieved 2013-06-09.

[75] www.chm.bris.ac.uk/motm/diamond/diamprop.htm

[76] www.thoughtco.com/table-of-electrical-resistivity-conductivity- 608499

[77] www.azom.com/properties.aspx?ArticleID=516

[78] Eranna, G. (2014). Crystal Growth and Evaluation of Silicon for VLSI and ULSI. CRC Press. p. 7. ISBN 978-1-4822-3281-3.

[79] Hopcroft, M.A.; Nix, W.D.; Kenny, Thomas W. (2010). "What is the Young's Modulus of Silicon?". J. of Microelectromechanical Systems. 19 (2): 229. doi:10.1109/JMEMS.2009.2039697.

[80] Steiner, T. (2002). "The Hydrogen Bond in the Solid State". Angew. Chem. Int. Ed. 41: 48-76.

[81] Wiley, G.R.; Miller, S.I. (1972). "Thermodynamic parameters for hydrogen bonding of chloroform with Lewis bases in cyclohexane. Proton magnetic resonance study". Journal of the American Chemical Society. 94 (10): 3287. doi:10.1021/ja00765a001.

[82] - Larson, J.W.; McMahon, T.B. (1984). "Gas-phase bihalide and pseudobihalide ions. An ion cyclotron resonance determination of hydrogen bond energies

in XHY− species (X, Y = F, Cl, Br, CN)". Inorganic Chemistry. 23 (14): 2029–2033. doi:10.1021/ic00182a010.

- Emsley, J. (1980). "Very Strong Hydrogen Bonds". Chemical Society Reviews. 9 (1): 91–124. doi:10.1039/cs9800900091.

[83] Hobza P, Havlas Z. (2000). "Blue-Shifting Hydrogen Bonds". Chem. Rev. 100 (11): 4253–4264. doi:10.1021/cr990050q.

[84] Lodish, H.; Berk, A.; Zipursky, S.L.; Matsudaira, P.; Baltimore, D.; Darnell, J. (2000). "Molecular Cell Biology, 4th edition", New York: W. H. Freeman; ISBN-10: 0-7167-3136-3.

[85] Pastorczak, E.; Corminboeuf, C. (2017) 'Perspective: Found in translation: Quantum chemical tools for grasping non-covalent interactions', The Journal of Chemical Physics. AIP Publishing LLC , 146(12), p. 120901. doi: 10.1063/1.4978951.

[86] Cordier, F; Rogowski, M; Grzesiek, S; Bax, A (1999). "Observation of through-hydrogen-bond $^{2h}J_{HC'}$ in a perdeuterated protein". J Magn Reson. 140 (2): 510–2. doi:10.1006/jmre.1999.1899.

[87] Jorgensen, W. L.; Madura, J. D. (1985). "Temperature and size dependence for Monte Carlo simulations of TIP4P water". Mol. Phys. 56 (6): 1381. doi:10.1080/00268978500103111.

[88] Zielkiewicz, Jan (2005). "Structural properties of water: Comparison of the SPC, SPCE, TIP4P, and TIP5P models of water". J. Chem. Phys. 123 (10): 104501. doi:10.1063/1.2018637.

[89] Cowan M.L.; Bruner B.D.; Huse N.; et al. (2005). "Ultrafast memory loss and energy redistribution in the hydrogen bond network of liquid H_2O". Nature. 434 (7030): 199–202. doi:10.1038/nature03383.

[90] Luo, J.; Jensen, A.H.; Brooks, N.R.; et al. (2015). "1,2,4-Triazolium perfluorobutanesulfonate as an archetypal pure protic organic ionic plastic crystal electrolyte for all-solid-state fuel cells". Energy & Environmental Science. 8 (4): 1276. doi:10.1039/C4EE02280G.

[91] Law-breaking liquid defies the rules Archived 2011-04-29 at the Wayback Machine. Physicsworld.com (September 24, 2004).

[92] Jencks, W.; Jencks, W.P. (1986). "Hydrogen Bonding between Solutes in Aqueous Solution". J. Am. Chem. Soc. 108 (14): 4196. doi:10.1021/ ja00274a058.

[93] Dillon, P.F. (2012). Biophysics: A Physiological Approach. Cambridge University Press. p. 37. ISBN 978-1-139-50462-1.

[94] Hellgren, M.; Kaiser, C.; de Haij, S.; Norberg, A.; Hoog, J.O. (December 2007). "A hydrogen-bonding network in mammalian sorbitol dehydrogenase stabilizes the tetrameric state and is essential for the catalytic power". Cellular and Molecular Life Sciences. 64 (23): 3129-38. doi:10.1007/s00018-007-7318-1.

[95] Laage, D.; Hynes, J.T. (2006). "A Molecular Jump Mechanism for Water Reorientation". Science. 311 (5762): 832-5. doi:10.1126/science.1122154.

[96] Markovitch, O; Agmon, N. (2008). "The Distribution of Acceptor and Donor Hydrogen-Bonds in Bulk Liquid Water". Molecular Physics. 106 (2): 485. doi:10.1080/00268970701877921.

[97] Steiner, T. (2002). "The Hydrogen Bond in the Solid State". Angewandte Chemie International Edition. 41: 48. doi:10.1002/1521-3773(20020104)41:1〈48::AID-ANIE48〉3.0.CO;2-U.

[98] Gilli, G.; Gilli, P. (2000-09-26). "Towards an unified hydrogen-bond theory". Journal of Molecular Structure. 552 (1-3): 1-15. doi:10.1016/S0022-2860(00)00454-3.

[99] Schiøtt B.; Iversen B.B.; Madsen G.K.; Larsen F.K.; Bruice T.C. (October 1998). "On the electronic nature of low-barrier hydrogen bonds in enzymatic reactions". Proc. Natl. Acad. Sci. U.S.A. 95 (22): 12799–802. doi:10.1073/pnas.95.22.12799.

[100] Garrett, R.H.; Grisham, C.M. (2016). Biochemistry (6th ed.). University of Virginia. pp. 12–13.

[101] A.A. Abrikosov; L.P. Gorkov; I.E. Dzyaloshinsky (1963–1975). Methods of Quantum Field Theory in Statistical Physics. Dover Publications. ISBN 978-0-486-63228-5. Chapter 6 Electromagnetic Radiation in an Absorbing Medium.

[102] Lennard-Jones, J.E. (1924), "On the Determination of Molecular Fields", Proc. R. Soc. Lond. A, 106 (738): 463–477, doi:10.1098/rspa.1924.0082.

[103] Keesom, W.H. (1915). "The second virial coefficient for rigid spherical molecules whose mutual attraction is equivalent to that of a quadruplet placed at its center". Proceedings of the Royal Netherlands Academy of Arts and Sciences. 18: 636–646.

[104] Leite, F.L.; Bueno, C.C.; Da Róz, A.L.; Ziemath, E.C.; Oliveira, O.N. (2012). "Theoretical Models for Surface Forces and Adhesion and Their Measurement Using Atomic Force Microscopy". International Journal of Molecular Sciences. 13 (12): 12773–856. doi:10.3390/ijms131012773.

[105] – Blustin, P.H. (1978). "A Floating Gaussian Orbital calculation on argon hydrochloride (Ar · HCl)". Theoretica Chimica Acta. 47 (3): 249–257. doi:10.1007/BF00577166.

– Roberts, J.K.; Orr, W.J.C. (1938). "Induced dipoles and the heat of adsorption of argon on ionic crystals". Transactions of the Faraday Society. 34: 1346. doi:10.1039/TF9383401346.

- Sapse, A.M.; Rayez-Meaume, M.T.; Rayez, J.C.; Massa, L.J. (1979). "Ion-induced dipole H-n clusters". Nature. 278 (5702): 332. doi:10.1038/278332a0.

[106] Schneider, H.-J. Dispersive Interactions in Solution Complexes Dispersive Interactions in Solution Complexes Acc. Chem. Res 2015, 48 , 1815–1822.

[107] H.C. Hamaker, Physica, 4(10), 1058–1072 (1937).

[108] - E.M. Lifshitz, Soviet Phys. JETP, 2, 73 (1956).

- D. Langbein, Phys. Rev. B, 2, 3371 (1970).

[109] - A. Einstein: "On the Electrodynamics of Moving Bodies", June 30, 1905.

- Griffiths, D.J. (1998). Introduction to Electrodynamics (3rd ed.). chapter 12 Prentice Hall. ISBN 978-0-13-805326-0. OCLC 40251748.

[110] Griffiths, D.J. (1999). Introduction to Electrodynamics (3rd ed.). Prentice Hall. p. 438. ISBN 978-0-13-805326-0. OCLC 40251748. Griffiths 1999, pp. 266–268.

[111] Microwave Engineering – R.S. Rao (Prof.). Retrieved 2013-11-08.

[112] Chiang, Y.; et al.: Physical Ceramics, John Wiley & Sons 1997, New York.

[113] Chiang, Y.; et al. (1997) Physical Ceramics, John Wiley & Sons, New York.

[114] Kuhn, U.; Luty, F. (1965). "Paraelectric heating and cooling with OH-dipoles in alkali halides". Solid State Communications. 3 (2): 31. doi:10.1016/0038-1098(65)90060-8.

[115] - W. Kanzig (1957). "Ferroelectrics and Antiferroelectrics". In F. Seitz; T.P. Das; D. Turnbull; E.L. Hahn. Solid State Physics. 4. Academic Press. p. 5. ISBN 978-0-12-607704-9.

- M. Lines; A. Glass (1979). Principles and applications of ferroelectrics and related materials. Clarendon Press, Oxford. ISBN 978-0-19-851286-8.

[116] J. Valasek (1920). "Piezoelectric and allied phenomena in Rochelle salt". Physical Review. 15 (6): 537. doi:10.1103/PhysRev.15.505.

[117] Safari, A. (2008). Piezoelectric and acoustic materials for transducer applications. Springer Science & Business Media. p. 21. ISBN 978-0387765402.

[118] M. Suzuki, N. Kawamura, H. Miyagawa, J.S. Garitaonandia, Y. Yamamoto, H. Hori (24 Jan 2012). "Measurement of a Pauli and Orbital Paramagnetic State in Bulk Gold Using X-Ray Magnetic Circular Dichroism Spectroscopy". Physical Review Letters. doi:10.1103/PhysRevLett.108.047201. Retrieved 3 Oct 2018.

[119] Lander, G.H.; Lam, D.J. (1976). "Neutron diffraction study of PuP: The electronic ground state". Phys. Rev. B. 14 (9): 4064-67. doi:10.1103/PhysRevB.14.4064.

[120] Aldred, A.T.; Dunlap. B.D.; Lam. D.J.; Lander G.H.; Mueller, M.H.; Nowik, I. (1975). "Magnetic properties of neptunium Laves phases: $NpMn_2$, $NpFe_2$, $NpCo_2$, and $NpNi_2$". Phys. Rev. B. 11 (1): 530-44. doi:10.1103/PhysRevB.11.530.

[121] Mueller, M.H.; Lander, G.H.; Hoff. H.A.; Knott, H.W.; Reddy, J.F. (Apr 1979). "Lattice distortions measured in actinide ferromagnets PuP, NpFe2, and NpNi2" (PDF). J Phys Colloque C4, supplement. 40 (4): C4-68-C4-69.

[122] G.-B. Jo; Y.-R. Lee; J.-H. Choi; C.A. Christensen; T.H. Kim; J.H. Thywissen; D.E. Pritchard; W. Ketterle (2009). "Itinerant Ferromagnetism in a Fermi Gas of Ultracold Atoms". Science. 325 (5947): 1521-24. doi:10.1126/science.1177112.

[123] Chikazumi, S. (2009). Physics of ferromagnetism. English edition prepared with the assistance of C.D. Graham, Jr (2nd ed.). Oxford: Oxford University Press. pp. 129–30. ISBN 9780199564811.

[124] Ferromagnetism. University of California, San Diego. Retrieved 2 January 2013

[125] Yen, F.; Chaudhury, R. P.; Galstyan, E.; Lorenz, B.; Wang, Y.Q.; Sun, Y.Y.; Chu, C.W. (2008). "Magnetic phase diagrams of the Kagome staircase compound $Co_3V_2O_8$". Physica B: Condensed Matter. 403 (5–9): 1487–1489. doi:10.1016/j.physb.2007.10.334.

[126] M. Forrester, F. Kusmartsev (2014). "The nano-mechanics and magnetic properties of high moment synthetic antiferromagnetic particles". Physica Status Solidi A. 211 (4): 884–889. doi:10.1002/pssa.201330122.

[127] Spaldin, N.A. (2010). "9. Ferrimagnetism". Magnetic materials : fundamentals and applications (2nd ed.). Cambridge: Cambridge University Press. pp. 113–129. ISBN 9780521886697.

[128] L. Néel, Propriétées magnétiques des ferrites; Férrimagnétisme et antiferromagnétisme, Annales de Physique (Paris) 3, 137–198 (1948).

[129] Klein, C.; Dutrow, B., Mineral Science, 23rd ed., Wiley, p. 243.

[130] C.D. Stanciu, A.V. Kimel, F. Hansteen, A. Tsukamoto, A. Itoh, A. Kirilyuk, and Th. Rasing, Ultrafast spin dynamics across compensation points in ferrimagnetic GdFeCo: The role of angular momentum compensation, Phys. Rev. B 73, 220402(R) (2006).

[131] Wen, X.-G.; Witten, E., Electric and magnetic charges in superstring models, Nuclear Physics B, Volume 261, p. 651–677.

[132] Milton mentions some inconclusive events (p. 60) and still concludes that "no evidence at all of magnetic monopoles has survived" (p.3). Milton, Kimball A. (June 2006). "Theoretical and experimental status of magnetic monopoles". Reports on Progress in Physics. 69 (6): 1637–1711. doi:10.1088/0034-4885/69/6/R02.

[133] Castelnovo, C.; Moessner, R.; Sondhi, S.L. (January 3, 2008). "Magnetic monopoles in spin ice". Nature. 451 (7174): 42–45. doi:10.1038/nature06433.

[134] Ray, M.W.; Ruokokoski, E.; Kandel, S.; Möttönen, M.; Hall, D. S. (2014). "Observation of Dirac monopoles in a synthetic magnetic field". Nature. 505 (7485): 657–660. doi:10.1038/nature12954.

[135] "Quantised Singularities in the Electromagnetic Field" Paul Dirac, Proceedings of the Royal Society, May 29, 1931. Retrieved February 1, 2014.

[136] – Zel'dovich, Y.B.; Khlopov, M.Y. (1978). "On the concentration of relic monopoles in the universe". Phys. Lett. B79 (3): 239–41. doi:10.1016/0370-2693(78)90232-0.

– Preskill, J. (1979). "Cosmological production of superheavy magnetic monopoles". Phys. Rev. Lett. 43 (19): 1365–1368. doi:10.1103/PhysRevLett.43.1365.

[137] Guth, A. (1997). The Inflationary Universe: The Quest for a New Theory of Cosmic Origins. Perseus. ISBN 978-0-201-32840-0.

[138] – The magnetism of matter, Feynman Lectures in Physics Ch 34.

– Ferromagnetism, Feynman Lectures in Physics Ch 36.

[139] "Introduction to Solid State Physics", C. Kittel, John Wiley & Sons, Inc.

[140] Curtis, L.J. (2003). Atomic Structure and Lifetimes: A Conceptual Approach. Cambridge University Press. p. 74.

[141] Thomson, G. P. (1927). "Diffraction of Cathode Rays by a Thin Film". Nature. 119 (3007): 890–890.

[142] S. Gorfman, O. Schmidt, V. Tsirelson, M. Ziolkowski, U. Pietsch, "Crystallography under external electric field", ZAAC 639 (2013) 1953–1962. https://doi.org/10.1002/zaac.201200497.

[143] Kittel, C. (2004). Introduction to Solid State Physics (8 ed.). John Wiley & Sons. ISBN 978-0471415268.

[144] Schroeder, D.V. "An Introduction to Thermal Physics" Addison-Wesley, San Francisco (2000). Section 7.5.

[145] R.A. Matula, "Electrical resistivity of copper, gold, palladium, and silver". Journal of Physical and Chemical Reference Data 8, 1147–1298(1979). DOI:10.1063/1.555614.

[146] L. E. Kinsler et al. (2000), Fundamentals of acoustics, 4th Ed., John Wiley and sons Inc., New York, USA.

[147] D.T. Queheillalt and H.N.G. Wadley, "Temperature dependence of the elastic constants of solid and liquid Cd0.96Zn0.04Te obtained by laser ultrasound". J. Appl. Phys. 83 (1998) 4124–4133.

[148] K. Wang, R.R. Reeber, "Thermal Expansion of Copper", High Temperature and Materials Science 35 (1996) 181–186.

[149] M. Gu, C. Q Sun, Y. Zhou, "An approach of local band average for the temperature dependence of lattice thermal expansion", www.researchgate.net-publication-1905865.

[150] W. Paszkowicz, R. Minikayev, P. Piszora, M. Knapp, C. Bahtz, "Low Temperature Measurements of Lattice Parameter of Microcrystalline Gold, http://hasyweb.desy.de/science/annual_reports/2005_report/part1/contrib/42/15263.pdf.

[151] K. Wang, R.R. Reeber, "Thermal Expansion of Copper", High Temperature and Materials Science 35 (1996) 181–186.

[152] S. Pandini, A. Pegoretti, "Time and temperature effects on Poisson's ratio of poly(butylene terephthalate)", eXPRESS Polymer Letters Vol.5, No.8 (2011) 685–697, DOI: 10.3144/expresspolymlett.2011.67.

[153] https://www.webelements.com/copper/crystal_structure.html

[154] Merzbacher, Eugen (1998). Quantum Mechanics (3rd ed.). pp. 372–3; Griffiths, David (2005). Introduction to Quantum Mechanics (2nd ed.). pp. 183–4.

[155] A modern approach to quantum mechanics, by Townsend, p. 31 and p. 80.

[156] Eisberg, R.; Resnick, R. (1985). Quantum Physics of Atoms, Molecules, Solids, Nuclei, and Particles (2nd ed.). pp. 272–3.

[157] T.E. Phipps, J.B. Taylor, "The Magnetic Moment of the Hydrogen Atom". Physical Review. 29 (2) (1927): 309–320. doi:10.1103/PhysRev.29.309.

[158] Gerlach, W.; Stern, O. (1922). "Der experimentelle Nachweis der Richtungsquantelung im Magnetfeld". Zeitschrift für Physik. 9: 349–352.

[159] Griffiths, D. (2005). Introduction to Quantum Mechanics (2nd ed.). pp. 183–4.

[160] Pais, A. (1991). Niels Bohr's Times. Oxford: Clarendon Press. p. 201. ISBN 0-19-852049-2.

[161] Nahin, P.J. (1992). "Maxwell's grand unification". Spectrum, IEEE. 29 (3): 45.

[162] G. Hall, Maxwell's electromagnetic theory and special relativity, Phil. Trans. R. Soc. A (2008) 366, 1849–1860.

[163] 2015년 8월 27일자 Nature News.

[164] Weinberg, S. (2002), Foundations, The Quantum Theory of Fields, I, Cambridge University Press, ISBN 0-521-55001-7.

[165] R. Kodama, "Nonlinear interaction of laser light with vacuum", Apollon First User's Meeting 12–13 Feb. 2016.

[166] – Serway, R.A. (1990). Physics for Scientists & Engineers (3rd ed.). Saunders. p. 1150. ISBN 0-03-030258-7.

– Sears, F.W.; Zemansky, M.W.; Young, H.D. (1983). University Physics (6th ed.). Addison-Wesley. pp. 843–844. ISBN 0-201-07195-9.

[167] – Lenard, P. (1902). "Über die lichtelektrische Wirkung". Annalen der Physik. 313 (5): 149–198. doi:10.1002/andp.19023130510.

– Millikan, R. (1914). "A Direct Determination of "h."". Physical Review. 4 (1): 73–75. doi:10.1103/PhysRev.4.73.2.

– Millikan, R. (1916). "A Direct Photoelectric Determination of Planck's "h"". Physical Review. 7 (3): 355–388. doi:10.1103/PhysRev.7.355.

[168] Bubb, F. (1924). "Direction of Ejection of Photo-Electrons by Polarized X-rays". Physical Review. 23 (2): 137–143. doi:10.1103/PhysRev.23.137.

[169] Gautreau, R.; Savin, W. (1999). Schaum's Outline of Modern Physics (2nd ed.). McGraw-Hill. pp. 60–61. ISBN 0-07-024830-3.

[170] M. Vranic, O. Klimo, G. Korn, S. Weber, "Multi–GeV electron–positron beam generation from laser–electron scattering", Scientific Reports 8, Article number: 4702 (2018).

[171] J.Q. Yu, H.Y. Lu, T. Takahashi, R.H. Hu, Z. Gong, W.J. Ma, Y.S. Huang, C.E. Chen, X.Q. Yan, "Creation of Electron–Positron Pairs in Photon–Photon Collisions Driven by 10–PW Laser Pulses" Phys. Rev. Lett. 122, 014802 (2019).

[172] Planck, M. (1914). The Theory of Heat Radiation. Masius, M. (transl.) (2nd ed.). P. Blakiston's Son & Co. OL 7154661M. p42.

[173] Shao, G.; et al. (2019). "Improved oxidation resistance of high emissivity coatings on fibrous ceramic for reusable space systems". Corrosion Science. 146: 233–246. doi:10.1016/j.corsci.2018.11.006.

[174] Stewart, B. (1858). "An account of some experiments on radiant heat". Transactions of the Royal Society of Edinburgh. 22: 1–20. doi:10.1017/S0080456800031288.

[175] Hapke, B. (1993). Theory of Reflectance and Emittance Spectroscopy. Cambridge University Press, Cambridge UK. ISBN 978–0–521–30789–5. pp. 362–373.

[176] Loudon, R. (2000). The Quantum Theory of Light (3rd ed.). Oxford University Press. ISBN 978–0–19–850177–0. pp. 3–45.

[177] P.F. Dahl, Superconductivity, Its Historical Roots and Development from Mercury to the Ceramic Oxides, American Institute of Physics, New York (1992), p. 13.

[178] P.J. Ray. Figure 2.4 in Master's thesis, "Structural investigation of La(2–x)Sr(x)CuO(4+y) – Following staging as a function of temperature". University of Copenhagen. 2015. DOI:10.6084/m9.figshare.2075680.v2.

[179] – J. Bardeen; L.N. Cooper; J.R. Schrieffer (1957). "Microscopic Theory of Superconductivity". Physical Review. 106 (1): 162–164.

– J. Bardeen; L.N. Cooper, J.R. Schrieffer (1957). "Theory of Superconductivity". Physical Review. 108 (5): 1175–1205.

[180] S. Qin, J. Kim, Q. Niu, C.–K. Shih, Superconductivity at the Two–Dimensional Limit, Science 324 (2009), 1314–1317.

[181] Organic Superconductivity ed. V.Z. Kresin and W.A. Little, Springer Science+Business Media, LLC.

[182] J.H. Schön; Ch. Kloc; B. Batlogg, Superconductivity at 52 K in hole–doped C60. Nature 408, 549–552 (2000).

[183] D. Pines, Understanding High Temperature Superconductors: Progress and Prospects, Physica C 282–287, 273 (1997), and the references herein.

[184] G. Xiao, F.H. Streitz, A. Gavrin, Y.W. Du, C.L. Chien, Phys. Rev. B 35, 8782 (1987a).

[185] L.S. Chandra, M.K. Chattopadhyay, S.B. Roy, V.C. Sahni, G.R. Myneni, "Magneto thermal conductivity of superconducting Nb with intermediate level of impurity", Supercond. Sci. Technol. 25 (2012) 035010.

[186] M. Debessai, T. Matsuoka, J.J. Hamlin, W. Bi, Y. Meng, K. Shimizu, J.S. Schilling, J. Phys.: Conf. Series 215, 012034 (2010).

[187] J.Z. Hu, L.D. Merkel, C.S. Menoni, I.L. Spain, Crystall data for high–pressure phases of silicon, Physical review. B, Condensed matter, 34 (1986) 4679–4684, DOI: 10.1103/PhysRevB.34.4679.

[188] G. Martinez, J.M. Mignot, G. Chouteau, K.J. Chang, M.M. Dacorogna, M.L. Cohen, Superconductivity of Silicon, Phys. Scr. T13 (1986) 226–229.

[189] S.V. Vonsovsky, Y.A. Izyumov, E.Z. Kurmaev, SUPERCONDUCTIVITY OF TRANSITION METALS: THEIR ALLOYS AND COMPOUNDS , Springer Series in Solid-State Sciences Vol. 27, Springer-Verlag, Berlin, Heidelberg, New York, 1982. p 27.

[190] 189와 동일, 단 p 245.

[191] C.P. Poole, Jr, H.A. Farach, R.J. Creswick, Superconductivity, Academic Press Inc.(1995), Chapter 9. Type II Superconductivity.

[192] Wells, F.S.; Pan, A.V.; Wang, X.R.; Fedoseev, S.A.; Hilgenkamp, Hans (2015). "Analysis of low-field isotropic vortex glass containing vortex groups in $YBa_2Cu_3O_{7-x}$ thin films visualized by scanning SQUID microscopy". Scientific Reports. 5: 8677. doi:10.1038/srep08677.

[193] Tinkham, M. (1996). Introduction to Superconductivity, Second Edition. New York, NY: McGraw-Hill. ISBN 0486435032.

[194] A.A. Abrikosov, "Type II superconductors and the vortex lattice", Nobel Lecture, December 8, 2003.

[195] - Saunders, P.J. Ford; G.A. (2005). The rise of the superconductors. Boca Raton, Fla.: CRC Press. ISBN 9780748407729.

- Bednorz, J.G.; Müller, K.A. (1986). "Possible high TC superconductivity in the Ba-La-Cu-O system". Zeitschrift für Physik B. 64 (2): 189-193. doi:10.1007/BF01303701.

[196] - A. Leggett (2006). "What DO we know about high Tc?". Nature Physics. 2 (3): 134-136. doi:10.1038/nphys254.

- Choi, C.Q. Iron Exposed as High-Temperature Superconductor: Scientific American Archived 2 September 2012 at the Wayback Machine. April 23, 2008. Retrieved 2012-04-19.

- Ren, Z.-A.; et al. (2008). "Superconductivity and phase diagram in iron-based arsenic-oxides ReFeAsO1-δ (Re=rare-earth metal) without fluorine doping". EPL. 83 (1): 17002. doi:10.1209/0295-5075/83/17002.

[197] - Drozdov, A.P.; Eremets, M.I.; Troyan, I.A.; Ksenofontov, V.; Shylin, S.I. (2015). "Conventional superconductivity at 203 kelvin at high pressures in the sulfur hydride system". Nature. 525 (7567): 73-6. doi:10.1038/nature14964.

- Christoph H.; Lilia B. (2015). "Influence of bonding on superconductivity in high-pressure hydrides". Phys Rev B. 92 (6): 060508. doi:10.1103/PhysRevB.92.060508.

[198] Hazen, R.; Finger, L.; Angel, R.; Prewitt, C.; Ross, N.; Mao, H.; Hadidiacos, C.; Hor, P.; Meng, R.; Chu, C. (1987). "Crystallographic description of phases in the Y-Ba-Cu-O superconductor". Physical Review B. 35 (13): 7238-7241. doi:10.1103/PhysRevB.35.7238.

[199] Greenwood, N.N.; Earnshaw, A. (1997). Chemistry of the Elements (2nd ed.). Butterworth-Heinemann. ISBN 0-08-037941-9.

[200] Khare, N. (2003). Handbook of High-Temperature Superconductor Electronics. CRC Press. ISBN 978-0-8247-0823-8.

[201] C. Hartinger. "DFG FG 538 - Doping Dependence of Phase transitions and Ordering Phenomena in Cuprate Superconductors". Wmi.badw-muenchen.de. Archived from the original on 27 December 2008. Retrieved 29 October 2009.

[202] Hermann, Allen M. and Yakhmi, J.V. eds. (1994) Thallium-Based High-Temperature Superconductors, Marcel Dekker.

[203] Hazen, R.; et al. (1988). "Superconductivity in the high–Tc Bi–Ca–Sr–Cu–O system: Phase identification". Physical Review Letters. 60 (12): 1174–1177. doi:10.1103/PhysRevLett.60.1174.

[204] Tarascon, J.; McKinnon, W.; Barboux, P.; Hwang, D.; Bagley, B.; Greene, L.; Hull, G.; Lepage, Y.; Stoffel, N.; Giroud, M. (1988). "Preparation, structure, and properties of the superconducting compound series $Bi_2Sr_2Ca_{n-1}Cu_nO_y$ with n=1, 2, and 3". Physical Review B. 38 (13): 8885–8892. doi:10.1103/PhysRevB.38.8885.

[205] Sheng, Z.Z.; Hermann, A.M.; El Ali, A; Almasan, C.; Estrada, J.; Datta, T.; Matson, R. J. (1988). "Superconductivity at 90 K in the Tl–Ba–Cu–O system". Physical Review Letters. 60 (10): 937–940. doi:10.1103/PhysRevLett.60.937.

[206] Sheng, Z.Z.; Hermann, A.M. (1988). "Superconductivity in the rare–earth–free Tl–Ba–Cu–O system above liquid–nitrogen temperature". Nature. 332 (6159): 55–58. doi:10.1038/332055a0.

[207] Schilling, A.; Cantoni, M.; Guo, J.D.; Ott, H.R. (1993). "Superconductivity above 130 K in the Hg–Ba–Ca–Cu–O system". Nature. 363 (6424): 56–58. doi:10.1038/363056a0.

[208] Chu, C.W.; Gao, L.; Chen, F.; Huang, Z.J.; Meng, R.L.; Xue, Y.Y. (1993). "Superconductivity above 150 K in $HgBa_2Ca_2Cu_3O_{8+\delta}$ at high pressures". Nature. 365 (6444): 323–325. doi:10.1038/365323a0.

[209] J.–F. Ge; et al. (2014). "Superconductivity in single–layer films of FeSe with a transition temperature above 100 K". Nature Materials. 1406 (3): 285–9. doi:10.1038/nmat4153.

[210] Ren, Z.–A.; et al. (2008). "Superconductivity and phase diagram in iron–based arsenic–oxides ReFeAsO1–δ (Re=rare–earth metal) without fluorine

doping". EPL. 83 (1): 17002. arXiv:0804.2582.

[211] – Rotter, M; Tegel, M; Johrendt, D. (2008). "Superconductivity at 38 K in the Iron Arsenide (Ba1−xKx)Fe2As2". Physical Review Letters. 101 (10): 107006. doi:10.1103/PhysRevLett.101.107006.

– Sasmal, K; Lv, B; Lorenz, B; Guloy, A.M.; Chen, F; Xue, Y. Y.; Chu, C.W. (2008). "Superconducting Fe-Based Compounds (A1−xSrx) Fe2As2 with A=K and Cs with Transition Temperatures up to 37 K". Physical Review Letters. 101 (10): 107007. doi:10.1103/PhysRevLett.101.107007.

[212] – Pitcher, M.J.; Parker, D.R.; Adamson, P; Herkelrath, S.J.; Boothroyd, A.T.; Ibberson, R.M.; Brunelli, M; Clarke, S.J. (2008). "Structure and superconductivity of LiFeAs". Chemical Communications. 2008 (45): 5918–5920. doi:10.1039/b813153h.

– Tapp, J.H.; Tang, Z.; Lv, B.; Sasmal, K.; Lorenz, B.; Chu, P.C.W.; Guloy, A.M. (2008). "LiFeAs: An intrinsic FeAs-based superconductor with Tc=18 K". Physical Review B. 78 (6): 060505. doi:10.1103/PhysRevB.78.060505.

– Parker, D.R.; Pitcher, M.J.; Baker, P.J.; Franke, I.; Lancaster, T.; Blundell, S.J.; Clarke, S.J. (2009). "Structure, antiferromagnetism and superconductivity of the layered iron arsenide NaFeAs". Chemical Communications. 2009 (16): 2189–2191. doi:10.1039/b818911k.

[213] Zhao, J.; Huang, Q; de la Cruz, C.; Li, S.; Lynn, J.W.; Chen, Y.; Green, M.A.; Chen, G.F.; Li, G; Li, Z.; Luo, J.L.; Wang, N.L.; Dai, P. (2008). "Structural and magnetic phase diagram of CeFeAsO1−xFx and its relation to high-temperature superconductivity". Nature Materials. 7 (12): 953–959. doi:10.1038/nmat2315.

[214] Kordyuk, A.A. (2012). "Iron–based high temperature superconductors: Magnetism, superconductivity, and electronic structure (Review Article)". Low Temp. Phys. 38 (9): 888–899. doi:10.1063/1.4752092. Archived (PDF) from the original on 11 May 2015.

[215] Luetkens, H.; et al. (2009). "Electronic phase diagram of the LaO1–xFxFeAs superconductor". Nature Materials. 8 (4): 305–9. doi:10.1038/nmat2397.

[216] – Drew, A.J.; et al. (2009). "Coexistence of static magnetism and superconductivity in SmFeAsO1–xFx as revealed by muon spin rotation". Nature Materials. 8 (4): 310–314. doi:10.1038/nmat2396.

– Sanna, S.; De Renzi, R.; Lamura, G.; Ferdeghini, C.; Palenzona, A.; Putti, M.; Tropeano, M.; Shiroka, T. (2009). "Competition between magnetism and superconductivity at the phase boundary of doped SmFeAsO pnictides". Physical Review B. 80 (5): 052503. doi:10.1103/PhysRevB.80.052503.

[217] Zhao, J.; et al. (2008). "Structural and magnetic phase diagram of CeFeAsO1–xFx and its relation to high–temperature superconductivity". Nature Materials. 7 (12): 953–959. doi:10.1038/nmat2315.

[218] Chu, J.–H.; Analytis, J.; Kucharczyk, C.; Fisher, I. (2009). "Determination of the phase diagram of the electron doped superconductor Ba(Fe1–xCox)2As2". Physical Review B. 79 (1): 014506. doi:10.1103/PhysRevB.79.014506.

[219] Lee, C.–H.; Iyo, A.; Eisaki, H.; Kito, H.; Teresa F.ernandez–Diaz, M.; Ito, T.; Kihou, K.; Matsuhata, H.; Braden, M.; Yamada, K. (2008). "Effect of Structural Parameters on Superconductivity in Fluorine–Free LnFeAsO1–y (Ln=La, Nd)". Journal of the Physical Society of Japan. 77 (8): 083704. doi:10.1143/JPSJ.77.083704.

[220] Drozdov, A.; Eremets, M. I.; Troyan, I. A. (2014). "Conventional superconductivity at 190 K at high pressures". arXiv:1412.0460.

[221] Y.F. Ge, F. Zhang, Y.G. Yao, "First-principles demonstration of superconductivity at 280 K in hydrogen sulfide with low phosphorus substitution". Phys. Rev. B. 93 (22): 224513 (2016). doi:10.1103/PhysRevB.93.224513.

[222] A. Leggett (2006). "What DO we know about high Tc?". Nature Physics. 2 (3): 134–136. doi:10.1038/nphys254.

[223] Timusk, T.; Bryan, S. (1999). "The pseudogap in high-temperature superconductors: an experimental survey". Reports on Progress in Physics. 62 (1): 61–122. doi:10.1088/0034-4885/62/1/002.

[224] Mannella, N.; et al. (2005). "Nodal quasiparticle in pseudogapped colossal magnetoresistive manganites". Nature. 438 (7067): 474–478. doi:10.1038/nature04273.

[225] Monthoux, P.; Balatsky, A.; Pines, D. (1992). "Weak-coupling theory of high-temperature superconductivity in the antiferromagnetically correlated copper oxides". Physical Review B. 46 (22): 14803–14817. doi:10.1103/PhysRevB.46.14803.

[226] Chakravarty, S.; Sudbø, A.; Anderson, P. W.; Strong, S. (1993). "Interlayer Tunneling and Gap Anisotropy in High-Temperature Superconductors". Science. 261 (5119): 337–340. doi:10.1126/ science.261.5119.337.

[227] Phillips, J. (2010). "Percolative theories of strongly disordered ceramic high-temperature superconductors". Proceedings of the National Academy of Sciences of the United States of America. 43 (4): 1307–10. doi:10.1073/pnas.0913002107.

[228] Geshkenbein, V.; Larkin, A.; Barone, A. (1987). "Vortices with half magnetic flux quanta in heavy-fermion superconductors". Physical Review B. 36 (1): 235–238. doi:10.1103/PhysRevB.36.235.

[229] Kirtley, J R.; Tsuei, C.C.; Sun, J.Z.; Chi, C.C.; Yu-Jahnes, L.S.; Gupta, A.; Rupp, M.; Ketchen, M.B. (1995). "Symmetry of the order parameter in the high-Tc superconductor $YBa_2Cu_3O_{7-\delta}$". Nature. 373 (6511): 225–228. doi:10.1038/373225a0.

[230] Kirtley, J.R.; Tsuei, C.C.; Ariando, A.; Verwijs, C.J.M.; Harkema, S.; Hilgenkamp, H. (2006). "Angle-resolved phase-sensitive determination of the in-plane gap symmetry in YBa2Cu3O7−δ". Nature Physics. 2 (3): 190–194. doi:10.1038/nphys215.

[231] Tsuei, C.C.; Kirtley, J.R.; Ren, Z.F.; Wang, J.H.; Raffy, H.; Li, Z.Z. (1997). "Pure d_{x2-y2} order-parameter symmetry in the tetragonal superconductor $Tl_2Ba_2CuO_{6+\delta}$". Nature. 387 (6632): 481–483. doi:10.1038/387481a0.

[232] S.J. Hagen, T.W. Jing, Z.Z. Wang, J. Horvath, N.P. Ong, Phys. Rev. B37, 7928(1988).

[233] Sekitani, T.; Miura, N.; Ikeda, S.; Matsuda, Y.H.; Shiohara, Y. (2004). "Upper critical field for optimally-doped $YBa_2Cu3O_{7-\delta}$". Physica B: Condensed Matter. 346–347: 319.

[234] M. Kriener et al., "Evolution of electronic states and emergence of superconductivity in the polar semiconductor GeTe by doping valence-skipping In", https://www.researchgate.net/publication/330673125.

[235] S.K. Shrivastava, "Crystal Structure of Cuprate based Superconducting Materials", Inter. J. Eng. Sci. Math. 7 (2018) 151–159.

[236] B. Wang, K. Ohgushi, "Superconductivity in anti-post-perovskite vanadium compounds", SCIENTIFIC REPORTS | 3 : 3381 | DOI: 10.1038/srep03381.